LSI工学
システムLSIの設計と製造

小谷教彦・西村 正 共著

森北出版株式会社

●本書の補足情報・正誤表を公開する場合があります．当社 Web サイト（下記）
で本書を検索し，書籍ページをご確認ください．
　　　　　　　　　https://www.morikita.co.jp/

●本書の内容に関するご質問は下記のメールアドレスまでお願いします．なお，
電話でのご質問には応じかねますので，あらかじめご了承ください．
　　　　　　　　　editor@morikita.co.jp

●本書により得られた情報の使用から生じるいかなる損害についても，当社およ
び本書の著者は責任を負わないものとします．

|JCOPY|〈(一社)出版者著作権管理機構 委託出版物〉
本書の無断複製は，著作権法上での例外を除き禁じられています．複製される
場合は，そのつど事前に上記機構（電話 03-5244-5088，FAX 03-5244-5089，
e-mail: info@jcopy.or.jp）の許諾を得てください．

はしがき

　近年，情報通信技術の目覚ましい発展により，従来不可能であった大量データのリアルタイム処理と通信が可能になった．さらに，コンピュータがあらゆるものに組み込まれ，我々の日常生活を便利で快適にするユビキタス社会も具体的に議論されるようになっている．

　これらを現実のものとする原動力のひとつが，LSIの発達である．そのLSIの発達を支えたものは，情報処理技術と半導体製造技術である．情報処理技術は，大量データの高速処理やデータ圧縮，さらに設計の自動化を飛躍的に発展させ，その結果，データ処理時間の大幅な短縮をもたらし，複雑な処理が実用時間内で実行可能になった．

　一方，半導体製造技術は微細構造による回路を実現し，その結果，小型・軽量・高速・低消費電力のLSIを，コンシューマ製品に利用できるほど低価格で供給可能にした．

　LSIがこれほど発達すると，機器メーカは各社独自のLSIを自社製品に組み込むことにより，少ないコストで差別化することが可能になった．システムLSIはそのようなユーザのニーズを取り込んで発展しており，今後も引き続き発展することが予想される．

　本書は，将来LSI，特にシステムLSIに関連した仕事に就く学生諸君に，LSIの成り立つ物理的背景や，システムLSIの設計・製造の仕組みを学んでもらう材料を提供することを目的とした．

　システムLSIの全体像の理解を助けるため，理論式は可能な限り排除し，物理的なイメージを描けるように配慮した．また，全体を捉えられるように，幅広い技術内容をとりあげた．したがって，さらに詳細な議論はそれぞれの分野の書籍に譲った．

　また，本書の特徴は，システムLSIの設計技術についてわかりやすく解説した点にある．設計技術は日進月歩で発展しており，教科書としてわかりやすく整理されたものはあまり見当たらない．技術進歩が早いため，最新の技術もすぐ陳腐化し，さらに新しい技術にとって代わられる危惧もあるが，可能な限りあえて最新技術も紹介した．

　本書のカバーする範囲とレベルから，LSI関連企業における社内教育や入社前導入教育の参考書としても最適であると考える．さらにはシステムLSIのユーザにとって

も，幅広い観点から各自の業務の位置づけを見直す材料になることを願っている．
　なお，読者の理解を助けるため，本文中「＊」を付した用語は巻末に解説を加えた．
　最後に，(株)ルネサステクノロジの日高秀人氏，石川淳士氏，石川清志氏に，本書執筆にあたり多大の御協力を頂いたことを，ここに感謝申し上げる．

2005年5月　　　　　　　　　　　　　　　　　　　　　　　　　　　著　者

目次

第 I 部　LSI 技術の基礎　　1

第 1 章　LSI の基礎 …… 2
§ 1.1　LSI の種類 …… 2
　1.1.1　メモリ LSI　2
　1.1.2　マイクロプロセッサ　7
　1.1.3　システム LSI (SoC)　9
§ 1.2　LSI の基本構造と回路構成要素 …… 13
　1.2.1　基本構造　13
　1.2.2　回路構成要素　20
練習問題 …… 21

第 2 章　MOS 構造と MOS トランジスタ …… 22
§ 2.1　MOS 構造 …… 22
　2.1.1　デバイス構造　22
　2.1.2　シリコン表面の状態　23
　2.1.3　C-V 特性　25
§ 2.2　MOS トランジスタ …… 27
　2.2.1　デバイス構造　27
　2.2.2　電気特性　28
　2.2.3　最先端 MOS トランジスタ　34
練習問題 …… 38

第 3 章　アナログ基本回路と動作 …… 39
§ 3.1　基本回路 …… 39
　3.1.1　ソース接地増幅回路　39
　3.1.2　ゲート接地増幅回路　45
　3.1.3　ドレイン接地増幅回路　46

§ 3.2　その他の基本回路 …………………………………………… 46
　3.2.1　定電流源　46
　3.2.2　ダイナミック負荷　47
　3.2.3　カスコード増幅回路　48
　3.2.4　差動増幅器，演算増幅器　49
練習問題 ………………………………………………………………… 52

第 4 章　デジタル基本回路と基本機能回路 ……………………… 54

§ 4.1　デジタル信号の特徴 ………………………………………… 54
§ 4.2　基本論理回路 ………………………………………………… 55
　4.2.1　NOT 回路（インバータ）　55
　4.2.2　AND/NAND 回路　56
　4.2.3　OR/NOR 回路　57
　4.2.4　複合ゲート　57
　4.2.5　フリップフロップ　59
§ 4.3　パス・トランジスタとその応用 …………………………… 60
§ 4.4　ダイナミック回路 …………………………………………… 64
§ 4.5　メモリ回路 …………………………………………………… 66
　4.5.1　SRAM メモリセル　67
　4.5.2　DRAM メモリセル　68
§ 4.6　正論理と負論理 ……………………………………………… 70
§ 4.7　重要な基本機能回路 ………………………………………… 71
練習問題 ………………………………………………………………… 78

第 II 部　システム LSI の設計　　81

第 5 章　システム LSI の設計とは ………………………………… 82

§ 5.1　要求仕様の重要性 …………………………………………… 82
　5.1.1　LSI 設計のおかれた環境　82
　5.1.2　要求仕様とは　84
§ 5.2　システム LSI 設計の特徴 …………………………………… 87
　5.2.1　システム設計　87
　5.2.2　ハードウエアとソフトウエア　89
§ 5.3　設計抽象度と記述方法 ……………………………………… 90
練習問題 ………………………………………………………………… 93

第6章　設計の流れ　……………………………………………………　95
§ 6.1　高位設計　…………………………………………………………　96
6.1.1　要求仕様作成　96
6.1.2　システム設計　97
6.1.3　アーキテクチャ設計　98
6.1.4　動作合成　103
§ 6.2　下位設計　…………………………………………………………　105
6.2.1　論理合成　105
6.2.2　レイアウト設計　110
6.2.3　レイアウト検証　113
6.2.4　ソフトウエア生成　114
§ 6.3　検証と製造テスト　…………………………………………………　116
6.3.1　検　証　116
6.3.2　ハードウエア/ソフトウエア協調検証（コベリフィケーション）　119
6.3.3　製造テスト　122
練習問題　………………………………………………………………　125

第7章　設計関連技術　……………………………………………　126
§ 7.1　製造プロセス，デバイス構造との関係　……………………………　126
§ 7.2　設計ツール　…………………………………………………………　128
7.2.1　設計言語　128
7.2.2　設計ツール　129
§ 7.3　FPGA，CPLDによる実現　………………………………………　130
§ 7.4　最先端システムLSI設計の課題　…………………………………　131
§ 7.5　設計手法の変遷　……………………………………………………　133
練習問題　………………………………………………………………　134

第Ⅲ部　LSIの製造　　　　　　　　　　　　　　　　　　135

第8章　LSI製造の流れ　…………………………………………　136
§ 8.1　はじめに　……………………………………………………………　136
§ 8.2　CMOS構造のLSI製造　……………………………………………　137
8.2.1　ウエハプロセス（前工程）　137
8.2.2　アセンブリ（後工程）　146
8.2.3　製造テスト（DCパラメトリック/ウエハ/ファイナル）　149
練習問題　………………………………………………………………　151

第9章　要素プロセス技術 …………………………………… 152
　§9.1　酸　化 ……………………………………………… 152
　§9.2　イオン注入 ………………………………………… 155
　§9.3　熱処理 ……………………………………………… 158
　　9.3.1　拡　散　158
　　9.3.2　アニール　160
　§9.4　リソグラフィ ……………………………………… 160
　§9.5　その他のプロセス技術 …………………………… 163
　　9.5.1　エッチング　163
　　9.5.2　堆　積　164
　　9.5.3　平坦化　166
　　9.5.4　ダマシン法　167
　　9.5.5　その他　168
　§9.6　プロセス評価技術 ………………………………… 170
　§9.7　プロセス/デバイスシミュレーション技術……… 172
　　9.7.1　プロセス/デバイスシミュレーションの役割　172
　　9.7.2　シミュレーションの方法　173
　　9.7.3　プロセスシミュレーション　174
　　9.7.4　デバイスシミュレーション　175
　§9.8　LSI産業の特徴と構造 …………………………… 178
　練習問題………………………………………………………… 181

練習問題解答………………………………………………………… 185
付　　録……………………………………………………………… 197
用語解説……………………………………………………………… 205
参考図書……………………………………………………………… 213
索　　引……………………………………………………………… 214

第 I 部

LSI 技術の基礎

第 1 章　　LSI の基礎
第 2 章　　MOS 構造と MOS トランジスタ
第 3 章　　アナログ基本回路と動作
第 4 章　　デジタル基本回路と基本機能回路

第1章　LSIの基礎

本章は，LSIを理解するうえで基礎となる，半導体 (semiconductor) の基本構造や基本回路に関する最小限の知識を学習することを目的としている．

§ 1.1　LSIの種類

半導体製品のうち，1チップに含まれるトランジスタ (transistor) 数が1万個程度以上のものをLSI (Large Scale Integrated circuits) と呼んでいる．最近では，回路を構成する素子や配線などを小さく，あるいは細く作る技術 (微細加工技術) と，チップ面積拡大の技術が進歩し，数億個以上のトランジスタが1チップに集積されている．

最近の電子機器には，製品の付加価値を高めるため，ほとんどすべてにLSIが組み込まれている．LSIの種類はとても多いが，大きく分類すると，メモリ (memory)，マイクロプロセッサ (microprocessor)，そしてそれらを融合し，特定の応用分野 (アプリケーション，application) 向けの論理回路 (logic circuits) を加えたシステムLSIに分類できる．最近では，システム化の進んだシステムLSIはSoC (System on Chip) とも呼ばれる．

LSIの分類方法には，半導体基板の種類による分類や，使用される能動素子 (トランジスタ) の種類による分類など多くの方法がある．

1.1.1　メモリLSI

メモリLSIは二進数の情報を記憶する．二進数は，電気的には電圧の高/低，電荷の有/無などに対応付けられ，これらの記憶メカニズムにより，いくつかの種類に分類される．

メモリLSIは，記憶回路 (メモリセル，memory cell) が繰り返し，規則正しく配列されており，LSIの設計と製造には好都合な構造である．そのため，メモリLSI，とくにDRAM (Dynamic Random Access Memory) はLSI発展の牽引力として，長年にわたり重要な位置を占めてきた．

代表的なメモリ LSI を下記に示す．新しい記憶方法の実用化により，新しいメモリ LSI が誕生する．

（1） DRAM

DRAM は現在のメモリ LSI を代表するものであり，現在 512 M ビットの記憶容量のものまでが実用化されている．1970 年に 1 k ビット DRAM（実際の容量は 1024 ビット）が実用化されて以来，4 倍/2～3 年のペースで記憶容量が増加してきた．

記憶のメカニズムは，容量（キャパシタ）に電荷（電子）が溜まっているか否かで，1 ビットを記憶するものである．たとえば，電荷があれば "1"，電荷がなければ "0" とする．キャパシタに電子を入れたり，出したりする制御は，後述する MOS（Metal Oxide Semiconductor）トランジスタが司る．

1 つのメモリセルは**図 1.1** に示すように 1 個のトランジスタと 1 個のキャパシタ（1Tr.1C）で構成され，1 ビットの情報を記憶する．1 ビットの情報を記憶するのに必要な素子数が 2 個と少ないため，同一面積に大容量のメモリを作ることができるという特徴がある．しかし，キャパシタに蓄えられた電子はその数が数十万個程度しかなく，ごくわずかの漏れ電流（リーク電流，leak current）で放電してしまう．このため，定期的（数十 ms 間隔ごと）に記憶をリフレッシュ（refresh，再生）する必要がある．そのためダイナミックメモリと呼ばれる．また，電源電圧がある値以下に低下すれば，記憶内容は消失する．このようなメモリを，揮発性メモリ（volatile memory）という．

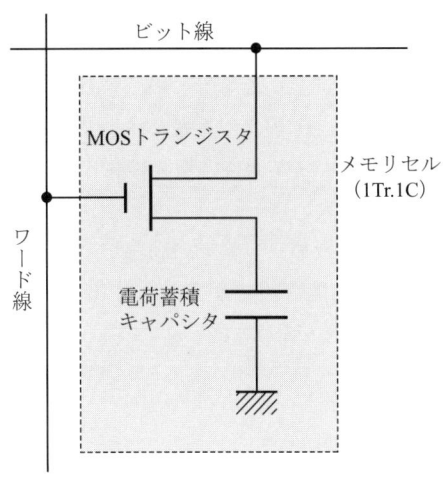

図 1.1 DRAM メモリセル

メモリセルは碁盤目状に配列されており，**ワード線**＊（word line）と**ビット線**＊（bit line）を選択することによって，X-Y 座標で特定の点を指定するように，特定のセルを選択する．参考のために**写真 1.1** にチップ写真を示す．ただし，セルは小さく，この写真では判別できない．

データ（電子）の書き込みや読み出しは，ワード線とビット線に加えるパルス（pulse）信号のタイミング（timing）を調節して行う．特定のメモリセルを直接選択できるので，ランダムなアクセスが可能であり，ランダムアクセスメモリの一種である．

写真 1.1 DRAM チップ写真
写真提供：㈱ルネサステクノロジ

DRAM はメモリセルを構成する素子が2個と少ないため，本質的に集積度が高く，構造を微細に作ることができれば，メモリ容量が飛躍的に大きくなる．線幅を 0.7 倍にすれば，セル面積は約半分になり，集積度は約2倍になる．このため，大容量メモリの開発競争が，微細加工技術を飛躍的に進歩させた．微細化の進展とメモリ容量の増大を世代で表すと，1世代あたり 0.7 倍の微細化とチップ面積の増大の相乗効果によって，メモリ容量は前世代の4倍に大容量化してきた．

最近はあまりにも大容量化し，構造も複雑になったため，コストの制約から従来に比較して大容量化の速度は緩くなっている．現在は最小線幅が 90 nm（$1\,\mathrm{nm} = 10^{-7}$ cm）で，512 M ビット世代である．

主な用途は，コンピュータのメインメモリである．

(2) SRAM

SRAM (Static Random Access Memory) のメモリセルは，基本的にはフリップフロップ (flip-flop) で構成される．DRAM に比較すると高速に動作する．しかし，1ビットが数個のトランジスタで構成されるため，メモリセル1個あたりの素子数が DRAM より多く，その結果，1ビットあたりの占有面積（セル面積）が大きくなり，大容量メモリには向かない．そのため，用途は，容量は比較的少なくてよいが，高速動作を要するコンピュータのキャッシュメモリ (cache memory) などに使われる．

CMOS 構成（§2.2）を用いた SRAM メモリセルを図 1.2 に示す．SRAM はフリップフロップの安定状態で1ビットを記憶するため，電源が供給されている限り記憶内容は保持される．したがって，DRAM では必須のリフレッシュ動作が不要なスタティックメモリであり，制御回路はそれだけ簡単になる．

メモリセルは DRAM と同様の方法で選択する．また，電源を切ると記憶内容が消

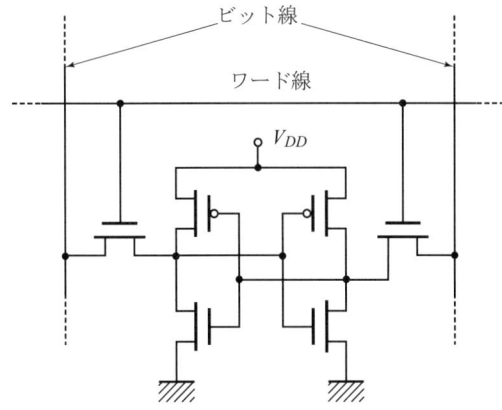

図 1.2 SRAM メモリセル

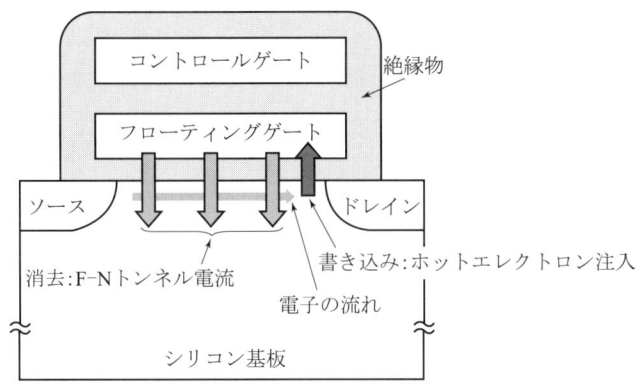

図 1.3 フラッシュメモリセル構造

失するので，揮発性メモリの一種である．

(3) フラッシュメモリ (**Flash Memory**)

　通常の MOS トランジスタの上部に，周囲を絶縁物であるシリコン酸化膜（二酸化シリコン，silicon dioxide，SiO_2）で囲まれたフローティングゲート (floating gate，電気的に浮遊状態にある導体) をもつ構造 (**図 1.3**) をしている．情報の書き込みと消去は，多数のメモリセルに対して一括して電気的に行う．

　シリコン酸化膜はきわめて絶縁性が高く，これで囲まれたフローティングゲートに蓄えられた電子は，長期間 (10 年以上) 保持される．このため，フラッシュメモリでは電源を切っても記憶が消失しないという特徴がある．このような性質のメモリを不

揮発性メモリ (nonvolatile memory) という．

電気的に記憶内容を書き込み/消去する不揮発性メモリには，EEPROM (Electrically Erasable Programmable Read-Only Memory) もあるが，EEPROM の場合はセルが選択トランジスタとメモリトランジスタで構成されており，メモリトランジスタだけで構成するフラッシュメモリに比較して集積度が低い．

フラッシュメモリの消去では，256 k ビット程度の単位をまとめて消去する，一括消去という方法をとる．

フラッシュメモリの代表的な書き込み動作は，ドレイン (§2.2) 近くで高エネルギーの電子 (**熱い電子，ホットエレクトロン**＊，hot electron) を発生させ，絶縁膜 (シリコン酸化膜) を通過させてフローティングゲートに注入し，蓄積する．このホットエレクトロンは，コントロールゲートとドレインに高い電圧を印加してチャネル (§2.2) に電流を流し，チャネルを流れる電子を，強いドレイン電界で加速して生成する．この電子は，チャネルホットエレクトロンと呼ばれる．

電荷がフローティングゲートに存在していると，しきい値 (§2.2) と呼ばれる MOS トランジスタの特性が変化し，これを電流の大小として検知し，情報を読み出す．メモリセルは，コントロールゲートとドレインを選択することで特定する．

記憶内容の消去は，シリコン基板 (ウエル，§8.2) の電位を変化させ，選択されたウエルにある全メモリセルのフローティングゲートとシリコン基板 (チャネル) の間で，**FN** (Fowler-Nordheim) **トンネル電流**＊を流し，選択されたメモリの内容を一括消去する．これを，チャネル消去という．

書き換え可能回数は 10^5 回程度で，あまり多くない．また，書き込み速度も速くない．

用途としては，不揮発性という特徴を生かせる携帯電話用のメモリや，メモリカードなどの携帯型メモリとして多く使われている．

(4) FeRAM (Ferroelectric Random Access Memory)

誘電体を電界 (外部電界) の中に置くと，外部電界によって原子の電子雲が偏ったり，分子が本来もっている電荷の偏りによって分子の向きが変わる，分極という現象が生じる．一般の材料では，外部電界がなくなると分極もなくなるが，材料によっては，外部電界をなくしても分極が残るものがある．この現象を自発分極といい，自発分極の生じる材料を強誘電体 (ferroelectric material) という．

強誘電体を DRAM のキャパシタの絶縁材料とすると，電源を切っても自発分極により電荷を蓄えた状態を保持できる不揮発性メモリとなる．このようなメモリを強誘電体メモリ (FeRAM) といい，フラッシュメモリや EEPROM と比較して，書き換え

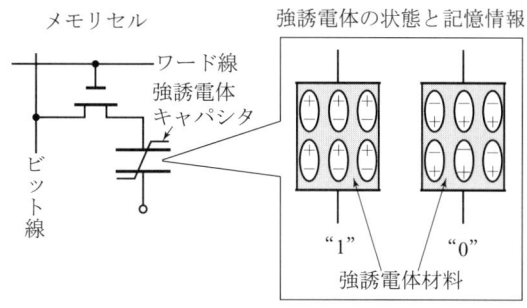

図 1.4 FeRAM の動作原理

可能回数が多い（$10^8 \sim 10^{10}$ 回），書き込み時間が短く高速であるという特徴をもつ．ただし，書き換え可能回数は DRAM の 10^{15} 回ほどは多くない．動作原理を**図 1.4** に示す．

最近では，MOS トランジスタのゲート絶縁膜に強誘電体材料を用いた，トランジスタ 1 個でメモリセルが構成できる FeRAM も登場している．

強誘電体材料としては PZT（ジルコン酸チタン酸鉛，$PbZr_xTi_{1-x}O_3$）や SBT（チタン酸バリウム・ストロンチウム，$SrBi_2Ta_2O_9$）などがある．

(5) MRAM (Magnetoresistive Random Access Memory)

数年前から実用化研究段階に入った新しいメモリである．量子効果である強磁性トンネル（TMR：Tunneling Magneto-Resistive）効果を利用している．強磁性トンネル効果とは，きわめて薄い絶縁体（非磁性体）を強磁性体で挟むと，2 つの強磁性体の磁化の向きによって膜厚方向のトンネル電流の値が大きく変化する現象である．

MRAM の記憶素子は，強磁性体に挟まれた極薄絶縁物で構成される強磁性トンネル接合でできており，上下の強磁性体の磁化方向が同じ場合，強磁性体間の電気抵抗が小さくなり，磁化方向が上下で逆の場合は抵抗が高くなる．この抵抗の変化を "1" と "0" に対応付けて 1 ビットを記憶する（**図 1.5**）．

磁化した磁性体は，電源を切っても磁化の状態が変化しない．すなわち，不揮発性メモリである．また，動作速度も高速であるのに加え，書き換え可能回数も DRAM と同程度に多く，製造技術が向上すれば，すべてのメモリにとって代わる可能性を秘めている．

1.1.2 マイクロプロセッサ

コンピュータの ALU（Arithmetic Logical Unit）と，制御回路などの周辺回路を 1 チップ化したものである．最近のパーソナルコンピュータ（パソコン）の急速な発展はマ

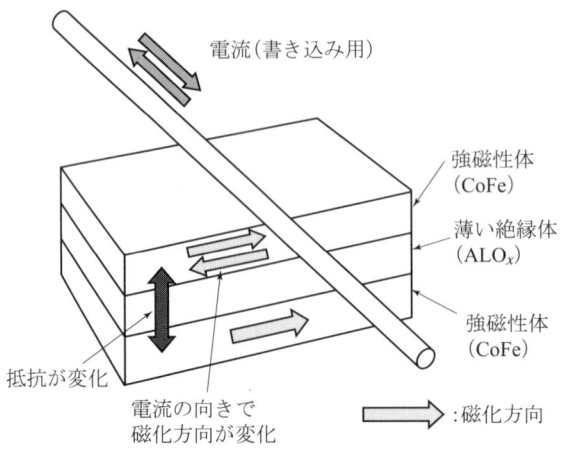

図 1.5 MRAM 構造

イクロプロセッサ (micro processor，MPU：Micro Processing Unit) の発展に大いに支えられている．使用するトランジスタは MOS トランジスタが一般的である．

マイクロプロセッサは演算処理を行うものであり，論理回路で構成する．演算そのものと，それに関連して必要となる回路の配置は，**写真 1.2** に示すように，一般的にはメモリ LSI と異なり，同じセルがチップの大半で整然と並ぶ平面図形（パターン）にはならない．整然と並んでいる部分はメモリ領域である．メモリは，マイクロプロセッサの中で広い面積を占める．

写真 1.2　マイクロプロセッサのチップ写真
写真提供：㈱ルネサス テクノロジ

最近では，コンピュータソフトウエアの規模が大きくなり，その処理に時間を要するようになってきたため，マイクロプロセッサには一層の高速性が求められるようになった．素子構造の工夫や微細化により，トランジスタの出力電流を増加し，浮遊容量（寄生容量）を減少することで，回路動作が高速化され，マイクロプロセッサの処理速度が向上する．このため，最近ではマイクロプロセッサに対する高速化の要求が，製造技術の進展を牽引するようになってきた．このように，製造技術（テクノロジー，technology）の進展を牽引するLSIを，テクノロジードライバと呼ぶ．

従来はDRAMが唯一のテクノロジードライバであったが，最近はマイクロプロセッサがトランジスタや配線構造のテクノロジードライバに，フラッシュメモリが微細加工のテクノロジードライバになってきた．

1.1.3 システムLSI (SoC)

特定応用分野向けの機器制御機能と，マイクロプロセッサおよびメインメモリを集積し，機器の心臓部を1チップで構成することを目的としたLSIがシステムLSIである．LSI化が困難な高周波部分や大電流を制御する部分などを除き，他の部分を1チップ化したものである．回路の大半はデジタル信号を扱うが，システム化が進むほどLSIのインタフェース (interface) は人に近づくことになる．このため，LSIの入力や出力はアナログ信号を扱う必要性が高まり，アナログ回路が増えてくる．これに対応するために，デジタル信号処理に向いたMOSトランジスタと，アナログ信号処理に向いた**バイポーラトランジスタ*** (bipolar transistor) を同一チップ上に搭載することもある．このようなLSIをBiCMOS LSIという．しかし最近では，MOSトランジスタの性能が向上したので，アナログ回路も製造プロセスが簡単なMOSトランジスタで構成することが多くなった．

システムLSIは，近年の携帯機器やDVD (Digital Video Disc, Digital Versatile Disc)，デジタルテレビなど，処理すべきデータ量が莫大な情報機器の発展を支えている．

システムLSIでは，LSIというハードウエアだけでなく，LSIに組み込んだマイクロプロセッサ上で稼動するプログラムとの連携によって，はじめて要求される機能を発揮する．このため，システムLSIの開発時には主に論理回路で構成されるハードウエアだけでなく，**オペレーティングシステム*** (OS：Operating System) および**アプリケーションプログラム***などのソフトウエアとの間で，適切な機能分担が必要である．ある機能をハードウエアで実現（実行）するか，ソフトウエアで実現するかを，設計時に決めなければならない．

システムLSIを実現するための構成方法には，図**1.6**に示す代表的な方式がある．

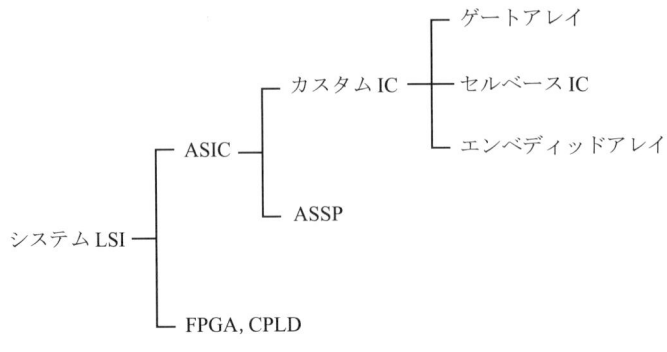

図 1.6 システム LSI の種類

(1) ASIC (Application Specific Integrated Circuit)

単体のプロセッサや DRAM などの汎用品に対して，ユーザの仕様に合わせて特定の用途向けに設計した LSI を ASIC という．

さらに，特定の単一ユーザ向けのものをカスタム IC (custom IC) といい，特定用途に特化した機能をもつ．一方，複数のユーザに使用される ASIC を ASSP (Application Specific Standard Products) という．代表的な ASSP には，信号処理プロセッサや画像や音声データの圧縮伸張用の LSI がある．

(2) ゲートアレイ

シリコンウエハ (§1.2) に，あらかじめトランジスタを作り付けたマスターウエハ (master wafer) を製造しておき，ユーザ仕様に合わせてトランジスタ間を配線する方式のものをゲートアレイ (Gate Array) という．配線工程以前は同じであるため，同一のマスターウエハを大量に生産しておくことができ，製造コストが低く抑えられる．ユーザ仕様に基づく配線を施す工程をスライス (slice) 工程といい，このような生産方式をマスタースライス方式という．

多層配線により，配線専用領域を多層化し，トランジスタを隙間なくつめて配置したものを Sea-Of-Gate (SOG) と呼ぶ．

トランジスタレベルで自由に配線すると，ゲートを構成した場合の遅延時間 (delay time) などが規格を満足しなくなることがあるため，あらかじめ ASIC のベンダー (vendor，製造販売会社) が定めた種々の基本論理回路であるゲート (セル) を部品として使用する．

(3) セルベース IC

セルの配置からユーザの仕様に合わせて設計する方式を，セルベース IC (cell

based IC）という．セルは ASIC ベンダーから，製造プロセスに適合した種々のものがセルライブラリ（cell library）として供給される．セルの配置から設計するため，自由度の高い設計が可能である．しかし，製造プロセスとしては，ゲートアレイのように途中工程までをマスターとして共通に作っておくことはできない．そのため，コストは高くなる．

セルは，**図 1.7** に示すように高さ（縦の長さ）が一定のスタンダードセルを横一列に並べるのを基本とする．高さがそろうので自動配置配線（placement and routing）が容易になる．

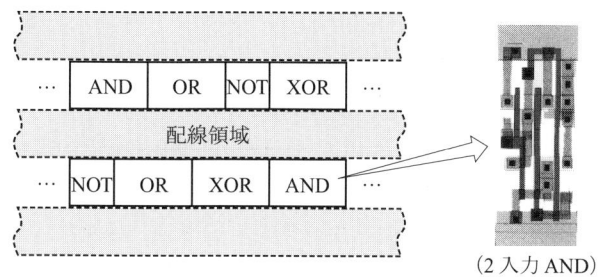

図 1.7 スタンダードセルと配置

最近は，基本論理セルを組み合わせた，より高機能の回路を部品化したマクロセル（macro cell）や，コア（core）あるいはメガセル（mega cell）が導入され，**図 1.8** のように自由に配置する．

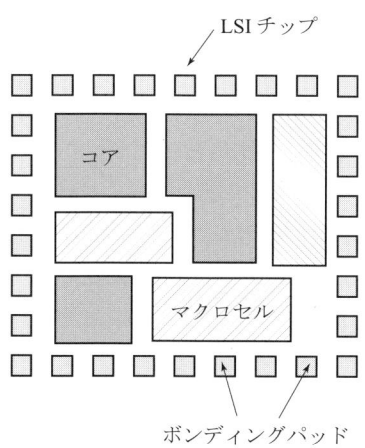

図 1.8 マクロセル，コアの配置

(4) エンベッディッドアレイ

ゲートアレイの一部にセルベース IC のマクロセルを配置したものを，エンベッディッドアレイ (embedded array) という．マクロセルとしてプロセッサやメモリが組み込まれ，他の論理をゲートアレイ方式で設計する．概略設計が完了した時点で，ゲートアレイにおけるマスター工程を開始し，開発期間の短縮とセルベース IC の高機能を同時に満たす．

(5) FPGA (Field Programmable Gate Array)，CPLD (Complex Programmable Logic Device)

これらの LSI は，PLD (Programmable Logic Device) と呼ばれ，論理回路の構成をプログラムで変えることができる LSI に分類される．

PLD には，AND 演算する部分 (AND アレイ) と OR アレイを結合し，各アレイの論理をプログラムできるようにした PLA (Programmable Logic Array) や，AND アレイのみをプログラマブルとし，OR アレイを固定した PAL (Programmable Array Logic) などの小規模のものもある．PLA や PAL は組み合わせ論理回路 (combinational logic circuits)（§ 5.3）を実現し，組み合わせ論理が積和形式（6.2.1 項）で表現できることを利用している．積を AND アレイで，和を OR アレイで実現する．

さらに，PAL の出力にフリップフロップなどのマクロセルを組み合わせた GAL (Generic Array Logic) では，順序論理回路 (sequential logic circuits)（§ 5.3）も実現できる．

しかし，これらの小規模 PLD (Simple PLD，SPLD) では，大規模な論理回路を実現することが困難であるため，高機能なロジックをプログラム可能な論理ブロック (CLB：Configurable Logic Block) で実現し，さらにこれを碁盤目状に配置し，さらにそれらの間をプログラムで自由に結線できる配線機構を設けたのが FPGA である．

FPGA への論理の設定（コンフィギュレーション，configuration）情報，すなわち配線情報はプログラム素子に記憶し，その情報によって FPGA の回路構成を変える（プログラムする）．論理ブロック間の具体的な配線方法は，**図 1.9** に示すように，スイッチ素子で構成したスイッチマトリクス (PSM：Programmable Switch Matrix) などにより，自由自在に結線できるようになっている．

スイッチ素子となるプログラム素子としては，SRAM などの揮発性メモリや EEPROM などの不揮発性メモリ，あるいは通常のフューズとは逆に，切→入になるアンチフューズを使う．プログラム素子が揮発性メモリの場合は，FPGA の外部に ROM を設け，これにコンフィギュレーション情報を記憶させておき，FPGA を起動したときに ROM から読み込み，プログラム素子にその情報を記憶させる．

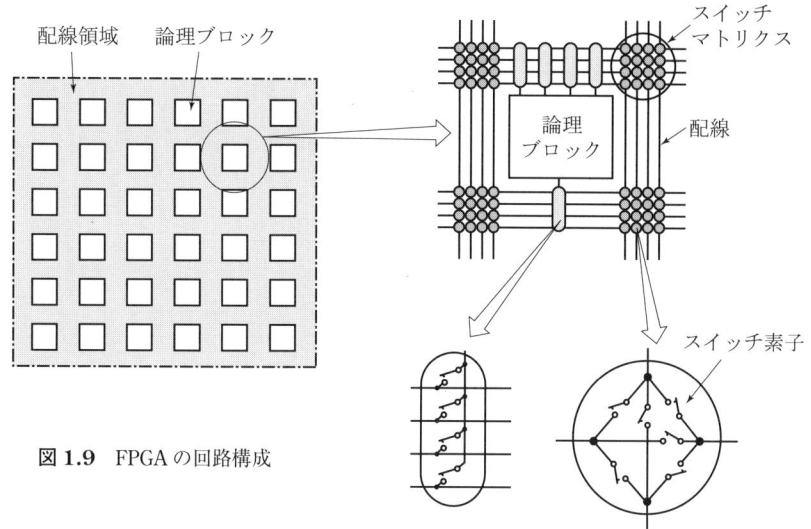

図 1.9 FPGA の回路構成

大規模な回路を実現する他の方法として，SPLD を FPGA の論理ブロックと同じように碁盤目状に並べ，プログラマブルな配線機構を設けた CPLD (Complex PLD) もある．

FPGA や CPLD は大規模 PLD とも呼ばれ，1 個あたりの価格は高いが，少量のシステム LSI を迅速に実現することができるため，近年飛躍的に需要が増加している．

§ 1.2 LSI の基本構造と回路構成要素

1.2.1 基本構造

LSI のチップは，**図 1.10** に示すように，円盤状のシリコンの板の上に多数作られる．LSI チップの大きさは，最大 25 mm×30 mm 程度である．基本構造は，シリコン基

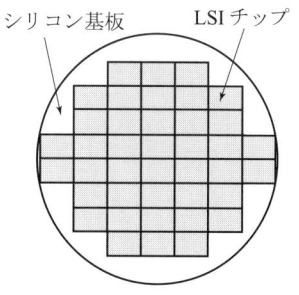

図 1.10 シリコン基板と LSI チップ

板の上に，縦方向（深さ方向）は数 μm（$1\,\mu m = 10^{-4}$cm）以下の導体や絶縁体の薄膜が積層され，横方向はそれぞれの層で異なる材料とそれによる平面構造（パターン）で構成される．必要に応じて上下の導体層を，それらを挟んでいる絶縁膜に穴を開け，穴を導体で埋めることによって相互に接続する．横方向の線幅や間隔の最小寸法は，現在 90 nm 程度である．

以下に，基本構造を構成する各要素について説明する．

(1) シリコン基板

シリコン（silicon，珪素）単結晶を，厚さ数百 μm の円盤状に加工したものをシリコンウエハ（silicon wafer）といい，シリコンウエハを基板（シリコン基板）として，その片面の表面から 10 μm 程度までの深さの領域に，LSI の回路が作られる．シリコン基板は単結晶でなければ，次章で説明する半導体の性質が特徴的には現れない．

シリコンは，元素記号 Si，原子番号 14，原子量 28，結晶はダイヤモンド構造である．

シリコンウエハ（以下，ウエハと略す）の製造は，原料となるシリコン原石を精錬して純度を上げ，その後溶融し，結晶成長させて大きな単結晶（インゴット，ingot）を製造する．インゴットは，大きいもので直径 300 mm，長さ 1 m 程度の大きさがある．これを，カッターで輪切りにし（スライス），LSI を作る面をきわめて平坦（平面度 500 nm 以下）になるまで磨く（鏡面ポリッシュ）．裏面を鏡面ポリッシュ加工することもある．作るべき LSI の製造プロセスとのマッチングにより，LSI 性能が高くなる裏面加工法を選ぶ．インゴットとウエハを**写真 1.3** に示す．

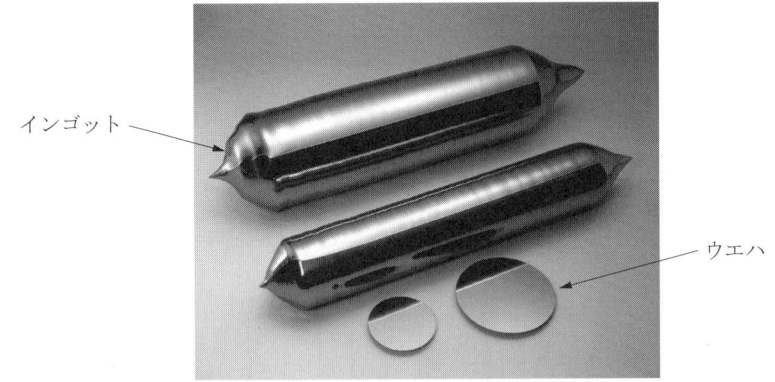

写真 1.3 インゴットとウエハ（ウエハの直径は 200 mm と 300 mm）
写真提供：コマツ電子金属㈱

単結晶の成長方法には，チョクラルスキー（CZ：Czochralski）法とフローティング・ゾーン（FZ：Floating Zone）法がある．

チョクラルスキー法は，石英のるつぼ内でシリコンを溶かし，その融液に種となる結晶（種結晶）を入れ，ゆっくりと種結晶を引き上げながら種結晶にシリコンの単結晶を成長させる．大きな単結晶ができるため，ほとんどこの方法で生産されている．引き上げ法ともいう．

フローティング・ゾーン法では，種結晶を下部につけた，原料となる**ポリシリコン***（**多結晶シリコン**，poly-silicon）の棒状の塊を，種結晶の部分から高周波などで加熱し，溶融させながらしだいに上部へ溶融部を移動する．溶融部が冷えるとき，種結晶に接した部分から単結晶化する．溶融部は上下の溶けていないシリコンで保持される．大きな結晶を作るのは難しいが，融液がるつぼなどに触れないので，シリコン単結晶に酸素などの混入が少なくなるという利点がある．

シリコン結晶は，**図 1.11** に示すように，隣接するシリコン原子が互いの外殻電子を共有して結合する共有結合である．このとき，電子は過不足なく軌道を埋め，安定した状態になる．熱的に励起された電子が軌道から離れ自由に動けるが，常温では自由に動ける電子は少ない．高温にすると自由に動ける電子が増加し，シリコン結晶の電気抵抗は減少する．このような半導体を真性半導体（intrinsic semiconductor）という．なお，図では模式化し平面的に描いているが，実際のシリコン原子は外殻電子が3次元的に分布しているので，結晶構造は複雑な立体構造である．

ウエハには，一般に，あらかじめ不純物（impurity）と呼ばれる，ある種の元素を少量添加してある．濃度（密度）は $10^{14} \sim 10^{18} \mathrm{cm}^{-3}$，シリコン原子数に対する割合にす

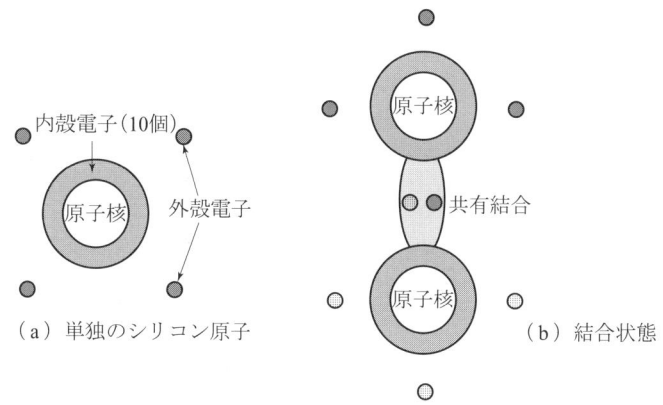

図 1.11　シリコン原子の結合（模式図）

ると $10^{-7} \sim 10^{-3}$ %程度である.

シリコンは周期律表では，Ⅳ族（IUPAC 新方式では 14 族）なので，不純物原子がⅢ族（IUPAC 新方式では 13 族）のホウ素（boron，ボロン，B）などの場合は，シリコンと共有結合する時に電子の数が 1 つ不足する．このため，不足する電子を近くのシリコン-シリコン結合から奪い，不純物原子自身はマイナス（－1 価）に帯電する．

電子を奪われた場所は，本来電子がある場所なので，見かけ上，正に帯電し，これが正孔（hole）となってシリコン基板内を自由に移動できるようになる．すなわち，電子の抜けた場所に，近くのシリコン-シリコン結合の電子が移動するので，あたかも正の電荷をもつ正孔が電子の動きと逆に移動しているようにみえる．このような半導体の型を p 型（p-type）といい，不純物原子をアクセプタ（acceptor）という．シリコン基板は，不純物の数にほぼ等しい数の正孔で満たされている．

一方，シリコン基板に V 族（IUPAC 新方式では 15 族）のリン（phosphorus，P）やヒ素（arsenic，As）を不純物として添加した場合は，これらの不純物原子とシリコン原子が結合したとき，結合の電子が 1 つ余ることになり，これが自由電子となって放出され，不純物原子自身はプラス（＋1 価）に帯電する．このような不純物原子をドナー（donor）という．そして，シリコン基板はドナーとほぼ同数の電子で満たされた n 型（n-type）半導体となる．

不純物の添加量を制御すると，ウエハの抵抗率（立方体の対向する 2 面間の抵抗，Ωcm，比抵抗：specific resistance ともいう）を変えることができる．添加量を増加すると抵抗率は低下する．

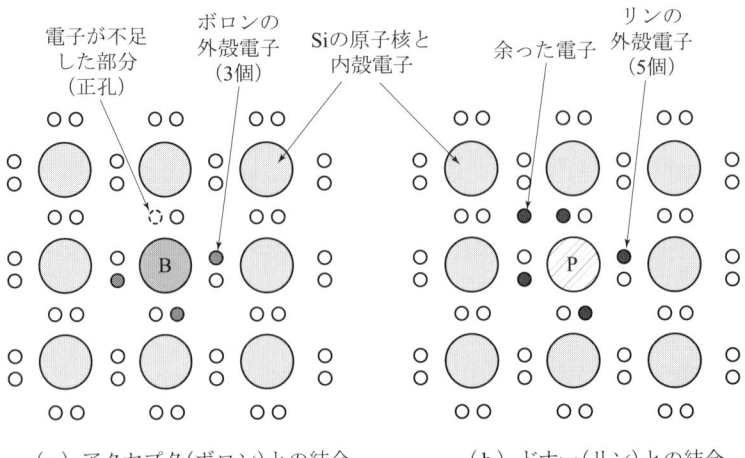

(a) アクセプタ（ボロン）との結合　　(b) ドナー（リン）との結合

図 1.12 不純物とシリコンの結合（模式図）

不純物が添加されている半導体を不純物半導体(extrinsic semiconductor)といい，不純物原子との結合状態の模式図を図 1.12 に示す．すでに指摘したように，実際の結合状態は複雑な 3 次元構造である．

不純物添加によって生成される電子や正孔は，シリコン基板内を自由に移動し電荷(電流)を運ぶので，これらをまとめて担体(キャリア，carrier)という．

(2) 拡散層

シリコン基板表面から，基板に添加されている不純物原子と逆の型の不純物原子を高濃度に導入することにより，表面に基板の型と反対の型の層が形成される．これを拡散層(diffusion layer)といい，図 1.13 に示すように拡散層と基板との間には pn 接合(pn junction)が形成される．

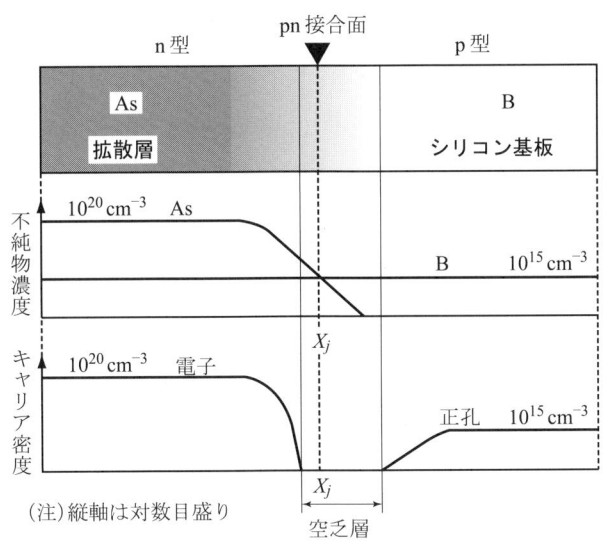

図 1.13 拡散層構造

拡散層を構成する不純物原子の濃度を調整することにより，拡散層の抵抗率を制御することができる．拡散層は抵抗体や，キャリアを供給あるいは吸収する層として機能し，半導体素子を構成する基本構造である．

拡散層の抵抗を表す場合，一般に拡散層は厚さが $1\,\mu m$ 程度以下の薄いシート状であるため，シート抵抗という値を用いる．シート抵抗とは，正方形のシート状の導体の向かい合う 2 辺間の抵抗をいう．

pn 接合は順方向(p 型の側を高電位，n 型の側を低電位にする電圧印加方向)には

電流が流れやすく，逆方向（n型の側を高電位，p型の側を低電位にする電圧印加方向）には電流がほとんど流れないという性質がある．

逆方向に電圧を印加した場合は，pn接合に空乏層（depletion layer）というキャリアが$10^{10}\mathrm{cm}^{-3}$程度以下しか存在しない層が形成される．空乏層は不純物濃度が低い側により広く拡がる．さらに，空乏層内では通常キャリアの移動がないので絶縁体として作用するため，pn接合を絶縁物やキャパシタとして機能させることができる．

(3) ポリシリコン層

単結晶のシリコンではなく，ポリシリコン層も導体として利用する．ポリシリコンも不純物原子の含有率を変えて抵抗率を調整することができる．さらに，不純物原子の種類を変えて，p型やn型のポリシリコン層とすることができる．抵抗率や型は目的によって選択する．

(4) 金属膜

金属は抵抗率が低いので配線に用いる．しかし，多くの金属は半導体に対して不純物原子として振る舞い，汚染物質として働くことがあるので，シリコン基板内にこれらが不純物として混入する場合には使用できない．また，金属の特性が製造プロセスの加工条件に適合する必要もあり，配線材料としてはアルミニウム（Al）が主として用いられる．

最近では，微細加工の容易なタングステン（W）も配線に使用されている．ただし，タングステンは抵抗率が大きいことを考慮する必要がある．さらに，素子の微細化に伴い回路に流れる電流密度が高くなり，アルミニウムでは耐えられなくなってきた．そのため，アルミニウムに代わる配線材料として，銅（Cu）が使われるようになってきた．銅はアルミニウムに比べて高電流密度に耐えられると同時に抵抗率も低いが，加工が困難であった．これに対して9.5.4項で述べるダマシン法が開発され，この困難が解消された．

(5) シリコン酸化膜（熱酸化膜）

シリコンを，酸素が存在する雰囲気中で高温に加熱すると，シリコン酸化膜がシリコン表面に形成される．シリコン酸化膜はきわめて安定で，しかも優れた絶縁性能を示すので，LSIの中では広く使われている．しかも，シリコン酸化膜とシリコンとの界面は原子レベルでなめらかで，**表面準位**（surface state）あるいは**界面準位**[*]（interface state）密度が低く，シリコン表面を利用する場合には不可欠な材料である．単に酸化膜というとシリコン酸化膜をさす場合が多い．

(6) シリコン窒化膜

シリコンを窒素雰囲気中で窒化したものであり、シリコン酸化膜に比べると緻密で誘電率が高いという特徴がある。しかし、表面準位が多く、また、シリコンに強い応力を生じさせ、結晶欠陥を作りやすいという欠点があるため、シリコン酸化膜との2層構造として使用し、シリコン窒化膜がシリコンに接しないようにする。

(7) 堆積絶縁膜

LSIでは、トランジスタなどを相互に配線するため、導体と絶縁体が幾層にも重なった多層配線の構造となっている。酸化膜はシリコン基板を直接酸化するため、シリコン基板が隠れている上層では形成することができない。また、シリコンの酸化による酸化膜は、膜厚を厚く（$1\,\mu m$ 以上）することが困難である。このため、層間の絶縁膜は化学的な反応を使って堆積（CVD：Chemical Vapor Deposition）（§8.2）する。CVD膜として、リンやボロンを添加（ドーピング、doping）（§9.2）したシリコン酸化膜がよく使われる。さらに、最近では、配線間の浮遊容量を減らすために比誘電率（relative dielectric constant, relative permittivity）の低い膜（**low-k 膜***）や、逆にキャパシタの容量を増やすために、比誘電率の高い膜（**high-k 膜***）の研究が盛んである。

(8) コンタクトホール／スルーホール

幾層にも重なった導体と絶縁膜の積層構造において、最下層のシリコン基板と上部の導体、あるいは多層構造の導体同士を接続するために、途中の絶縁膜に穴を開け、そこに導体を埋め込む。シリコン基板との接続構造をコンタクトホール（contact hole）といい、導体間の接続構造をスルーホール（through hole）という。スルーホールは、またビアホール（via hole）と呼ぶこともある。

コンタクトホールの構造を図**1.14**に示す。

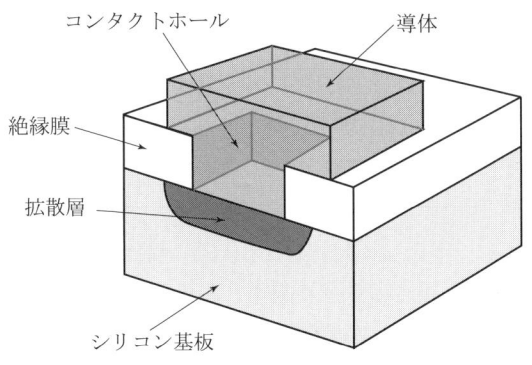

図**1.14** コンタクト構造

これらの基本構造が，LSI の中でどのように使われているかについては，§8.2 に示す．

1.2.2 回路構成要素

基本構造を組み合わせて，電気的機能を発揮する構造が作られる．これを**デバイス***（device）と呼ぶ．以下，代表的なデバイスを挙げる．

(1) トランジスタ

LSI を構成する最も基本的，かつ重要な回路要素であり，デバイスといえばトランジスタをさす場合が多い．トランジスタにはいくつかの種類があるが，基本となるものは MOS トランジスタとバイポーラトランジスタである．さらに，最近の LSI はほとんどが MOS トランジスタを使用しており，本書では MOS トランジスタについて述べる．

MOS トランジスタは，第 2 章で詳述するが，シリコン基板表面の電界の作用で動作するため，電界効果トランジスタ（FET：Field Effect Transistor）の一種である．したがって MOSFET とも記される．

(2) ダイオード

シリコン基板上に拡散層を形成すると，基板と拡散層との間で pn 接合が形成されることを述べた．これがダイオード（diode）となる．

すでに述べたように，ダイオードは順方向には電流が流れるが，逆方向には流れないという性質がある．また，順方向に電流を流した場合，ダイオードの両端には，p 型半導体と n 型半導体の**フェルミ準位***（Fermi level）の差から，ほぼ一定の電位差が生じる．これを**拡散電位***（built-in-potential）という．この電位差は製造時のプロセスバラツキや，動作時の温度変化に対してかなり安定であるため，回路で使用する基準電圧発生などに利用される．

一方，逆方向に電圧を印加した場合は，空乏層を挟んだ平行平板のキャパシタとして振る舞う．ただし，容量値は，空乏層幅が印加電圧の値によって変化することを反映し，電圧依存性をもった容量となるので，これを考慮して使用する必要がある．

(3) キャパシタ

ダイオードあるいは pn 接合はキャパシタとして使えるが，ここでは絶縁物を導体で挟んだ構造をさす．キャパシタは電荷を蓄えるので，LSI では DRAM の記憶素子として広く使われている．ここで使われる絶縁膜には，同じ膜厚であればより多くの

電荷を蓄えられる high-k 材料が注目されている．

キャパシタの電極として，両極ともポリシリコン層または金属層の場合と，一方の電極がシリコン基板となる場合とがある．

(4) 抵　抗

LSI で用いる抵抗は，拡散層あるいはポリシリコン層で形成する．これらは，必要に応じて不純物原子の元素や添加量を変え，所定の抵抗率とする．また，トランジスタの動作点を調整し，トランジスタを抵抗として用いる場合も多い．

練習問題

第 1 問

メモリ容量は，アドレスを示すビット数を n とすると，2^n である．256 M ビットのメモリをアドレッシングするのに必要なビット数は何ビットか．また，そのときのメモリ容量は何ビットか．

第 2 問

DRAM と SRAM の基本的な違いは何か．

第 3 問

シリコンウエハの径が，最近では 8 インチ (20 cm) から 12 インチ (30 cm) に大口径化しているが，その理由を考えよ．

第 4 問

抵抗率が 10^{-3} Ωcm で，厚さが 1 μm の拡散層のシート抵抗はいくらになるか．

第 5 問

メモリ LSI とマイクロプロセッサや ACIS などのロジック LSI の基本的構成の差異と位置づけを述べよ．

第2章 MOS構造とMOSトランジスタ

本章では，LSIを構成する基本素子（デバイス）であるMOSトランジスタの動作の概要を理解することと，MOSトランジスタを使用した基本回路を学ぶことを目的としている．

§2.1 MOS構造

2.1.1 デバイス構造

MOSトランジスタを理解する基礎となるのが，MOS構造（Metal Oxide Semiconductor system）である．MOS構造は図2.1のように金属（あるいはポリシリコン）-酸化膜（絶縁膜）-半導体（シリコン基板）の3層構造をしている．シリコン基板の型がn型かp型かにより2種類に分かれる．ここでは，p型基板を用いたMOS（nMOS）構造について説明する．

金属電極をゲート（gate）と呼ぶ．ゲートとシリコン基板間に挟まれている絶縁膜として，通常は薄い酸化膜が使われており，ゲート酸化膜あるいはゲート絶縁膜と呼

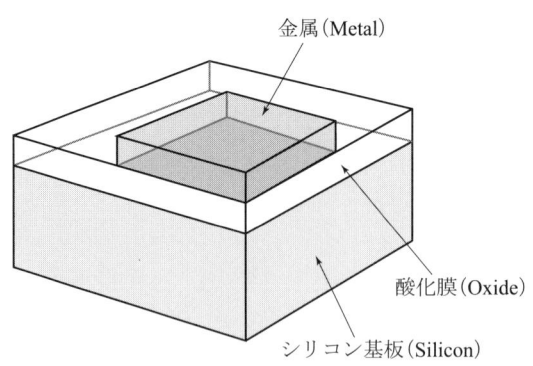

図2.1 MOS構造

ぶ．厚さは数 nm から数十 nm 程度である．

　ゲートとシリコン基板間に印加される電圧によって電界が生じ，これによってシリコン-酸化膜界面のシリコン基板表面（シリコン表面）に，電界の向きによって電子あるいは正孔が集積する．このとき，電界の向きと強度によって，シリコン表面付近の電子や正孔の集積状態が変化する．以下，nMOS構造のシリコン表面の各状態について述べる．

2.1.2　シリコン表面の状態

　MOS構造を考える場合，以下では簡単のため，ゲート材料とシリコンとの**仕事関数***（work function）差，および絶縁膜中の固定電荷とシリコン表面の**界面電荷***（surface charge）は無視する．

(1)　ゲートが負電圧の場合（図 2.2 (a)）

　シリコン表面の電界は，シリコン基板からゲート方向に向いている．ここではp型基板を考えているため，シリコン基板内には基板の不純物原子の濃度（密度）と等しい密度の正孔が**多数キャリア***（majority carrier）として存在している．基板内の正孔は，電界によってシリコン表面に押し付けられるように集積する．この状態を蓄積状態（accumulation condition）といい，高密度の正孔の層を蓄積層（accumulation layer）という．

　半導体理論によると，シリコン半導体が**熱平衡状態***（thermal equilibrium）にあるとき，$np = n_i^2$, $n_i \cong 1.45 \times 10^{10}$ cm^{-3} という関係が成り立つので，正孔密度が増加すると電子密度は反比例して減少する．ここで，p および n はそれぞれ正孔と電子の密度を表す．また，n_i は**真性キャリア密度***（intrinsic carrier density）と呼ばれるものである．

　図には 10^{10} cm^{-3} 程度以下の低密度のキャリアと，イオン化したアクセプタは表示していない．これらすべてを合わせて，系全体として電荷中性条件を満たしている．

(2)　ゲート-シリコン基板間の電圧差が少ない場合（図 2.2 (b)）

　シリコン表面の電界はゼロに近く，シリコン表面にはシリコン基板内部と同程度以下のキャリアしか存在しない状態になる．この状態を空乏状態（depletion condition）といい，空乏状態にある領域を空乏層という．空乏層には少量のキャリアが存在するが，電気的動作を考える場合，空乏層にはキャリアが存在しないと考えてもよい．

　シリコンの表面および内部の電界強度がゼロである状態を，フラットバンド状態（flat band condition）という．このときのゲート電圧をフラットバンド電圧という．仕事関数差や絶縁膜中の固定電荷の値により，フラットバンド電圧は異なる．これら

を無視すると,フラットバンド電圧はゼロとなる.

(3) ゲートが正電圧の場合(図2.2(c))

シリコン表面の電界はゲートからシリコン基板に向いている.この電界で,正孔はシリコン基板内部に深く押しやられ,空乏層が深くまで伸びる.シリコン表面の正孔密度は大きく低下する.

いま,ゲート電圧が上昇して空乏層が広がると,その部分では過渡的にキャリア密度が熱平衡状態より少ない状態となる.しかし,系は平衡状態に戻ろうとして,過渡的に広がった空乏層内では,**禁制帯***(forbidden band)内の**生成・再結合中心***(generation-recombination center)を介した**キャリア生成・再結合**(carrier generation-recombination)**過程***により,電子と正孔が対になった電子−正孔対(electron-hole pair)が生成される.発生した電子は電界に引かれてシリコン表面に,一方,正孔は逆にシリコン基板内部へと移動する.そして,MOS構造全体が熱平衡状態になるまでこの現象は継続し,過渡的に広がった空乏層幅は熱平衡状態の幅に戻る.

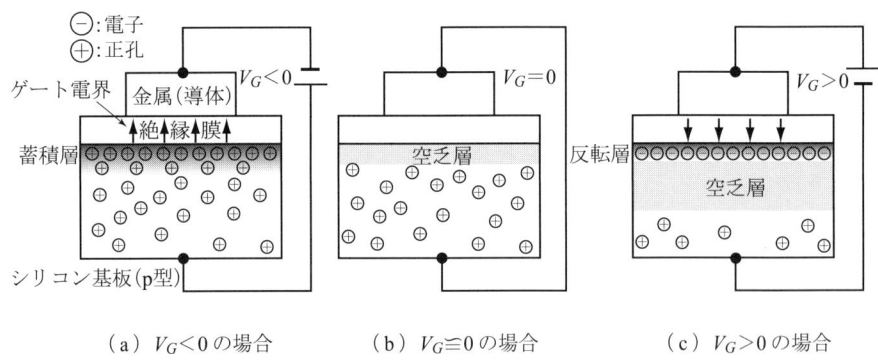

(a) $V_G<0$ の場合 (b) $V_G \fallingdotseq 0$ の場合 (c) $V_G>0$ の場合

図 2.2 シリコン表面のキャリアの状態
(ゲート電極内の電荷,低密度のキャリア,イオン化したアクセプタは表示を省略)

その結果,**図 2.3** に示すように,シリコン表面には電子が高密度で集積し,その下部には空乏層が残ることになる.正孔はシリコン基板内を流れ,シリコン基板裏面の電極内の電子と再結合する.一方,ゲート電極の絶縁膜側には正電荷が誘起され,全体として電荷中性条件が保たれる.

この過程で現れたシリコン表面の状態を,シリコン基板の多数キャリアと反対のキャリアが集積することから,**反転状態**(inversion condition)といい,電子の層を**反転層**(inversion layer)という.反転層は薄く,シリコン表面から数十nmの深さしか

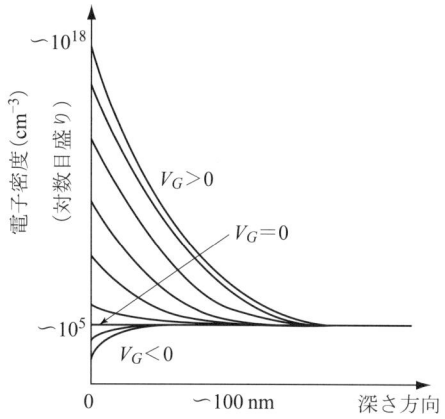

図 2.3 シリコン表面の電子密度分布

ない．電子密度は深さ方向に指数関数的に減少する．正確にいえば，シリコン表面の数Å（1Å = 0.1 nm）の領域では，強い電界による表面への電子の閉じ込めによる量子効果のために，表面ほど電子密度は減少する．

印加電圧にもよるが，キャリア密度は分布のピーク値で $10^{19} \mathrm{cm}^{-3}$ 程度である．反転層の下部（深部）には 1 μm 程度の空乏層が形成される．

2.1.3 C-V 特性

MOS 構造は，金属（またはポリシリコン）電極とシリコン基板でできたキャパシタ構造であるとも考えられる．ゲート-シリコン基板間に印加する電圧によって，シリコン基板内のキャリアの分布状態が変化するので，結果として電極の単位面積あたりの容量は，印加電圧によって変化する．

以下，nMOS 構造について，図 2.4 を参考にその様子を述べる．

(1) ゲートが負電圧の場合（領域Ⅰ）

この状態では，2.1.2 項(1)で説明したように，シリコン表面には正孔の蓄積層が形成され，蓄積層とシリコン基板底部との間は，多数キャリアである正孔が自由に移動できるため，電気的につながっている．ゲートとシリコン基板間の容量は，ゲートと蓄積層で形成される平行平板の容量値を示す．ここでは，ゲート電極端での電界集中によるフリンジ効果は無視している．

(2) ゲート-シリコン基板間の電圧差が少ない場合（領域Ⅱ）

ゲート電圧（V_G）が上昇するにつれ，蓄積層の正孔密度は減少し，シリコン基板内

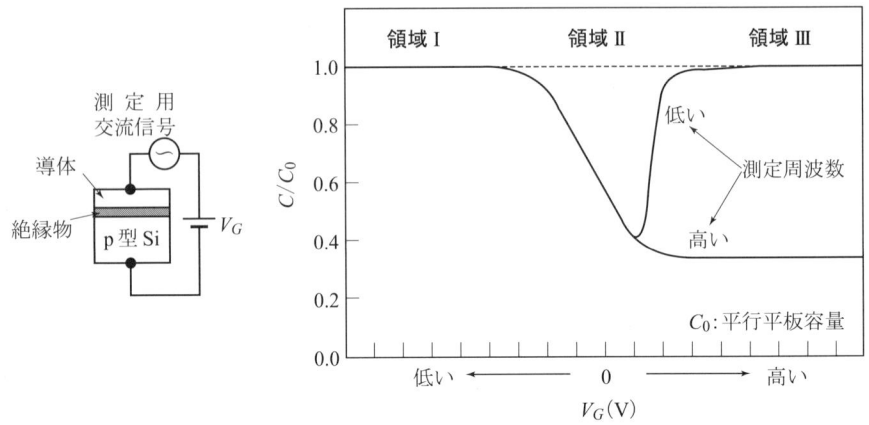

図 2.4 C-V 特性（概念図）

の正孔密度程度以下になる．これに従って空乏層が形成され始め，同時にゲート-シリコン基板間の容量値も減少する．

(3) ゲートが正電圧の場合（領域Ⅲ）

このとき，2.1.2 項 (3) の場合と同じく，シリコン表面には電子が集まって反転層が形成され，そこでの正孔密度は低い状態となる．

いま，容量測定用の交流信号の電圧が，キャリア生成速度よりゆっくり上昇すると，電圧上昇によって新たに広がった空乏層内では，空乏層の広がりに追従して電子-正孔対が生成する．生成した電子はゲート電界によってシリコン表面に移動して反転層に集積し，正孔は逆にシリコン基板内部に流れる．

次に，交流信号電圧がゆっくりと降下すると，空乏層幅の減少につれて空乏層が消えた部分に反転層から電子が，シリコン基板内部から正孔が流れ込み，これらの電子と正孔が電圧変化（空乏層幅の変化）に追従して再結合する．

このように，容量測定用の交流信号の周波数がキャリア生成・消滅速度より低い（数十 Hz 以下）場合は，キャリアの生成・消滅を介して空乏層内を電流が流れ，反転層とシリコン基板内部が導通する．その結果，空乏層が存在していても，容量はゲートと反転層で形成される平行平板容量と同じになる．

しかし，測定信号の周波数が高くなると，キャリア生成・消滅速度が信号変化に追従できなくなり，生成・消滅する電子-正孔対の数が減少する．そのため，空乏層の等価抵抗が高くなる結果，容量値は減少する．このときの容量値は，空乏層が絶縁体の役割を果たすようになるため，ゲート絶縁膜厚と空乏層幅を加えた厚さで形成される絶縁体をもつ平行平板の容量値になる．

キャリア生成・消滅速度は，シリコン基板の結晶性の良否で異なり，結晶がきれいな（結晶の乱れや汚染物質が少ない）ほど再結合中心の密度が少なくなるので，キャリア生成・消滅速度は遅くなる．

§2.2 MOSトランジスタ

2.2.1 デバイス構造

MOSトランジスタは，図2.5に示すように，MOS構造の両端にシリコン基板と反対の型の拡散層を配した構造をしている．金属（ポリシリコン）部はゲート（gate）と呼び，拡散層の一方をソース（source），もう一方をドレイン（drain）と呼ぶ．また，シリコン基板裏面をバックゲート（back gate）と呼ぶこともある．

ソースはキャリアを供給し，ドレインはキャリアを排出することからこれらの名前が付けられ，ゲートはキャリアの流れを開閉する門に見立ててこの名前がついている．ゲート絶縁膜下のシリコン表面には，ゲートに電圧を印加することによりMOS構造と同様に反転層が形成され，ソース-ドレイン間を電流が流れる通路となる．これをチャネル（channel）と呼ぶ．

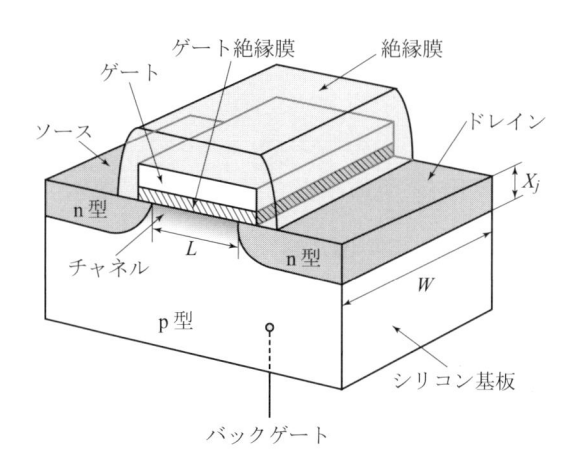

図2.5 nMOSトランジスタ構造

チャネルの両端にはソースとドレインがあり，シリコン基板との間でpn接合を形成している．pn接合の深さ（X_j）は数十nmから数百nmである．チャネルの長さをチャネル長（L），横方向の幅をチャネル幅（W）という．

MOSトランジスタは，ゲートからの電界によるシリコン表面の状態変化を利用するデバイスであるため，主としてシリコン表面から$1\,\mu$m程度までの領域がデバイス

動作に寄与する．

　シリコン表面付近の電界を制御しやすくするために，表面付近の不純物の種類や濃度を工夫する．チャネル領域の不純物の分布を工夫することをチャネル・エンジニアリング，ドレイン近傍のそれをドレイン・エンジニアリングという．

　シリコン基板はp型でもn型でもMOSトランジスタを構成することができる．シリコン基板がp型で，ソース/ドレインがn型の場合をnチャネルMOS（nMOS）トランジスタといい，また，シリコン基板がn型で，ソース/ドレインがp型の場合をpチャネルMOS（pMOS）トランジスタという．nMOSトランジスタでは電子が電気伝導に寄与し，pMOSトランジスタでは正孔が電気伝導に寄与する．

2.2.2　電気特性

　MOSトランジスタのソースとドレインには構造的な区別はなく，動作上からの区別である．このため，両方向への電流の流れを制御することができる．

　MOSトランジスタの重要な特徴のひとつとして，ゲートがシリコン基板，ソース，ドレインとは絶縁されているので，ゲートの入力抵抗がきわめて高いことが挙げられる．

　MOSトランジスタの記号を図2.6に示す．pMOSトランジスタはゲートの前に小丸（○）を付けて表す．以後，特に記述が必要な場合を除いて，図中にはnMOS，pMOSの表示をしない．

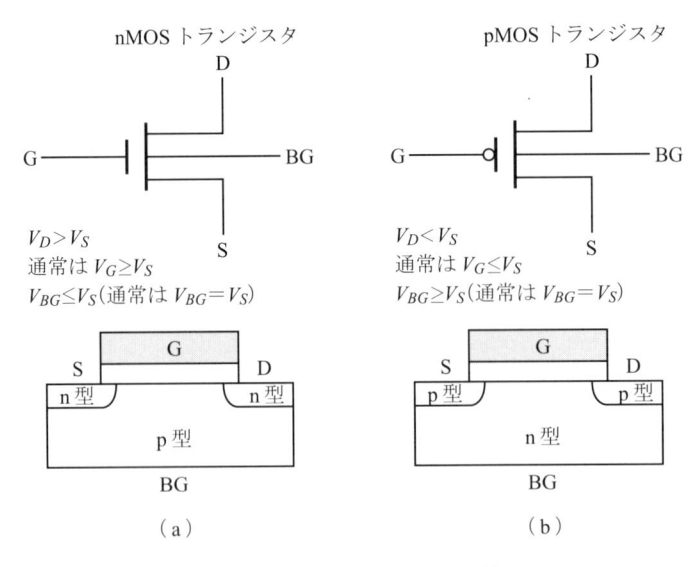

nMOSトランジスタ

$V_D > V_S$
通常は $V_G \geq V_S$
$V_{BG} \leq V_S$（通常は $V_{BG} = V_S$）

(a)

pMOSトランジスタ

$V_D < V_S$
通常は $V_G \leq V_S$
$V_{BG} \geq V_S$（通常は $V_{BG} = V_S$）

(b)

図2.6　MOSトランジスタ記号

ソースを接地した場合，nMOS トランジスタではドレイン電圧は正，バックゲート電圧はゼロまたは負であり，電流はドレインからソースに流れる（電子はソースからドレインに流れる）．

pMOS トランジスタでは電圧の正負が反転する．また，ドレイン電流の向きも逆になり，ソースからドレインに流れる（正孔も同じ向きに流れる）．

ゲートにはソースに対して正負の電圧を印加し得るが，一般には nMOS トランジスタは正，pMOS トランジスタは負のゲート電圧を用いる．

nMOS と pMOS 両方を使って構成した回路を，CMOS（Complementary MOS，相補型 MOS）回路という．

nMOS トランジスタのドレイン電流は，最も簡略化されたモデル式によれば次のように表される．

$$I_D = \beta \left\{ (V_G - V_T)V_D - \frac{V_D^2}{2} \right\} \quad V_G - V_T \geq V_D \quad (2.1.\text{a})$$

$$= \beta \frac{(V_G - V_T)^2}{2} \quad V_G - V_T < V_D \quad (2.1.\text{b})$$

ここで，

$$\beta = \frac{\mu \varepsilon_{ox} \varepsilon_o W}{T_{ox} L} \quad (2.2)$$

各記号の意味は下記のとおりである．

I_D：ドレイン電流
V_D：ドレイン電圧（ドレイン-ソース間電圧）
V_G：ゲート電圧（ゲート-ソース間電圧）
V_T：しきい値（threshold voltage）
μ ：電子の**移動度**＊（mobility）
ε_{ox}：ゲート酸化膜の比誘電率（3.9）
ε_o：真空の誘電率（8.85×10^{-14} F/cm）
T_{ox}：ゲート酸化膜厚
L ：チャネル長
W ：チャネル幅

バックゲートとソースの電圧を固定（接地）して，ゲート電圧あるいはドレイン電圧を変化させた場合，それぞれに電流-電圧特性が得られる．ゲート電圧を変化させた場合を I_D-V_G 特性，ドレイン電圧を変化させた場合を I_D-V_D 特性という．以下，それぞれの特性について説明する．

(1) I_D-V_G 特性

ドレイン電圧とバックゲート-ソース間電圧(バックゲート電圧, V_{BG})を固定しておき,ゲート電圧を変化させたときのドレイン電流の変化を考える.測定回路を図2.7に示す.

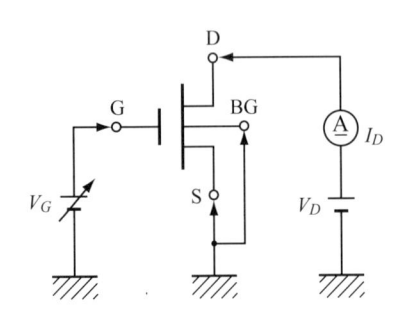

図2.7 I_D-V_G 特性の測定回路

nMOSトランジスタにおいては,ゲート電圧がある値以下ではドレイン電流は流れず,ある値以上になると電流が流れ始め,ゲート電圧の上昇につれてドレイン電流は増加する.このとき,ドレイン電流が流れ始めるゲート電圧をしきい値(V_T: threshold voltage)といい,これはMOSトランジスタの特性を表す最も重要な項目のひとつである.なお,V_Tの値は0.5~1V前後に設定されることが多い.

いま,ドレイン電圧が十分低い状態(ただし,$V_D \leq V_G - V_T$)を考えると,式(2.1.a)においてV_D^2を無視することができ,

$$I_D = \beta (V_G - V_T) V_D \tag{2.3}$$

と簡略化できる.V_Dをパラメータにすると,I_D-V_G特性は図2.8(a)のようになる.ゲート電圧が上昇すると,しきい値になった時点からドレイン電流が流れ始め,ゲート電圧の上昇につれて,傾きβV_Dで上昇する.

現実のトランジスタでは,破線で示したように,しきい値付近のサブスレショルド(sub-threshold)領域とゲート電圧が高い領域では,直線からのズレが認められる.実測したI_D-V_G特性から,その最大傾斜を外挿し,ドレイン電流がゼロとなるゲート電圧をしきい値(外挿法)として求めることができる.

ドレイン電圧が高い場合,式(2.1.b)で表されるI_D-V_G特性は図2.8(b)に示すように2次曲線になる.

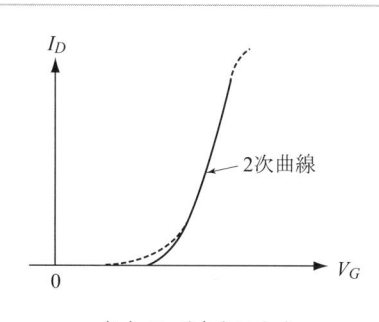

(a) V_Dがほぼ0Vのとき　　　（b）V_Dが大きいとき

図 2.8　I_D-V_G 特性

(2) I_D-V_D 特性

バックゲート電圧を固定し，ゲート電圧をパラメータとしてドレイン電圧を変化した場合のドレイン電流の変化を考える．測定回路を図 2.9 に示す．

I_D-V_D 特性は，図 2.10 に示すように，$V_D = V_G - V_T$ を境に，2 つの領域に分けられる．

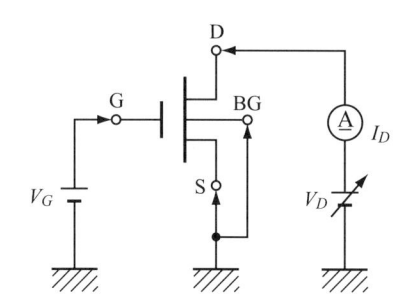

図 2.9　I_D-V_D 特性の測定回路

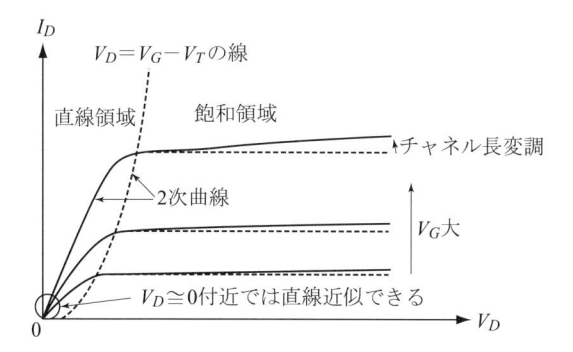

図 2.10　I_D-V_D 特性

1. $V_D \leq V_G - V_T$ の場合

ドレイン電圧が低い場合は，式(2.3)からドレイン電圧に対して直線的な特性であるため，この動作領域を直線領域(linear region)と呼ぶ，あるいは三極真空管のプレート電流-プレート電圧特性に似ていることから，三極管領域(triode region)とも呼ぶ．

特性は式(2.1.a)から，上に凸の2次曲線の左半分である．

2. $V_D = V_G - V_T$ の場合

ドレイン電圧がこの条件を満たす場合，式(2.1.a)からわかるように，ドレイン電流は2次曲線の頂点に位置する．さらに，ゲート電圧が異なる I_D-V_D 特性の頂点を結んだ曲線は，原点を通る下に凸の2次曲線になる．

この状態では，ゲートからの電界とドレインからの電界との関係から，ドレイン側のチャネル端では反転層(チャネル)が消滅する．このチャネルの消滅点をピンチオフ(pinch-off)点，そのときのドレイン電圧をピンチオフ電圧と呼ぶ．

3. $V_D > V_G - V_T$ の場合

この条件では，式(2.1.b)からわかるように，ドレイン電流はドレイン電圧によらずゲート電圧で決まる一定値となる．この動作状態を飽和領域(saturation region)，あるいは五極真空管のプレート電流-プレート電圧特性に似ていることから五極管領域(pentode region)ともいう．

ピンチオフ電圧を V_P とすると，ドレイン電流 I_D は，

$$I_D = \frac{\beta}{2} V_P^2 \tag{2.4}$$

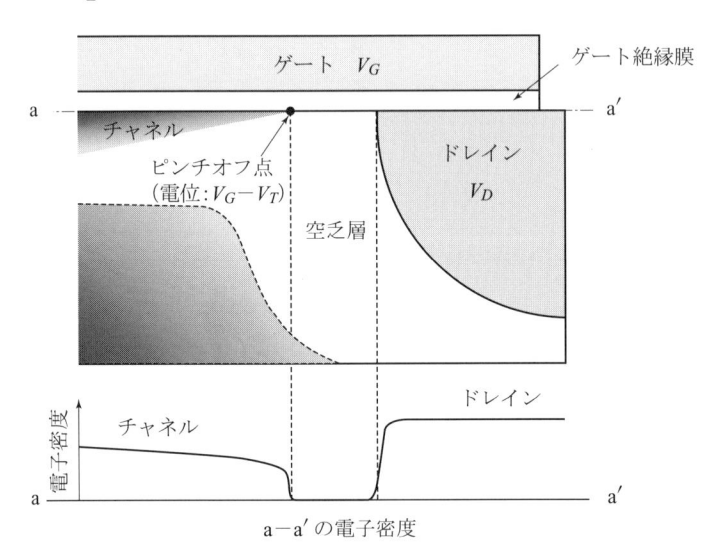

図 2.11 ピンチオフ点付近の様子 ($V_D > V_G - V_T$)

ここで，

$$V_P = V_G - V_T \tag{2.5}$$

と記述することもできる．ピンチオフ点付近の様子を**図 2.11** に示す．

ドレイン電圧が上昇するのにつれて，ピンチオフ点はソース側に移動し，チャネルであった部分は空乏層となる．ピンチオフ点がソース側へ移動すると，その分だけチャネル長 (L) は短くなる．この現象をチャネル長変調 (channel length modulation) といい，L が小さくなると式 (2.2) より β は増加し，その結果ドレイン電流も増加する．ただし，式 (2.1.b) では L を固定値と考えており，この効果は考慮されていない．

(3) バックゲート電圧の効果

式 (2.1.a) および (2.1.b) の近似式には考慮されていないが，バックゲートにバイアス電圧 (バックゲート電圧という) を印加するとドレイン電流は減少する．nMOS トランジスタの場合，バックゲート電圧はソースに対して負電圧であり，pMOS トランジスタの場合は，逆に正電圧である．

バックゲート電圧が印加されると，チャネルの下にある空乏層が広くなるとともに，反転層に誘起されているキャリアの密度が低下し，新たな定常状態になる．その結果，ドレイン電流は減少する．バックゲート電圧印加前と同じ反転層キャリア密度を得るためには，ゲート電圧を増加させなければならず，すなわち，しきい値が上昇していることを示す．pMOS トランジスタの場合は，しきい値は低下 (絶対値では増加) する．

バックゲート電圧を印加した場合の，I_D-V_G 特性と I_D-V_D 特性への影響を**図 2.12** に示す．

MOS トランジスタでは，MOS 構造と異なりソース/ドレインが存在しているため，ゲート-シリコン基板間の電圧が同じでも，シリコン表面の状態は異なる．

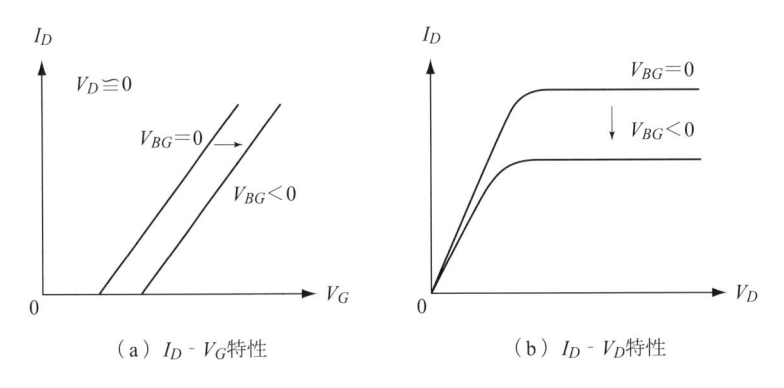

(a) I_D-V_G 特性 　　(b) I_D-V_D 特性

図 2.12 バックゲートの効果

MOSトランジスタのソースを接地して動作させる場合は，意図してバックゲート電圧を印加しない限り，しきい値上昇の問題は発生しない．しかし，後述する回路のようにMOSトランジスタを直列接続して使用する場合，ソースが接地されていないMOSトランジスタでは，ソース電圧上昇によってバックゲート電圧を印加するのと同じ効果が現れ，しきい値が変化するので注意が必要である．

2.2.3 最先端MOSトランジスタ

LSI構造の微細化と高集積化は，微細加工技術の高度化とMOSトランジスタ構造の改良に負うところが大きい．現在，実用化されているMOSトランジスタ構造の主要な改良点には，下記のようなものがある．

(1) パンチスルー・ストッパ

MOSトランジスタは，ゲートからの電界でシリコン表面の反転層のキャリア密度を制御しているが，素子構造が微細化されると，高い電圧が印加されるドレインからの電界の影響が，強く現れるようになる．

nMOSトランジスタの場合，ソースからチャネルに供給される電子の数は，ソース近傍のチャネルの電位を，ゲート電界で制御することによって決まる．微細化により，ドレインからの電界がこの部分に強く影響するようになると，ゲート電圧によるこの部分への制御能力が，ドレイン電界に対して相対的に低下し，ゲート電圧がしきい値以下であるのにもかかわらず，ドレイン電圧が高くなるとドレイン電流が流れるようになり，MOSトランジスタとして機能しなくなる（**図2.13**）．

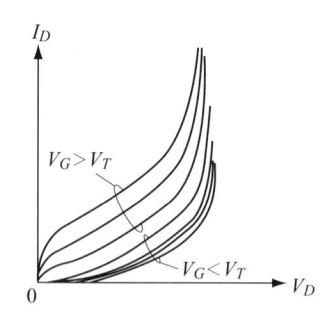

図2.13 パンチスルー状態の I_D-V_D 特性

この現象をパンチスルー（punch-through）といい，MOSトランジスタの微細化を妨げる大きな障害である．効果的な対策のひとつが，ソースからチャネルへの電子の供給量を決めるソース側のチャネル端に，ドレイン電界の影響を及ぼさないようにす

ることである.

　パンチスルー・ストッパは，図 2.14 に示すように，基板不純物と同じ型の不純物の高濃度層をチャネルの下部に設けた構造である．この高濃度層にある多数のイオン化した不純物が，ドレイン電界をより多く終端するため，ドレイン電界が速やかに減衰し，パンチスルーが回避できる．チャネル・エンジニアリングの一例である．

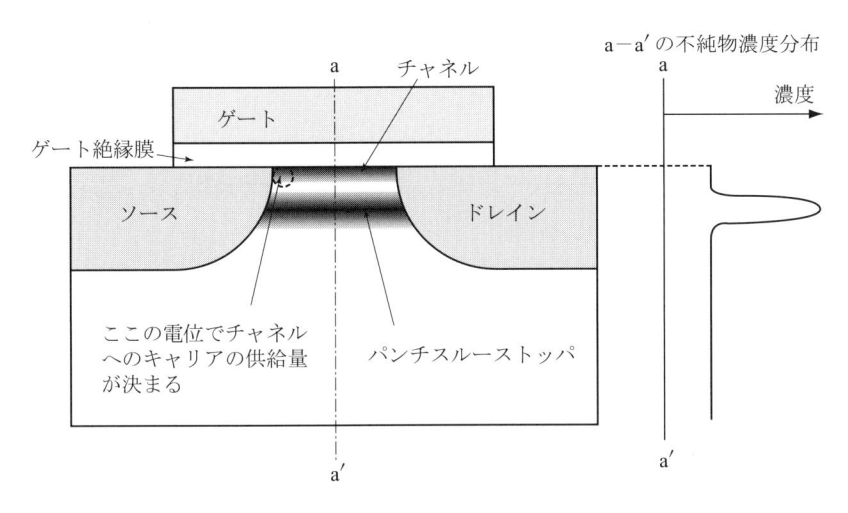

図 2.14 パンチスルー・ストッパ

　シリコン基板自体の不純物濃度を高くしてもパンチスルーは抑えられるが，しきい値はシリコン表面付近の不純物濃度で決まるため，同時にしきい値が高くなり，目的とする特性の MOS トランジスタを得ることができなくなる．

(2) ゲート絶縁膜の薄膜化

　パンチスルー現象は，チャネルのソース側において，ゲート電界がドレイン電界に比較して相対的に弱くなることで発生する．パンチスルー・ストッパはドレイン電界を弱める役割を果たすが，逆にゲート電界を強める解決方法もある．

　その方法として，ゲート絶縁膜厚を薄くすることにより，ゲート電界の強度を強くするという方法がある．現在では，ゲート絶縁膜は数 nm にまで薄膜化されている．しかし，2〜3 nm より薄くなるとトンネル電流が顕著になり，実用上使用できなくなる．この問題の回避のために，ゲート絶縁膜に酸化膜より十倍程度高い比誘電率のhigh-k 膜の研究が進んでいる．

(3) LDD 構造

パンチスルー回避のために，ドレイン電界をソース側のチャネル端で弱くする他の方法として，ドレインの不純物濃度を低くし，ドレイン接合に形成される空乏層のうち，ドレイン側に形成される空乏層の広がりをさらに伸ばすことにより，シリコン基板側への電界の広がりを抑える方法がある．

LDD (Lightly Doped Drain) 構造はこの効果を発揮させるため，図 2.15 に示すように，ドレインのチャネル側に，本来のドレインより濃度の低い部分を新たに配置したドレイン構造となっている．通常のドレインは $10^{20}\mathrm{cm}^{-3}$ 以上の不純物濃度であるのに対し，低濃度部分は $10^{18}\sim 10^{20}\mathrm{cm}^{-3}$ の濃度となっている．ソース側も同じ構造をしているが，LSI の製造プロセス上，ソースとドレインとで構造を変えると製造工程数が増加するためである．

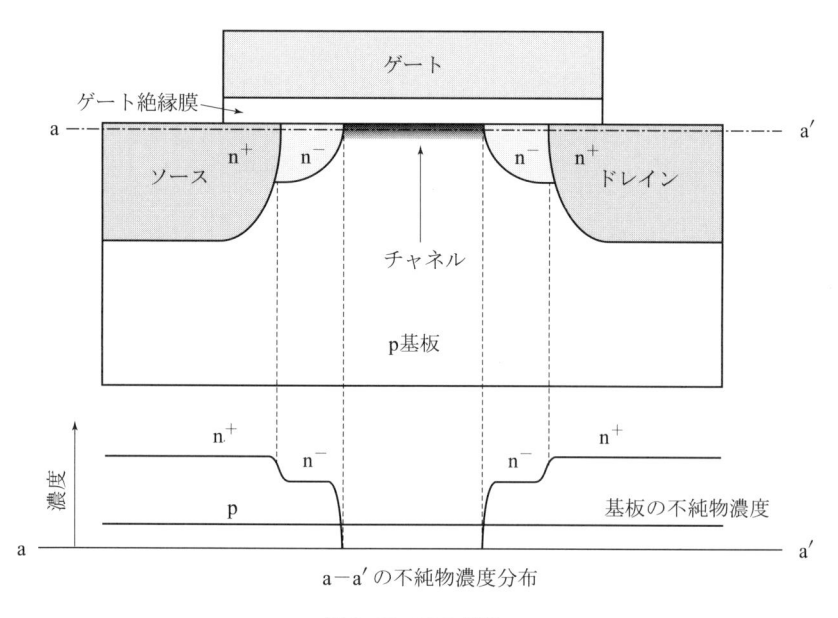

図 2.15 LDD 構造

さらに，LDD 構造はチャネルのソース端に最も近いドレインの接合深さが浅くなることから，ドレイン電界の影響をさらに軽減する効果もある．

特に，ドレイン拡散層にヒ素を用いる nMOS トランジスタでは，ヒ素の濃度勾配が急峻であるため，ドレイン接合での電界強度が強くなり，LDD 構造が必要となる．一方，ボロンを用いる pMOS トランジスタでは，ボロンの濃度勾配が急峻でないため LDD 構造を必要としない場合が多かった．しかし，最近では微細化が進んだため，

pMOSでもLDD構造が必要になってきた．

ドレイン接合全体を**n⁻領域**＊で取り囲んだDDD（Double Diffused Drain）構造もあるが，あまり使われていない．

LDD構造やDDD構造は，ドレイン・エンジニアリングの例である．

(4) 歪みシリコン

単結晶シリコンのキャリア移動度は，シリコンに引張応力（tensile stress）を加えることにより増加することが知られている．そこで，シリコンより少しだけ格子定数（lattice constant）の大きな（原子間距離が広い）結晶材料の上にシリコン単結晶を成長させると，シリコン原子は下部の大きな格子定数に引張られるため，シリコン結晶に引張応力を加えることができる．このようなシリコンを歪みシリコン（strained silicon）という．

下部材料としては，図2.16に示すように，製造プロセスに適合するゲルマニウム（Ge）とシリコンの合金であるSiGeが使われる．この構造によりキャリアの移動度が1.5～2倍程度大きくなり，同じサイズのトランジスタでも，流し得る電流が増加する．LSIの動作速度を決める主要な要因として，配線などがもつ浮遊容量への充放電時間があり，トランジスタの電流供給能力の向上は充放電を速くし，回路動作を高速化する．

チャネル領域に引張応力を加える方法として，ゲートより上部に堆積する膜の材質や製造方法を工夫することも研究されている．

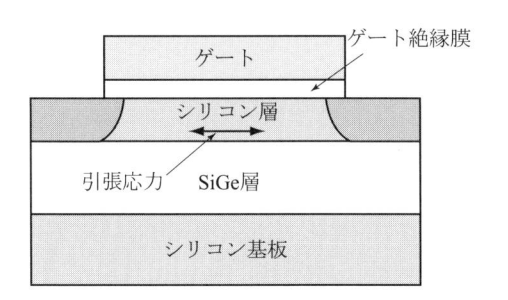

図2.16 歪みシリコントランジスタ

練習問題

第1問
　pMOS の I_D-V_G, I_D-V_D 特性を描け．

第2問
　n 型基板を用いた MOS 構造において，反転状態を図示せよ．

第3問
　式 (2.1)，式 (2.2) から，ドレイン電流を多く流せるようにする方法を挙げよ．

第4問
　図 2.11 において，ピンチオフ点以降の電子の流れを考えよ．

第5問
　MOS トランジスタのソース/ドレイン接合の深さは，パンチスルーを回避するためには浅いほうがよい．しかし，浅いソース/ドレイン接合を用いた場合，新たな問題が発生する．これを挙げよ．

第3章 アナログ基本回路と動作

　MOSトランジスタはソース，ゲート，ドレインおよびバックゲート電極をもつが，バックゲート電極以外のどの電極を接地（GND：ground）するかによってソース接地，ゲート接地，ドレイン接地の3種類の代表的な動作モードがある．

　以下，nMOSトランジスタ（以下nMOSと略す）について，各動作モードの回路動作（増幅回路）と，その他の重要な基本回路を説明する．

§3.1　基本回路

3.1.1　ソース接地増幅回路

(1) 基本動作（直流動作）特性

　ソース接地モードでは，図3.1のようにソースを接地し，ゲートに入力信号を印加する．ドレインには抵抗（負荷抵抗，R_L）が接続され，さらに電源（電圧はV_{DD}）に

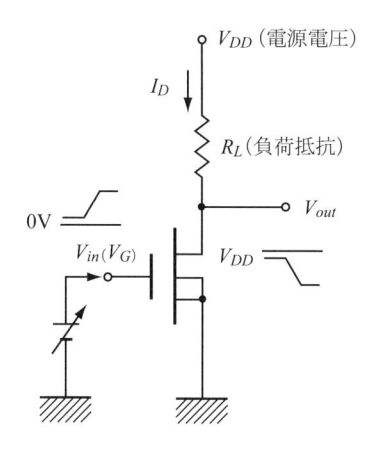

図3.1　ソース接地増幅回路

つながっている．LSIでは，主に3V程度以下の電源電圧が使用される．

ゲートに入力された信号（電圧信号）は，nMOSの動作によりドレイン電流（I_D）の変化となって現れ，負荷抵抗による電圧降下量の変化をもたらす．ゲート電圧が上昇すると，nMOSの特性によりドレイン電流が増加するため，負荷抵抗での電圧降下が大きくなり，出力電圧（V_{out}）は低下する．したがって，入力電圧に対しては，逆相（位相が反転）の出力電圧となる．

この様子は**図3.2**のように表せる．この図は，横軸を出力電圧（V_{out}），縦軸をドレイン電流（I_D）とし，nMOSの特性と負荷特性を重ね書きしたものである．

抵抗は線形素子（電流-電圧特性が直線）であるため，負荷特性は，点（V_{DD}, 0）と点（0, V_{DD}/R_L）を結んだ直線となる．

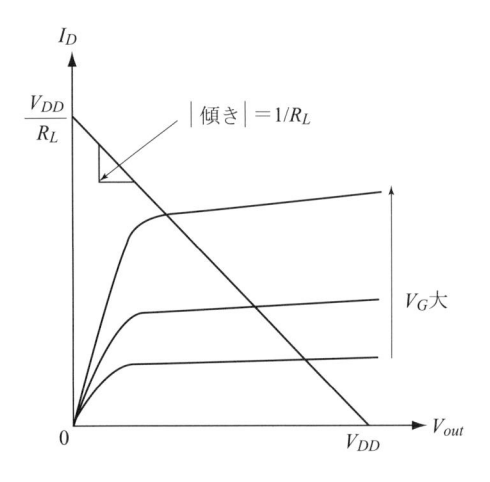

図3.2 I_D-V_D特性と負荷線

負荷特性は，nMOSがオフ状態（OFF）でドレイン電流がゼロならば，出力電圧は電源電圧となり，オン状態（ON）でnMOSの内部抵抗をゼロであると仮定すれば，$V_{out}=0$, $I_D = V_{DD}/R_L$となる．

この回路は，あるゲート電圧において，そのゲート電圧でのnMOSの特性曲線と負荷直線の示すドレイン電流が一致した点（すなわち両特性の交点）で，nMOSと負荷抵抗に流れる電流が同じ（電流連続が成立）になり，ここで動作が安定する．この点を動作点という．

ゲート電圧が上昇すれば，動作点は負荷直線上を左上に移動し，ゲート電圧が低下すると動作点は右下に移動する．したがって，出力電圧はゲート電圧が上昇すると低下し，逆にゲート電圧が低下すると出力電圧は上昇する．

(2) 交流動作特性（大信号動作とバイアス）

以上は，直流信号を入力した場合を考えてきたが，次に，交流信号が入力された場合について考える．交流信号は 0 V を中心に正負に電圧が変化する信号である．**フーリエ変換***（Fourier transform）によれば，あらゆる交流信号はいくつかの正弦波信号に重みを付けて重ね合わせたものであることがわかっている．したがって，交流特性を考える場合，周波数特性を無視するならば，交流信号として 1 つの正弦波を考えればよいことがわかる．

いま交流信号をゲートに印加すると，nMOS の場合，信号の電圧が正（正確には V_T 以上）の場合にはドレイン電流が流れるが，負の場合には流れず，入力信号と出力信号は大きく形が異なり（歪みが大きい），一般にはこのままでは使えない．

この回路に交流信号を入力し，歪みの少ない出力信号を得るには，入力信号が最も負になった場合でもドレイン電流が流れるように，ゲートが常に正電圧になるようにしなければならない．このためには，**図 3.3** に示すように，ゲートに交流信号と直列に電圧源を接続する．こうすることにより，ゲートに印加される電圧を常に正にすることができる．交流信号がゼロの場合は，電圧源の電圧に対応するドレイン電流が流れる．この定電圧をバイアス電圧といい，動作点をバイアス点という．

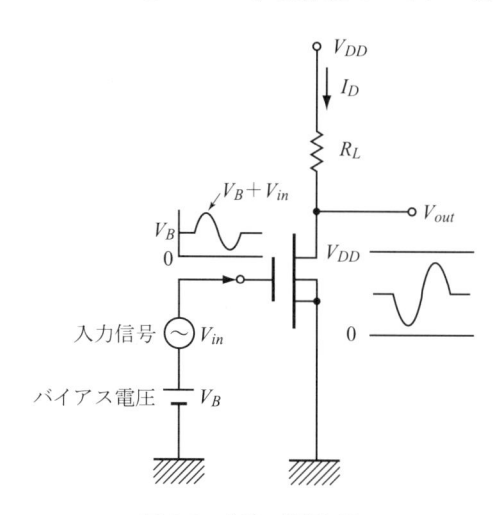

図 3.3 交流の増幅回路

このような動作状態を A 級動作という．A 級動作の特徴は，交流信号の電圧によらず常にドレイン電流が流れている（MOS トランジスタが ON している）ことである．これに対し，バイアス電圧を印加しない動作を B 級動作といい，交流信号の正の部分のみ nMOS が ON する．B 級動作は，高周波で**同調回路***（tuning circuit）をもつ場

合やプッシュプル(push-pull)回路*に使用される.

A級動作とB級動作の中間にあたる動作モードをAB級動作と呼ぶが,A級動作でもバイアス電圧が低く,歪みが大きい場合をAB級動作と呼ぶ場合もある.

ゲート電圧は,バイアス電圧を中心に交流信号の振幅だけ変化し,それにつれて動作点も負荷直線上を移動する.

A級動作の概念を図3.4に示す.いまバイアス電圧をV_B,入力正弦波の振幅をV_{in}とすると,ゲート電圧はV_B-V_{in}からV_B+V_{in}まで変化する.このとき,nMOSは飽和領域で動作しているので,ドレイン電流は式(2.1.b)から,

$$\beta(V_B-V_{in}-V_T)^2/2 \sim \beta(V_B+V_{in}-V_T)^2/2$$

の間で変化する.負荷抵抗での電圧降下の範囲は

$$\beta(V_B-V_{in}-V_T)^2 R_L/2 \sim \beta(V_B+V_{in}-V_T)^2 R_L/2$$

であり,ドレイン電圧の変化の範囲は

$$V_{DD}-\beta(V_B-V_{in}-V_T)^2 R_L/2 \sim V_{DD}-\beta(V_B+V_{in}-V_T)^2 R_L/2$$

となる.

その結果,出力電圧の交流成分の振れ幅(Peak-to-Peak, P-P)は,

$$\begin{aligned}振れ幅 &= \left[V_{DD}-\frac{\beta(V_B-V_{in}-V_T)^2 R_L}{2}\right]-\left[V_{DD}-\frac{\beta(V_B+V_{in}-V_T)^2 R_L}{2}\right] \\ &= 2R_L\beta(V_B-V_T)V_{in}\end{aligned} \tag{3.1}$$

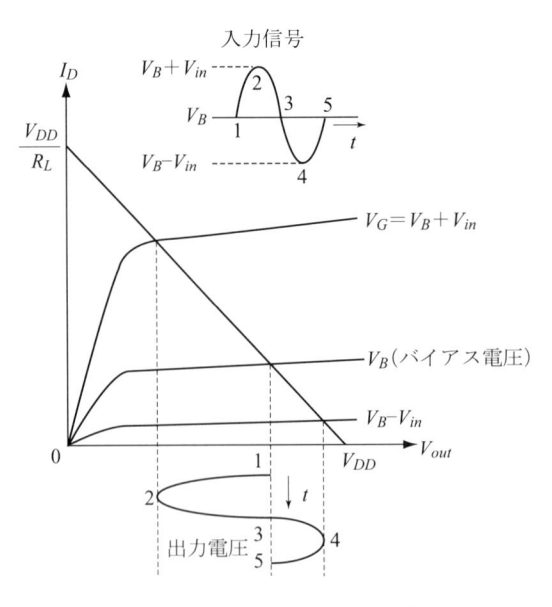

図3.4 A級動作図(大信号動作)

となり，入力信号が増幅されることがわかる．このときの電圧増幅率 A_V は，

$$A_V = \frac{\text{出力の振れ幅}}{\text{入力の振れ幅}(2V_{in})} = R_L \beta (V_B - V_T) \tag{3.2}$$

となる．

ここで注意すべき点は，図示されているように入力正弦波の振幅が大きい場合は，出力されるべき正弦波は，B級動作ほどではないが，実はまだ歪んでいることである．**図3.5**には，出力電流と出力電圧を求める方法を示しているが，nMOS が飽和領域で動作しているので I_D-V_G 特性は直線ではなく，式(2.1.b)から V_G に対する2次曲線となる．したがって，図からわかるように，出力電流の下半分，出力信号の上半分が圧縮され，歪んでいる．

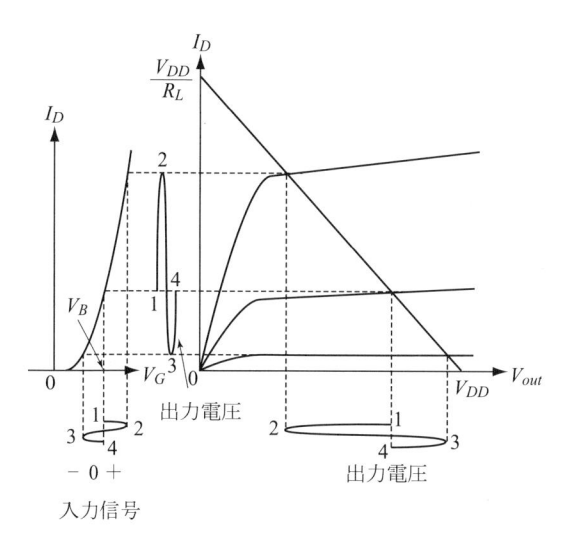

図3.5 出力電流と出力電圧を求める

このような場合を大信号動作といい，増幅素子の電流-電圧特性の非直線性が強く現れる．

これに対し，入力の交流信号の振幅が小さく，バイアス点からの変位が少ない場合を小信号動作という．小信号動作では動作点の変化が少ないため，素子特性を直線近似(線形近似)できる．**図3.6**にその例を示す．このように，小信号動作では非線形素子でも線形素子として近似できるため，モデル化が容易になる．回路特性を小信号について解析することを小信号解析という．小信号解析を行う場合，あらかじめ動作点を決めておく必要がある．

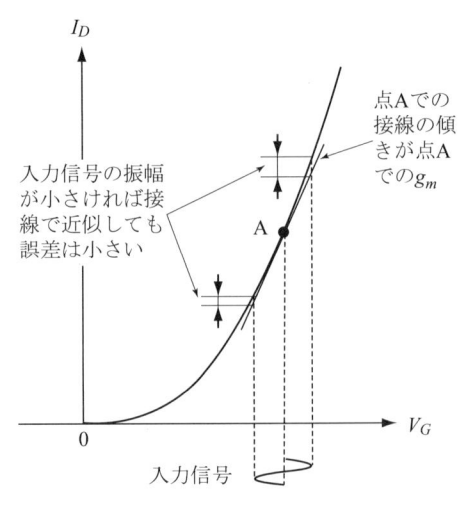

図 3.6 小信号動作

(3) 交流動作特性（小信号解析）

動作点が決まったものとして，ソース接地増幅回路の小信号特性を解析する．

小信号の場合，I_D-V_G特性のバイアス点近傍を直線で近似し，この直線の傾きを相互コンダクタンス（トランスコンダクタンス，transconductance）といい g_m で表す．

$$g_m = \frac{dI_D}{dV_G} \tag{3.3}$$

MOS トランジスタは飽和領域で動作させるので，式 (2.1.b) から，

$$g_m = \frac{d}{dV_G}\left\{\beta\frac{(V_G - V_T)^2}{2}\right\} = \frac{\beta}{2}\frac{d}{dV_G}(V_G - V_T)^2 = \beta(V_G - V_T) \tag{3.4}$$

を得る．

入力正弦波振幅を V_{in} とすると，入力信号の振れ幅 ΔV_G は $2V_{in}$ であるため，ドレイン電流の振れ幅は，

$$\Delta I_D = g_m \Delta V_G = 2g_m V_{in} \tag{3.5}$$

となる．出力端子の電圧は $V_{DD} - R_L I_D$ であるから，出力電圧の振れ幅 ($2V_{out}$) は，

$$\begin{aligned} 2V_{out} &= \Delta(V_{DD} - R_L I_D) = \Delta V_{DD} - R_L \Delta I_D \quad (\text{ここで，}\Delta V_{DD}=0) \\ &= -R_L \Delta I_D = -2R_L g_m V_{in} \end{aligned} \tag{3.6}$$

となる．したがって，電圧増幅率は，

$$A_V = \frac{V_{out}}{V_{in}} = -R_L g_m \left[= -R_L \beta(V_G - V_T)\right] \tag{3.7}$$

となる．増幅率にマイナス記号がつくのは，位相が反転することを表す．

ここで注意すべきは，大信号解析で得た電圧増幅率と結果的には同じであるが，これは I_D-V_G 特性が2次関数であるため，振れ幅について同じ結果を得たに過ぎず，大信号動作に小信号解析は適用できない．ソース接地増幅回路は歪みが大きいので，歪みを少なくする場合は後に述べる差動増幅器を用いる．

ソース接地増幅回路の増幅率に関して重要な点は，増幅率が式 (3.7) からわかるように，負荷抵抗の値に比例することである．増幅率を大きくするためには，負荷抵抗を大きくする必要があるが，大きすぎると十分なドレイン電流を得ることができず，MOS トランジスタを適当な動作点で動作させることができなくなる．

また，大きな負荷抵抗は，電源から次段への負荷抵抗を通しての電流供給能力を低下させ，次段の入力容量への充電時間が長くなる．その結果，高速動作ができなくなり，高周波での増幅率が低下する．

この問題を解決するには，後に述べる (3.2.2 項) 定電流源を負荷抵抗の代わりとする，ダイナミック負荷による方法がある．

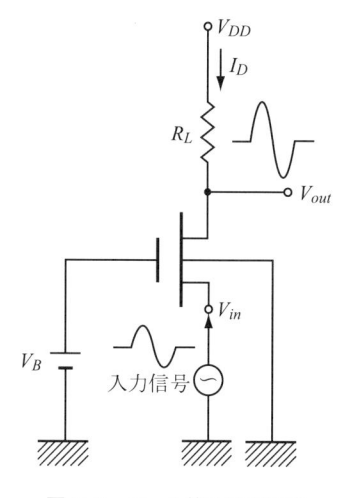

3.1.2 ゲート接地増幅回路

ゲート接地増幅回路では，図 3.7 に示すようにゲートをバイアス電圧で固定し，ソースから信号を入れてドレインから出力をとる．ゲートのバイアスは動作点を設定するためであるが，定電圧源は交流的には短絡されているので，ゲートは交流的に接地されていることになる．

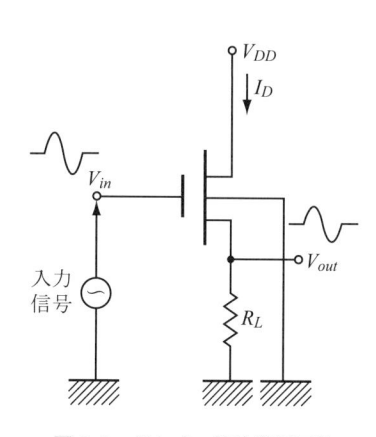

図 3.7 ゲート接地増幅回路　　　　**図 3.8** ドレイン接地増幅回路

信号がソースから入力されると，バイアス電圧 (V_B) が固定値であるため，ゲート－ソース間電圧が変化する．この変化に応じてドレイン電流が変化し，電源電圧から負荷抵抗分だけ電圧降下した値の出力電圧を得る．

入力電圧が上昇すると，ゲート－ソース間電圧は低下し，ドレイン電流も減少する．その結果，出力電圧は上昇する．したがって，ゲート接地増幅回路の入力と出力は同相となる．

3.1.3 ドレイン接地増幅回路

ドレイン接地増幅回路は，図 3.8 に示すようにドレインを直接電源に接続して交流的には接地し，ソースから出力信号を取り出す回路である．ソースフォロア (source follower) ともいう．

ドレイン接地増幅回路の特徴は，電圧増幅度が 1 より少し小さな値であり，入力抵抗（入力インピーダンス）が高く，出力抵抗（出力インピーダンス）が低いことである．この性質から，出力段などの出力電流を多く必要とする場所に使われることが多い．位相は同相である．

§ 3.2 その他の基本回路

3.2.1 定電流源

一定電流の供給 (current source) や吸い込み (current sink) の機能をもつ回路を，定電流源あるいは単に電流源といい，理想的な電流源の内部抵抗は無限大である．

LSI においては，MOS トランジスタの飽和特性を利用して定電流源を構成する．

基本構成は図 3.9 (a) に示すように，ゲートに固定電圧を印加した回路である．この回路において，MOS トランジスタが飽和領域で動作しているときは，図 3.9 (b) に示すように，横軸にほぼ平行な電流-電圧特性であるため，回路への印加電圧 (V_D) が少々変化しても，ドレイン電流はほとんど変化しない．すなわち，一定の電流を流す性質をもった回路であることがわかる．

いま，電流源に印加している電圧の変化 ΔV に対して，流れる電流の変動が ΔI とすると，電流源のもつ内部抵抗 R は，

$$R = \Delta V / \Delta I \tag{3.8}$$

となる．MOS トランジスタが飽和状態で動作していると ΔI はきわめて小さいので，R は非常に大きな値となる．すなわち，この回路はきわめて高い抵抗（内部抵抗）値を示すことがわかる．

電流源の性能を向上させるには，図 3.10 に示すように電流源を 2 段重ねにする．

(a) 基本回路　　　　　　　　(b) 電流－電圧特性

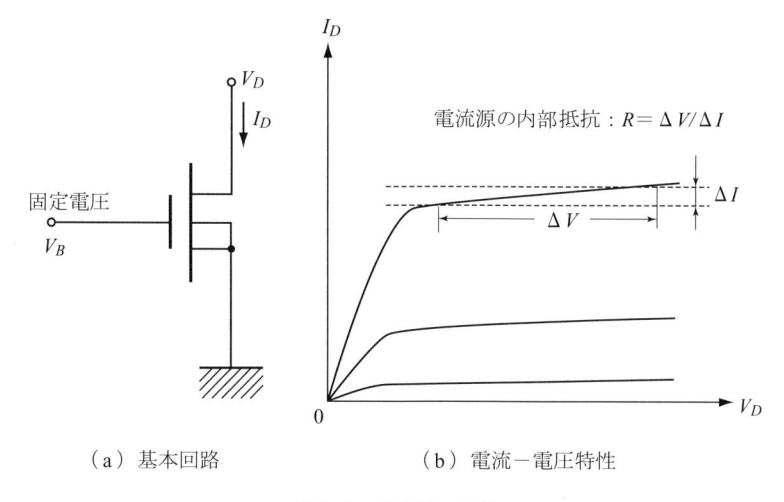

図 3.9　電流源の原理

これをカスコード（cascode）電流源という．カスコードの語源は cascaded triode（縦つなぎ三端子素子）である．

3.2.2　ダイナミック負荷

ソース接地増幅回路の電圧増幅率は，式(3.7)に示したように負荷抵抗に比例する．一方，電流源は上で述べたように，大きな内部抵抗をもっているため，図 3.11 に示すように負荷抵抗を電流源に置き換えることによって，MOS トランジスタからみる

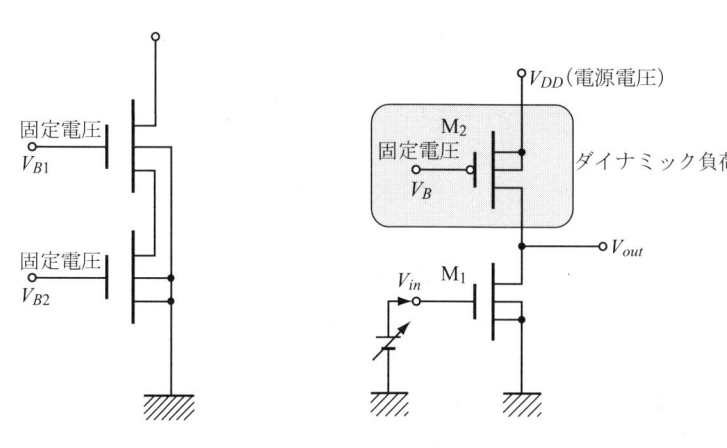

図 3.10　カスコード電流源　　　　図 3.11　ダイナミック負荷

と，最適の直流動作点を確保しつつ，大きな負荷抵抗が挿入されていることになり，結果として大きな電圧増幅率を得ることができる．これをダイナミック負荷という．

ダイナミック負荷 M_2 は電流源として動作させなければならないが，M_2 の電源電圧 (V_{DD}) が印加されている端子をソースとすることによって，これが可能になる．すなわち，M_2 のゲートに印加されている固定電位 V_B とソースの電位 V_{DD} の差は固定値となり，定電流源として作動する．いま，ソース接地の M_1 を nMOS にしているため，電源電圧は正電圧である．したがって，M_2 はソースがドレイン (出力端子) より高い電圧で動作しなければならないので，pMOS を使用しなければならない．

3.2.3 カスコード増幅回路

ソース接地増幅回路とゲート接地増幅回路を組み合わせて増幅率を大きくした増幅回路が，カスコード増幅回路である．

カスコード増幅回路では，ソース接地増幅部の出力をさらにゲート接地増幅部に入力し，負荷抵抗としてダイナミック負荷を挿入している．カスコード増幅回路の基本構成を図3.12 に示す．

カスコード増幅回路の入力は，第1段目のソース接地増幅部 M_1 のゲートに入る．M_1 で増幅された信号は，その上の第2段目のゲート接地増幅部 M_2 のソースに入力され，両回路の増幅率の積がカスコード増幅回路の最終的な増幅率となる．

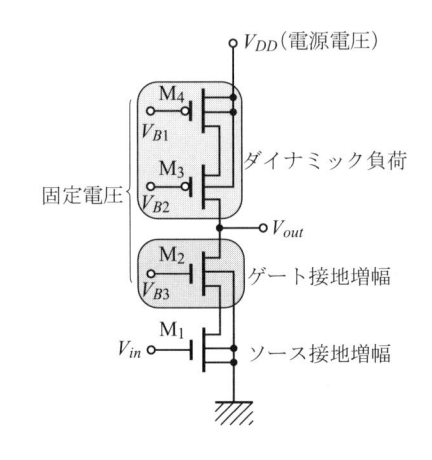

図 3.12 カスコード増幅器

負荷抵抗をダイナミック負荷に置き換えると増幅率を大きくすることができるため，カスコード増幅回路ではゲート接地増幅と電源の間にダイナミック負荷を配置する．ここでは M_3 と M_4 で構成されたカスコード電流源をダイナミック負荷としている．M_3，M_4 は先に述べたのと同じ理由で，pMOS となる．

これまで述べてきた回路では，MOS トランジスタは飽和領域で動作させなければならないので，ドレイン-ソース間電圧は少なくともピンチオフ電圧 ($V_G - V_T$) 以上の電圧が必要である．このため，カスコード増幅器のように，多段に MOS トランジスタを積み重ねると，各 MOS トランジスタのピンチオフ電圧を合計した電圧分だけ，出力信号の振幅が小さくなるという欠点がある．これを緩和したものが，図3.13 に示す折り返し (フォールディッド，folded) カスコード増幅回路である．

動作原理は，ソース接地増幅部 M_1 の出力をゲート接地増幅部 M_2 に入力するのは

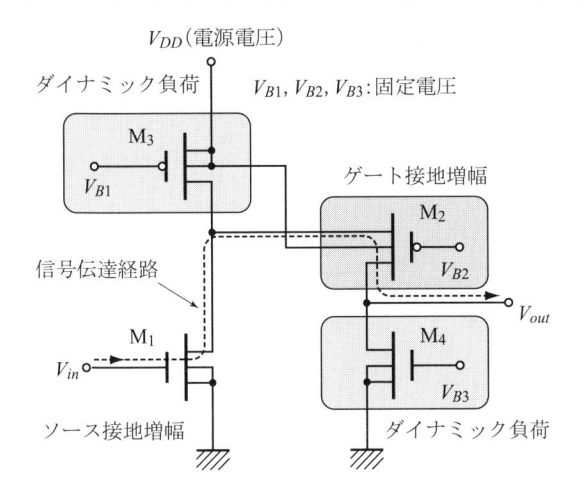

図3.13 折り返しカスコード増幅器

同じであるが，直流的には M_1 と M_2 に，M_3 からそれぞれ電流を直接供給し，各MOSトランジスタの直流動作点を確保することである．M_3 は M_1 に対してはダイナミック負荷として働き，M_2 に対しては電流源として機能する．M_2 はゲート接地増幅なので，信号はソースに入力される．この回路の場合，ソースの電圧がドレインより高くなるので，pMOSを使用しなければならない．

ゲート接地増幅部 M_2 の負荷は，M_4 のダイナミック負荷で構成されており，増幅率の向上が図られている．M_4 は電流源として動作させるので，ゲート–ソース間電圧を一定にする必要がある．このためには，ソースを接地する必要があり，ドレインより低い電圧となるため，nMOSで構成する．

信号の流れを追跡すると，ソース接地増幅部 M_1 の負荷はダイナミック負荷 M_3 であるため，出力電流はダイナミック負荷がもつきわめて大きな抵抗に阻まれ，電源側には流れずゲート接地増幅部 M_2 の入力（ソース）へ供給されることになる．

折り返しカスコード増幅器では，直列に接続されるMOSトランジスタの数が少なくなるので，それだけ出力信号の振幅が大きくとれる．

3.2.4 差動増幅器，演算増幅器

LSIで使用される増幅器では，半導体特有の性質，たとえば温度特性がよくないことや，隣接して作られた同じ構造のデバイス（たとえばMOSトランジスタ）の特性はきわめて一致していること，などがあるため，これらをうまく取り入れることによって欠点を補正し，利点を有効に活用できる差動増幅器 (differential amplifier) が使われる．特に，低歪みで増幅率が大きいという，良好な増幅特性を必要とするアナログ

信号処理回路では，重要な基本増幅器である．

差動増幅器の基本回路は**図 3.14** に示すように，2 つのソース接地増幅回路を共通の電流源（電流シンク）の上に乗せた構成となっている．入力信号と出力信号はそれぞれ 2 つある．

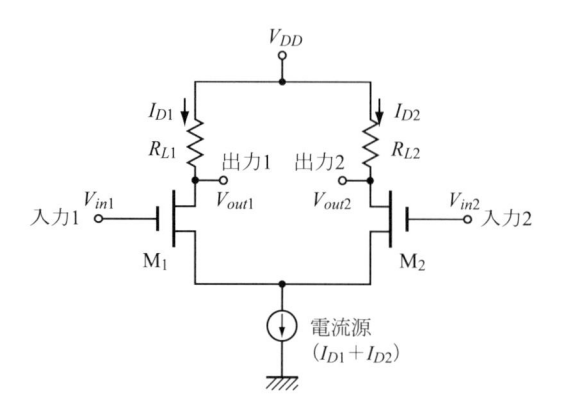

図 3.14 差動増幅器の原理

この回路の基本は，2 つのソース接地増幅回路の電流の合計が，電流源で定められる値に一定しているという点にある．左側のソース接地増幅回路 M_1 の電流 I_{D1} が増加すれば，そのぶん右側の電流 I_{D2} は減少する．逆の場合も同様である．この動作が，シーソーのように差動的であるため，差動増幅器と呼ばれる．

差動増幅器の主な特徴を下記に示す．

(1) **平衡入出力，不平衡入出力***を扱える．
　・平衡入力は，入力信号を V_{in1}-V_{in2} 間に入れる．
　・不平衡入力は，入力信号を V_{in1} あるいは V_{in2} のどちらかと接地との間に入れ，他方の入力端子は接地する．
　・平衡出力は，出力信号を V_{out1}-V_{out2} 間からとる．
　・不平衡出力は，出力信号を V_{out1} あるいは V_{out2} のどちらかと接地間でとる．他の出力端子は開放（使わない）．
(2) 隣接したデバイスを使うことにより，対称性のよい動作が得られる．
(3) 直流から高周波まで対応できる．
(4) 雑音（ノイズ）に強い．特に，2 つの入力に同じノイズが同時に入ったときのノイズ除去比が高い．

差動増幅器の性能を向上するためには，図 3.15 に示すように，ソース接地増幅回路の場合と同様，負荷をダイナミック負荷にする．ダイナミック負荷 M_3/M_4 はソースを電源に接続することにより，電流源として動作する．このため，M_3/M_4 は pMOS とする．

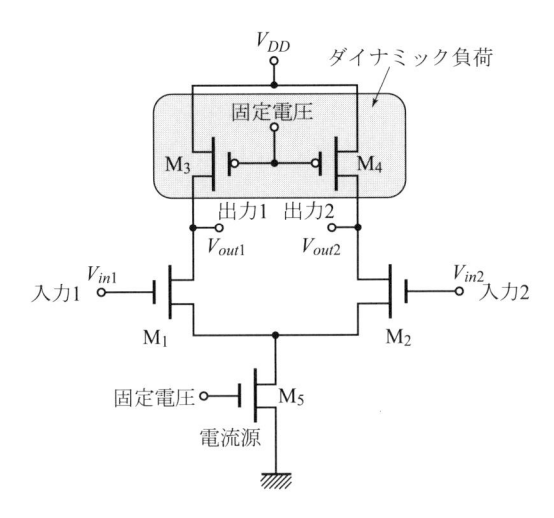

図 3.15 実際の差動増幅器

差動増幅器を複数段接続することにより，きわめて増幅率の高い演算増幅器（Operational Amplifier，OP アンプ）が得られる．

演算増幅器は，原理的には無限大の増幅率であり，入力インピーダンスは無限大，出力インピーダンスはゼロである．演算増幅器の記号を図 3.16 に示す．

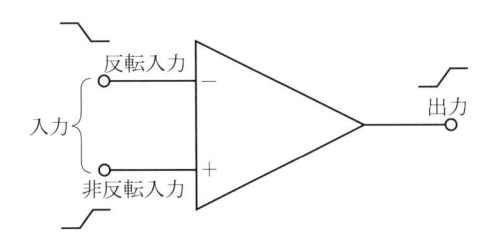

図 3.16 演算増幅器の記号

入力は平衡入力であるため出力に対して同相になる非反転入力（＋側）と，逆相になる反転入力（－側）がある．入力インピーダンスが無限大であるため，入力端子はフローティング状態である．

演算増幅器は，なんらかの**負帰還**＊（NF：Negative Feedback）をかけて使用するが，

帰還のかけ方により，入力信号を積分した形の出力信号や，微分した形の出力信号を得ることができる．これらは，それぞれ積分器，微分器と呼ばれ，それぞれの回路を**図3.17**(a)および(b)に示す．そのほか，通常の増幅器，四則演算器，発振器，A/D変換器，D/A変換器（後述），フィルタなど，多種多様なアナログ信号処理に使われる．

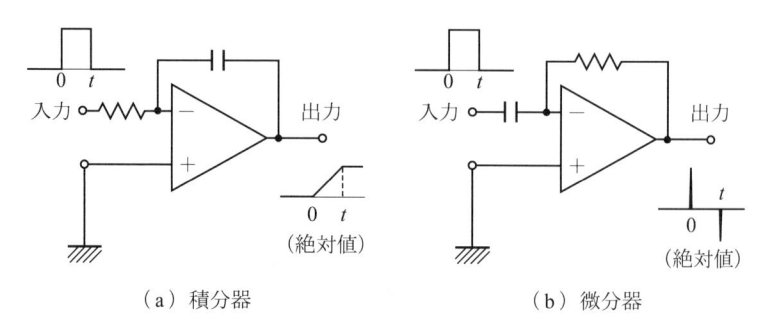

（a）積分器　　　　　　　　　（b）微分器

図3.17　積分器と微分器

また，増幅率が無限大であることから，帰還をかけた回路構成では，反転入力と非反転入力間の電圧差はゼロであるとみなせる．ただし，電流は流れない．これを仮想短絡（virtual short）といい，演算増幅器の動作解析をする場合の重要な条件となる．

練習問題

第1問
ソース接地増幅器におけるB級動作図を描け．

第2問
ゲート接地増幅回路の小信号特性の増幅率を求めよ．

第3問
ドレイン接地増幅回路の小信号特性の増幅率を求めよ．

第 4 問

図 3.18 に示す差動増幅器の小信号特性の増幅率 $\dfrac{\Delta(V_{out1} - V_{out2})}{\Delta(V_{in1} - V_{in2})}$ を求めよ．

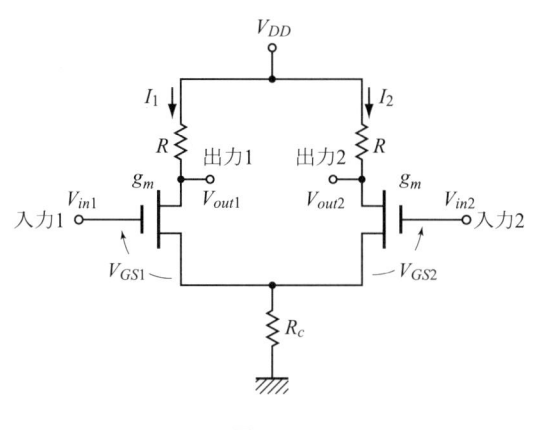

図 3.18

第 5 問

図 3.19 に示す差動演算増幅器を使用した回路の出力を導出し，回路機能を示せ．
演算増幅器は差動入力の電位差が 0 になるように帰還がかかり，回路が安定すると考えよ．

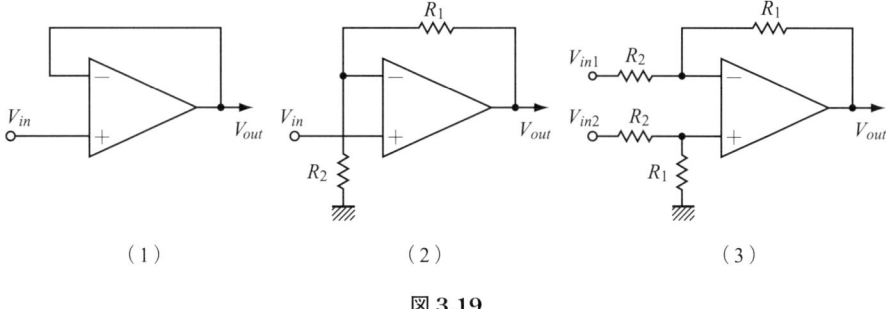

（1）　　　　　　　　（2）　　　　　　　　（3）

図 3.19

第4章
デジタル基本回路と基本機能回路

本章では，システム LSI のデータ処理に使われるデジタル信号を処理するための，デジタル回路（論理回路）の基本を学ぶ．

§4.1 デジタル信号の特徴

論理回路に使われる回路はデジタル信号を取り扱うため，信号として電圧が高い"H"か，低い"L"か，だけが重要であり，アナログ信号のようにすべてのレベルでの忠実度を必要としない（歪んでもよい）．デジタル信号は，波形が歪んだ場合は修正し，きれいなパルス信号に修復（波形整形）できる（**図 4.1**）．

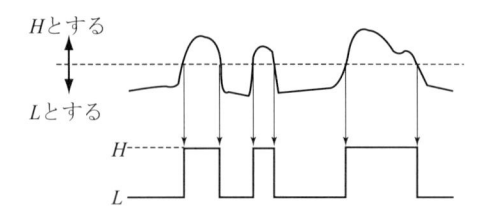

図 4.1 デジタル信号の整形

アナログ信号をデジタル信号に変換（A/D 変換）した後は，信号の伝達による情報の欠落（歪み）を回避することができるので，情報の劣化はほとんどない．信号の伝達には電線，光ファイバー，電波などによる長距離伝送も含む．

以下には，デジタル回路の基本となる主要な基本回路を示す．これらの基本回路の組み合わせによって，コンピュータの心臓部のみならず，すべてのデジタル信号処理がなされているといっても過言ではない．

§4.2 基本論理回路

ここでは論理回路の基本であり，一般的に広く使用されている，スタティック回路（static circuits）について学ぶ．スタティック回路とは，入力に変化がなければ，電源が供給されている限り，回路の状態が変化しない回路である．

4.2.1 NOT回路（インバータ）

NOT回路は，論理式における否定を実現する回路である．

電気信号で考えると，否定は"H"が"L"，"L"が"H"となることなので，入力と出力の位相が反転する回路がNOT回路となる．インバータ（inverter）ともいう．

基本は位相が反転するソース接地増幅器であるが，アナログ回路で述べた回路構成では常にドレイン電流が流れており，消費電力が大きい．消費電力を低減するため，図4.2に示すようにCMOSで構成した回路が一般に使われる．この回路をCMOSインバータと呼ぶ．

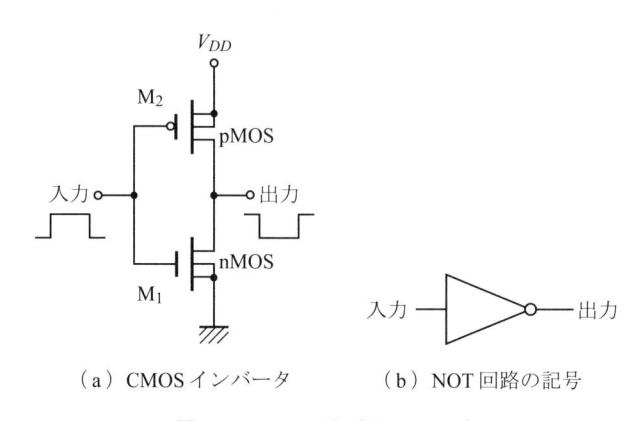

（a）CMOSインバータ　　（b）NOT回路の記号

図4.2　NOT回路（インバータ）

CMOSインバータの動作は，信号の変化がないときはM_1，M_2のどちらかが導通状態（ON）で，他方が遮断状態（OFF）である．このため，電源からGNDへの電流（貫通電流）は流れず，消費電力が少ないという特徴がある．電流が流れるのは，信号が変化する途中でM_1とM_2が同時にONからOFF，あるいはOFFからONに変化する瞬間だけである．信号が入力された後，出力されるまでの動作時間（遅延時間）は，速いものでは数十psである（$1\,\mathrm{ps}=10^{-12}\mathrm{s}$）．

動作を考える場合，論理だけを考えるならM_1，M_2はそれぞれソース-ドレイン間に入ったスイッチと仮定して，ゲート信号でこれを入/切するのと同等である．

トランジスタの記号として，今後は**図4.3**に示す記号を使用する．回路が複雑になった場合，回路図の可読性を向上させるので，回路図では一般的にこの記号が用いられている．

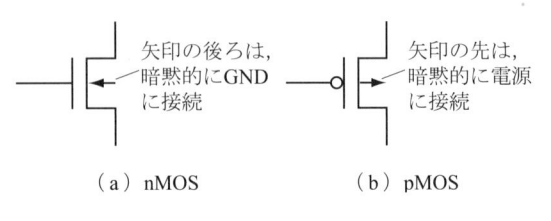

　　　　矢印の後ろは，
　　　　暗黙的にGND
　　　　に接続

　　　　矢印の先は，
　　　　暗黙的に電源
　　　　に接続

（a）nMOS　　　　　（b）pMOS

図4.3 実用的なトランジスタ記号

4.2.2　AND/NAND 回路

論理積演算を行う回路が AND 回路であり，論理積の否定という論理演算結果を出力する回路が NAND 回路である．

2入力 NAND 回路を**図4.4**に示す．2つの入力は，直列につながった2つのnMOS（M_1, M_2）と，並列になった2つの pMOS（M_3, M_4）のゲートにそれぞれ接続され，出力は nMOS と pMOS の接続点からとる．

V_{DD}

pMOS　M_3　M_4

A　M_2　　出力：$\overline{A \cdot B}$　X

入力

B　M_1

nMOS

出力：$\overline{A \cdot B}$

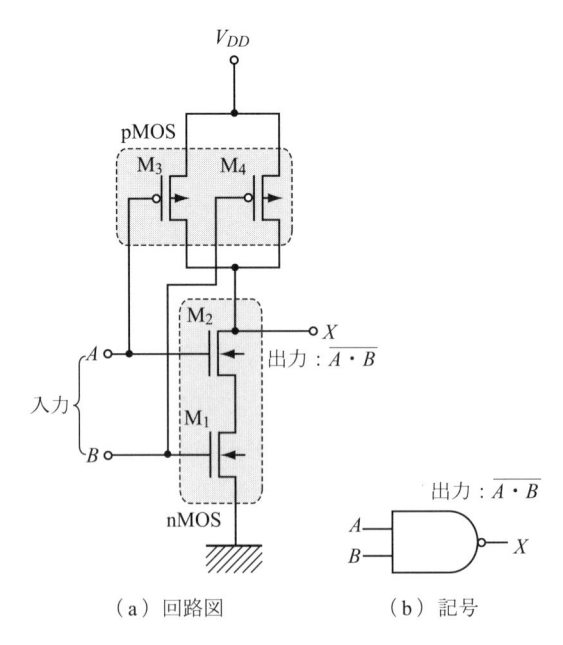

A
B　　　　X

（a）回路図　　　　　（b）記号

図4.4　NAND 回路（2入力 NAND）

ソース接地回路で構成するため，入力波形に対してドレインからの出力波形は位相が反転するので，基本的に NAND 回路となる．AND 回路は，NAND 回路の出力にNOT 回路をつないで実現する．

動作を考えると，入力 A, B が両方とも "H" のときのみ，M_1/M_2 が同時に ON する．一方，このとき M_3/M_4 は pMOS であるため同時に OFF となり，結局，出力は "L" になる．その他の入力の組み合わせの場合は，M_1/M_2 の少なくとも一方が OFF，かつ M_3/M_4 の少なくとも一方が ON 状態であり，その結果，出力は "H" となる．ここで，"H" を "1"，"L" を "0" とし，出力を X として真理値表で示すと，**表 4.1** のようになる．

論理式で表すと，$X = \overline{A \cdot B}$ ($\bar{X} = A \cdot B$) である．

表 4.1 2 入力 NAND の動作

A	B	X	$\bar{X}$
0	0	1	0
0	1	1	0
1	0	1	0
1	1	0	1

4.2.3 OR/NOR 回路

論理和演算を行う回路が OR 回路であり，論理和の否定という論理演算結果を出力する回路が NOR 回路である．

2 入力 NOR 回路を**図 4.5** に示す．動作は，入力 A, B が両方とも "L" のときのみ，M_1/M_2 が同時に OFF する．一方，このとき M_3/M_4 は同時に ON となり，結局，出力端子は "H" になる．その他の入力の組み合わせの場合は，M_1/M_2 の少なくとも一方が ON，かつ M_3/M_4 の少なくとも一方が OFF であり，出力は "L" となる．これを，NAND の場合と同じようにして真理値表で示すと，**表 4.2** のようになる．

論理式で表すと，$X = \overline{A + B}$ ($\bar{X} = A + B$) となる．

OR 回路は，NOR 回路の出力に NOT 回路をつないで実現する．

4.2.4 複合ゲート

NAND や NOR などの基本ゲートを組み合わせて回路を構成する場合，工夫により，同じ回路をより少ない数の MOS トランジスタで構成することができる．このようなゲートを複合ゲートいう．

OR と NAND で構成された，**図 4.6** に示す回路について考える．この構成では，すでに述べたように OR ゲートは 6 個の MOS トランジスタ，NAND ゲートは 4 個の

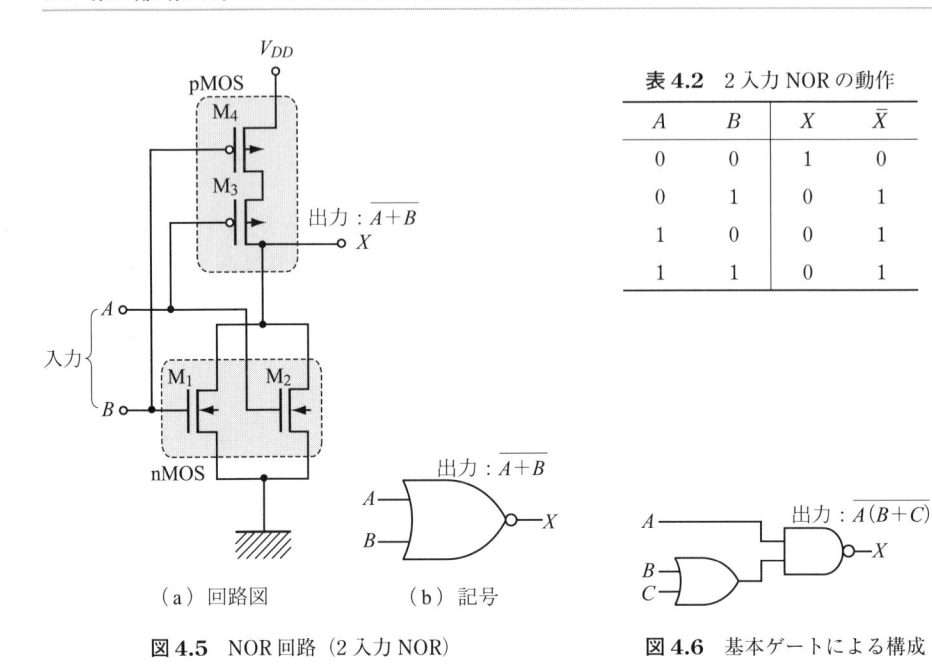

表 4.2 2入力 NOR の動作

A	B	X	$\bar{X}$
0	0	1	0
0	1	0	1
1	0	0	1
1	1	0	1

図 4.5 NOR回路（2入力 NOR）

図 4.6 基本ゲートによる構成

MOSトランジスタで構成されるので，全体では10個のMOSトランジスタが必要である．これに対し，**図 4.7**(a)に示すように，NANDゲートに2つの新たなMOSトランジスタ M_5，M_6 を追加することにより，図4.6の回路と同じ動作をさせることが

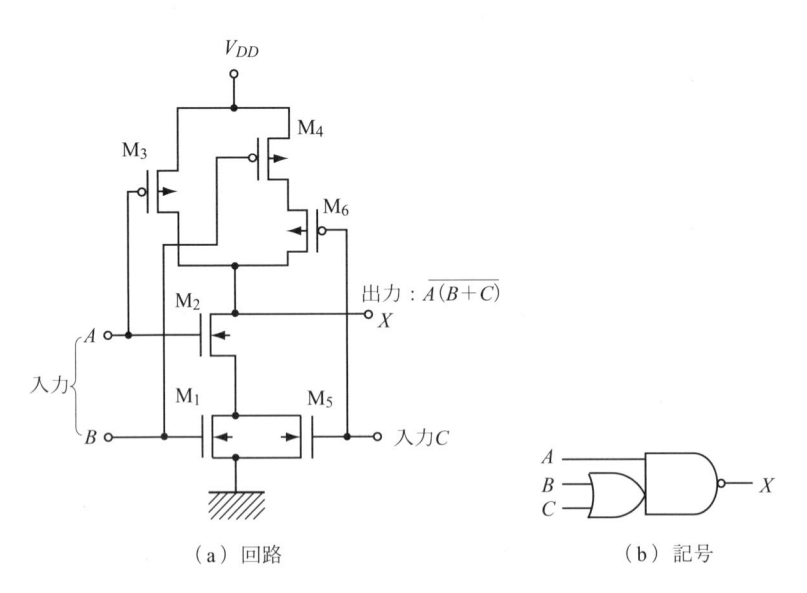

図 4.7 複合ゲートによる構成

できる．

この回路は6個のMOSトランジスタで構成され，基本ゲートによる構成より4個少なくてよい．当然占有面積は大きく削減されると同時に，信号が入力されてから出力されるまでに通過するMOSトランジスタの数が少なくなり，信号の遅延も少なくなる．

複合ゲートの記号は図4.7(b)に示すように，基本ゲートを直接接続した記号で表す．

その他にも，図4.7(b)のNANDをNORに，ORをANDに入れ替えた回路など，多くの複合ゲートが考えられ，回路を簡単にするため多用されている．

4.2.5　フリップフロップ

フリップフロップ(FF：Flip-Flop)は，順序論理回路(§5.3)の内部状態の記憶に用いられる．フリップフロップには，SR(Set Reset)-FF，T(Toggle)-FF，D(Delayed)-FF，JK-FFなどの種類がある．

ここでは，SR-FFをとりあげる．SR-FFは論理ゲートで表すと，**図4.8**に示す回路となる．すなわち，2つのNANDゲートの出力が，互いに他のNANDゲートの入力に帰還(フィードバック)する構成となっている．

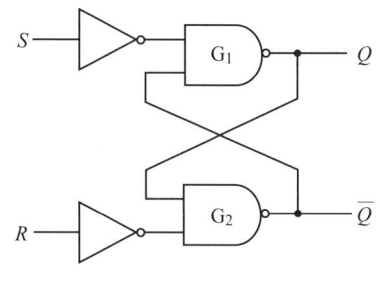

図4.8　SR-FF

表4.3　SR-FFの特性表

S	R	Q	Q'
0	0	0	0
0	0	1	1
0	1	0	0
0	1	1	0
1	0	0	1
1	0	1	1
1	1	0	×
1	1	1	×

※ Q'は次のQの値を示す
※×は禁止(この入力の組み合わせは使わない)

動作を特性表で表すと，**表4.3**のようになる．

特性表から，SR-FFの動作はS入力とR入力がともに"0"の場合は，現在の状態のまま変化しない．すなわち，情報を記憶していることに他ならない．

Sに"1"を入力すると，現在の状態によらず次の出力Q'は"1"に，Rに"1"を入力

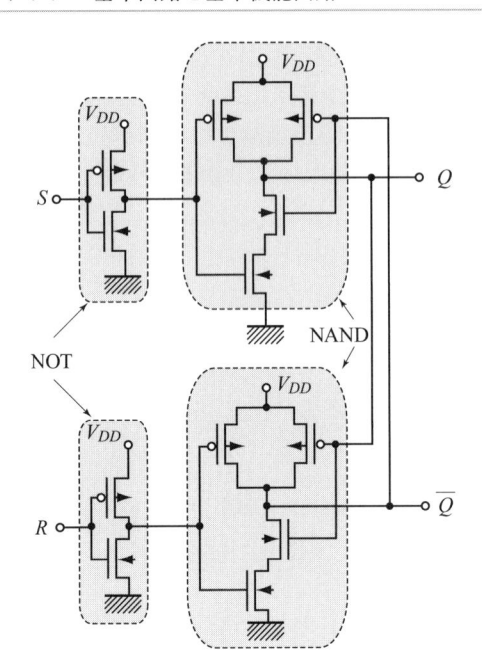

図4.9 SR-FFのトランジスタレベルの回路

すると，現在の状態によらず次の出力 Q' は "0" になることがわかる．

SR-FFの回路をトランジスタレベルで記述すると，**図4.9**のようになる．すでに述べたNOT回路とNAND回路を組み合わせた構成となっていることがわかる．

§4.3 パス・トランジスタとその応用

いままで述べてきた論理回路は，電源さえ供給されていれば回路は定常状態を維持できる．このような回路をスタティック回路ということはすでに述べたが，CMOS構成なのでスタティックCMOS回路という．

スタティックCMOS回路は，信号入力はゲートに入り，ドレインから出力されるが，MOSトランジスタのソース/ドレインを信号伝達経路に挿入し，信号の伝達をON/OFFするスイッチとして使うことができる．このような使われ方のMOSトランジスタを，パス・トランジスタ (pass-transistor)，あるいはパス・ゲート (pass-gate) やトランスファ・ゲート (transfer gate) と呼ぶ (**図4.10**)．

パス・トランジスタを使って論理回路が構成でき，パス・トランジスタ論理という．制御信号はゲートに，伝達されるべき信号はソースあるいはドレインに入力され，それぞれ，ドレインあるいはソースから出力される．

§ 4.3 パス・トランジスタとその応用　61

(a) nMOS　(b) pMOS

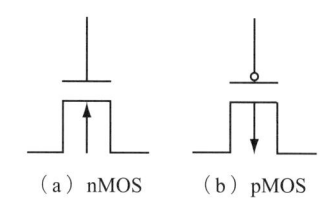

図 4.10　トランスファ・ゲート

　nMOS のゲートに "H" を印加すると，ソース－ドレイン間が ON となって信号を伝達し，"L" を印加すると OFF になって信号を遮断する．pMOS の場合は，ゲートが "H" の場合 OFF，"L" の場合 ON となる．電源電圧を V_{DD} とすると，"H" は V_{DD} を，"L" は 0 V を意味する．

　いま，図 4.11 に示すように，nMOS のゲートには "H"(5 V)，pMOS のゲートには "L"(0 V) を印加してゲートを開いておき，入力信号を左から右へ伝達する場合を考える．

	入力：$H(5\,\mathrm{V}) \to L(0\,\mathrm{V})$	入力：$L(0\,\mathrm{V}) \to H(5\,\mathrm{V})$
nMOS	(a)	(b)
pMOS	(c)	(d)

H: 5 V
L: 0 V
$|V_T|$: 1 V
V_{DD}: 5 V
と仮定

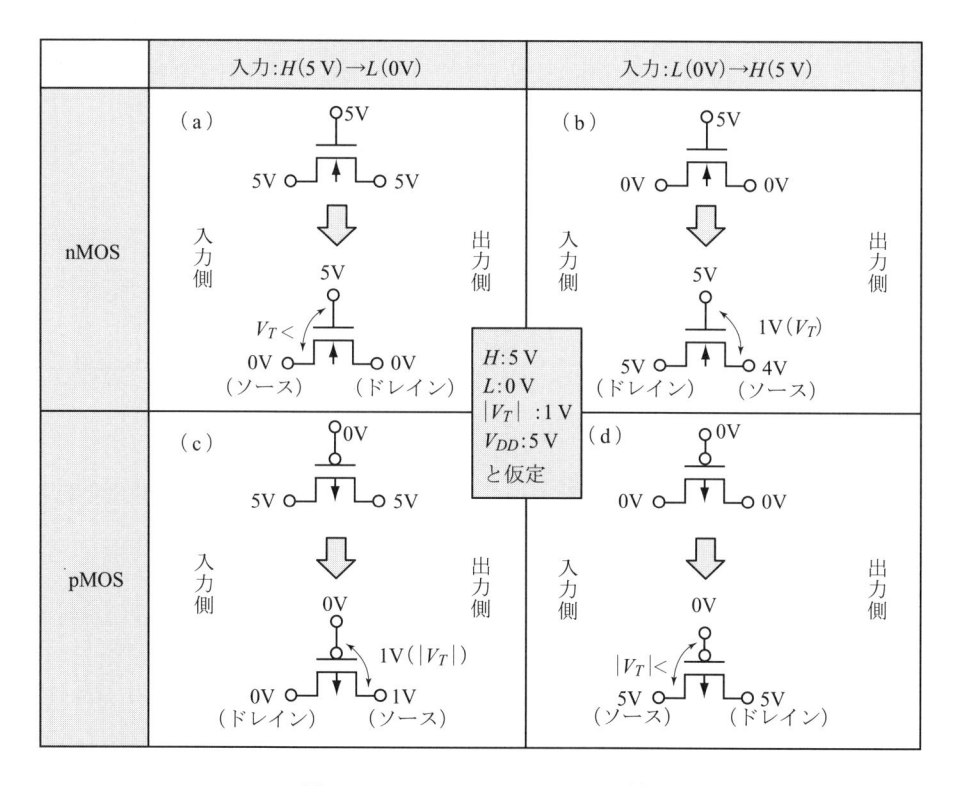

図 4.11　トランスファ・ゲートの動作

最初に，nMOS に対して入力信号が "H" → "L" (a)，pMOS には "L" → "H" (d) が入力された場合を考える．いま，図に示したような端子電圧を初期値として，そこから入力が変化すると，(a)，(d) の場合いずれも，MOS トランジスタは入力側（左側）がソース，出力側（右側）がドレインとして動作することになる．そして，ゲート-ソース間電圧がしきい値を超えることとなり，トランジスタは ON する．その結果，出力側のドレイン電圧は入力側のソース電圧と同じになる．すなわち，入力信号は電圧低下することなく出力側へ伝達する．出力は nMOS の場合は 0 V，pMOS の場合は V_{DD} (5 V) となる．

次に，入力として nMOS に "L" → "H" (b)，pMOS に "H" → "L" (c) が入力された場合は，入力側がドレイン，出力側がソースとなる．入力が印加された時点では，ゲート-ソース間電圧はしきい値を超えているので，トランジスタは ON する．

しかし，信号が伝達すると，ソース側の電圧が nMOS の場合は上昇し，pMOS の場合は低下するため，両者ともゲート-ソース間電圧は低下し，しきい値と同じ値になったときトランジスタは OFF になる．このため，これ以上はドレイン側の入力信号は，出力であるソース側には伝達しなくなる．その結果，ソース電圧は nMOS の場合，"H" が入力されているにもかかわらず $V_{DD} - V_T$ 以上にはならず，pMOS の場合は "L" 入力されているにもかかわらず V_T 以下にはならない．

このように，nMOS あるいは pMOS のみで構成したトランスファ・ゲートは，nMOS の場合は "H" の信号を，pMOS の場合は "L" の信号を正常に伝達できない．ただし，この不都合は，しきい値が nMOS の場合は正，pMOS の場合は負の値をもつ**エンハンスメント** (enhancement) **型** * の MOS トランジスタの場合に発生し，しきい値の正負が逆の**デプレッション** (depletion) **型** * の MOS トランジスタではこのような不都合は発生しないが，デプレッション型の MOS トランジスタはあまり使用されていない．

"H"，"L" の両方の信号を完全に伝達させるためには，**図 4.12** に示すように CMOS 構成にするとよい．これを**トランスミッション・ゲート** (transmission gate) と呼ぶ．ϕ と $\bar{\phi}$ は信号が互いに反転（H と L，L と H）していることを示す．

パス・トランジスタ論理を使うと，マルチプレクサ（セレクタ）が容易に構成できる．マルチプレクサとは，N 本の入力線から，指定した 1 つの入力線を選択する基本回路である．

4 入力のマルチプレクサの回路と記号を**図 4.13** に示す．$I_1 \sim I_4$ が入力，S_1 と S_2 は入力線の選択信号である．**表 4.4** には，選択信号に対して選択される入力線を示す．

実際には，図 4.13 (a) の回路の出力側にはインバータが必要になる．なぜなら，トランスミッション・ゲートを多段に縦続接続すると，MOS トランジスタのもつ内部

(a) 回路図　　　(b) 記号

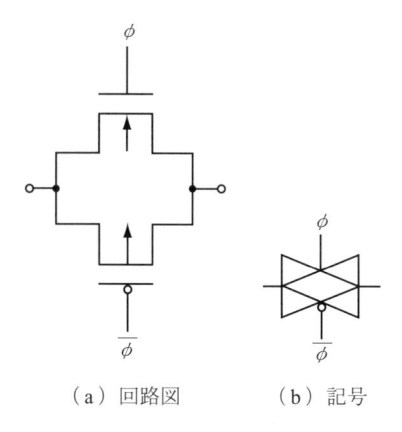

図 4.12　トランスミッション・ゲート

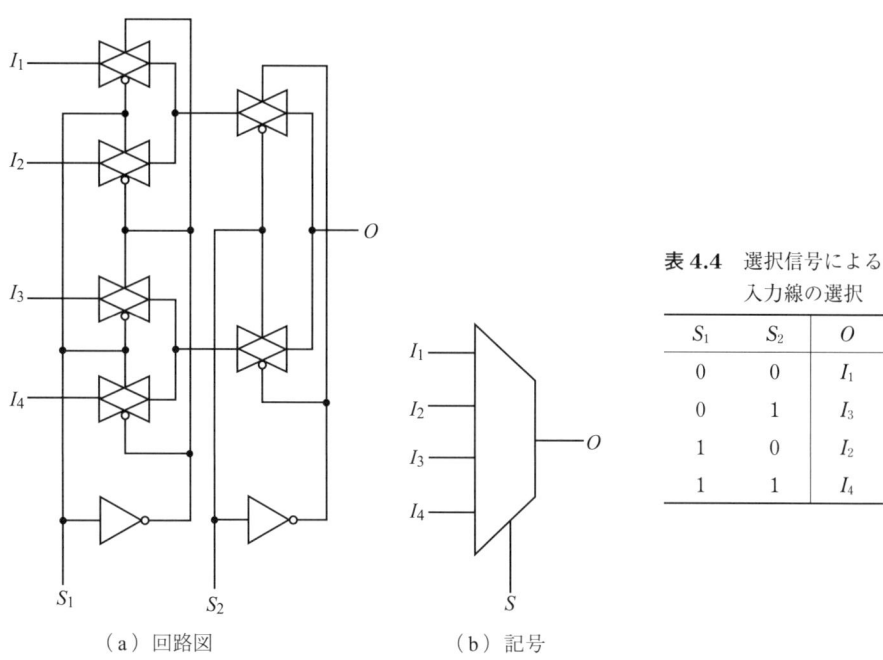

(a) 回路図　　　(b) 記号

図 4.13　4 入力マルチプレクサ

表 4.4　選択信号による入力線の選択

S_1	S_2	O
0	0	I_1
0	1	I_3
1	0	I_2
1	1	I_4

抵抗が加算されることによって電流供給能力が低下し，結果として信号伝達速度が遅くなるからである．また，インバータを挿入することによって，インバータから次段へ必要な電流が供給できる．

§4.4 ダイナミック回路

情報(電荷)をキャパシタに蓄える方式の回路を，ダイナミック回路(dynamic circuits)という．ダイナミック回路では，キャパシタに蓄積された電荷が微小な漏れ電流によって放電し，そのままにしておくと電荷は失われてしまう．このため，ダイナミック回路では，電荷の漏れを考慮して設計しなければならない．

また，キャパシタは特に設けず，接合容量や配線に付随する浮遊(寄生)容量で代用する．

ダイナミック回路では，電源から GND(接地)への貫通電流を流さないように動作させることができる．スタティック CMOS では，直流的な貫通電流は流れないが，トランジスタが ON から OFF，OFF から ON に変化する瞬間に，過渡的な貫通電流が流れる．ダイナミック回路では，電源から GND に至る途中のトランジスタのどれかが，常に OFF しているようにする．このため，低消費電力の回路が得られる．

基本動作を，図 4.14 の 2 入力 NAND 回路を例に考える．回路構成は nMOS の M_3/M_4 で構成される論理演算部を，pMOS の M_1 と nMOS の M_2 で挟み，M_1/M_2 には同じクロック(clock)信号 ϕ を印加する．したがって，M_1 と M_2 は，一方が ON の

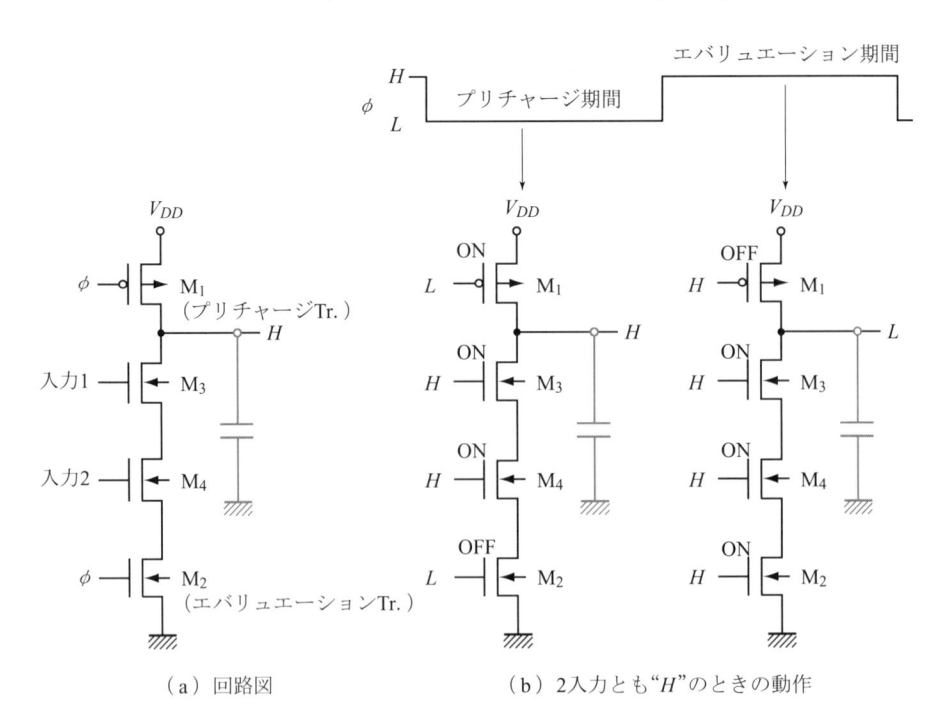

(a) 回路図　　　　　(b) 2入力とも"H"のときの動作

図 4.14　2 入力 NAND とその動作

とき，他方は OFF である．

　基本動作は，まず ϕ が "L" になったとき，M_1 が ON，M_2 が OFF となり，出力側の灰色で示した浮遊容量で構成されるキャパシタが充電される．この動作をプリチャージ (precharge) といい，M_1 をプリチャージ・トランジスタという．次に ϕ が "H" になると，M_1 が OFF，M_2 が ON となり，M_3/M_4 で構成される回路が動作し，入力値に応じた出力が得られる．すなわち，M_3/M_4 のどちらかが OFF のとき出力は "H" のままであり，両方が ON のとき，プリチャージされた電荷は 2 個の nMOS を通って放電し，出力は "H" → "L" に変化する．nMOS の論理演算部が演算結果を出力することをエバリュエーション (evaluation，評価) といい，M_2 をエバリュエーション・トランジスタという．この回路をドミノ (domino) 回路という．

　スタティック CMOS の 2 入力 NAND（図 4.4）と比較すると，入力につながるゲート数が半分なので，入力容量が半減され高速動作ができる．また，移動度の大きい nMOS で論理演算するため，キャパシタの放電電流が大きくとれ，"H" → "L" への変化が速い．

　ところが，以下の理由により，上述の回路はそのままでは多段接続することができない．

　まず，プリチャージによって前段のドミノ回路の出力は必ず "H" なっているため，エバリュエーション期間に入ると，前段のエバリュエーションの結果が伝達する前に，次段の nMOS 論理演算部がプリチャージによる "H" の出力を受けて動作し，出力が "L" になってしまう．

　その後，前段のエバリュエーションが終わり，その結果が "L" の場合は，次段の論理演算部の nMOS が OFF となり，プリチャージされている "H" が，この段の出力となるべきであるが，プリチャージされた "H" はエバリュエーション期間の初期に上述の理由で放電してしまっているので，"H" を出力することができない．しかも，プリチャージ・トランジスタは OFF なので，電源からの電流の供給もされないので，結局，"H" を出力できず誤動作してしまう．

　この不具合は，出力にインバータを付加することによって解決する．すなわち，インバータの後では，プリチャージによる出力は必ず "L" になるため，前述と異なり，次段の論理演算部の nMOS は OFF であり，前段のプリチャージによる次段の誤動作を防ぐことができる．

　例に挙げたドミノ回路は，1 つの信号は 1 本の信号線で伝達するが，これを 2 本の信号線とし，互いに反転した信号をそれぞれの信号線に割り当てる回路構成法がある．これを Dual-Rail ドミノ回路という．回路が複雑になり，チップ面積が大きく消費電力も増大するが，高速プロセッサの演算回路などに使用される．

これまでの回路において，さらに入力とクロック ϕ の動作タイミングを合わせると，エバリュエーション・トランジスタを省略することができる．

図4.15(a)には，実用的なドミノ回路を示す．

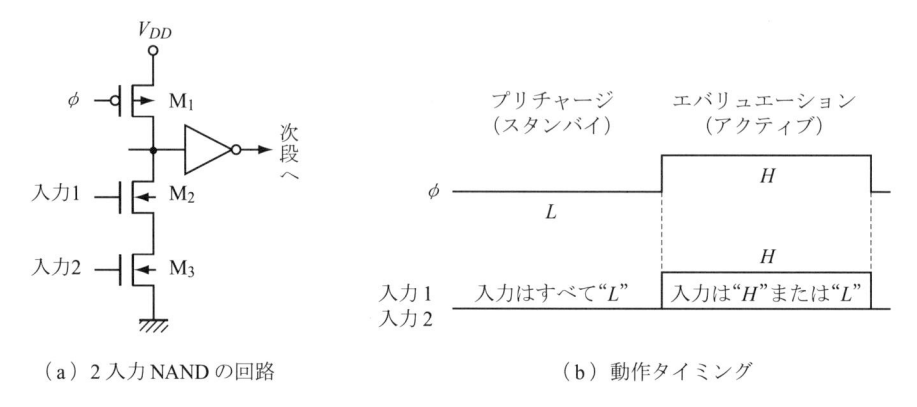

(a) 2入力NANDの回路　　　(b) 動作タイミング

図4.15 実用的なドミノ回路の例

基本のドミノ回路では，エバリュエーション・トランジスタは，プリチャージ期間中はOFFとなり，入力によらず出力端子はGNDから浮いた状態になっている．そこで，入力と ϕ を図4.15(b)のタイミング図に示すように同期させ，プリチャージ期間は ϕ と同時に入力も"L"としておき，エバリュエーション期間ではじめて入力に値をセットする．こうすると，エバリュエーション・トランジスタを省略しても，プリチャージ期間は入力の M_2/M_3 がOFFしているので，回路全体としてはなんら不都合を生じない．

MOSトランジスタが削減されることにより，回路面積が減少するとともに，エバリュエーション・トランジスタがもつ内部抵抗分だけ抵抗が減少し，動作をさらに高速化できる．しかし，一方において，クロックと入力のタイミングを調整する必要があるため，回路構成がもつ本来の高速性を十分発揮させることが難しい．

§4.5 メモリ回路

メモリはそれ自体を1チップにしたメモリLSIのみならず，システムLSIの中にも組み込まれ，そこにおいても大きな面積を占める．マイクロプロセッサや各種の記憶機能を搭載したシステムLSIでは，プログラムやデータの記憶のためにメモリが必要であり，最近では画像データのような大きなデータを処理する必要から，メモリが占める面積が大きくなっている．

システムLSIに組み込まれる主なメモリに，SRAMとDRAMがある．両者とも，ワー

ド線とビット線が碁盤目状に配線された交点にメモリセルを配置し，ワード線とビット線をそれぞれ1本選択し，1つのメモリセルを特定する．また，これらの線を使って情報の書き込みと読み出しをする．

読み出し時は，メモリセルが出力する信号（電荷量）が小さいので，情報を取り出すために，センスアンプ（sense amp）と呼ばれる高感度の増幅器や，微小な信号電流を雑音から検出するための回路上の工夫が必要である．

4.5.1　SRAM メモリセル

SRAM はスタティック回路であるため，電源が供給されていれば記憶内容は保持される．一般に，書き込み/読み出しの速度が速いので，高速動作が必要なキャッシュメモリなどに使用される．

CMOS 構成の SRAM のメモリセルを図 4.16 に示す．(a) はトランジスタレベルの回路，(b) は論理ゲートでの記述である．

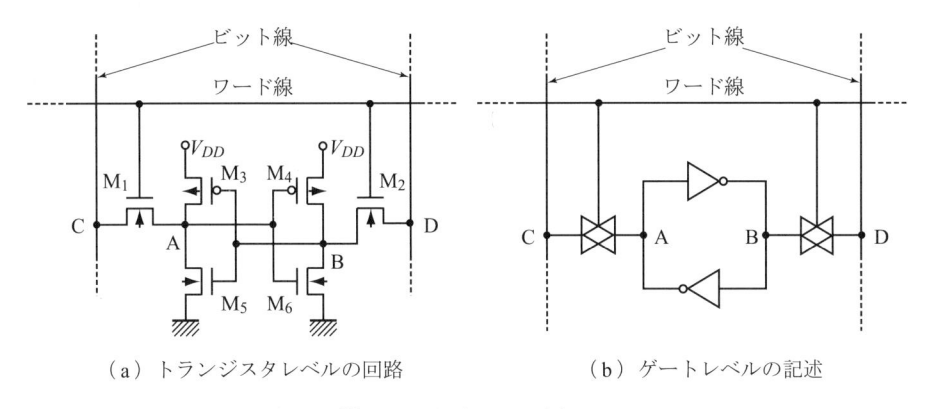

図 4.16　SRAM メモリセル

2個のインバータがループを構成しているので**正帰還**＊（positive feedback）がかかり，入力電圧が少し変化するとそれが増幅され，出力（入力）は"H"か"L"のどちらかに収斂する．また，2つのインバータの出力 A, B は差動的に動作する．すなわち A が"H"なら B は"L"であり，A が"L"なら B は"H"となる．

メモリセルの情報の読み出し/書き込みはトランスファ・ゲートを介して行う．トランスファ・ゲートのゲートに接続される選択線をワード線，もう一方の選択線をビット線という．ビット線は左右一対となっており，ダイナミック負荷を通して電源につながる．

情報の読み出し/書き込みをする場合は，ワード線を"H"にし，トランスファ・ゲー

トを開く.

 i) 書き込み動作

　書き込みたいセルにつながるワード線を"H"にしてトランスファ・ゲートを開き，書き込み回路（ドライバ）が，選択したセルにつながるビット線の一方の電圧を，与えられた情報に従って"L"，他方のビット線を"H"にする．いま，図4.16の点Cを"L"，点Dを"H"にすると，M_1/M_2はONなので，点Aは"L"，点Bは"H"となる．その結果，M_4/M_5がONし，M_3/M_6がOFFとなり書き込みは終了する．点Aを"H"，点Bを"L"にするには，点C，Dにつながるビット線の電圧レベルを反転すればよい．

 ii) 読み出し動作

　セルの出力AとBは差動的であるため，どちらかが"L"である．いま，点Aが"L"であると仮定し，読み出すセルにつながるワード線を"H"にし，M_1/M_2をONにすると，点CはM_1を通して，"L"である点Aとつながる．点AはM_5がONであるため，電源→ビット線→点C→M_1→点A→M_5→GNDという経路で電流が流れる．その結果，ビット線の負荷で電圧降下が発生し，点Cの電位は対をなす点Dの電圧より低くなる．（M_6はOFFであり，M_2を通してGNDに流れる電流はない．）その結果，点Cと点Dでの電位差が生じ，センスアンプでこれを増幅してセルの情報（点Aの情報）を出力する．

　セルの状態が反対で点Aが"H"のときは，点Dが"L"となる．センスアンプとして，たとえば差動増幅器を使用すれば，点Aと点Bのどちらが"L"あるいは"H"であるかを，高感度で判断できる．

　読み出し動作によってセルの状態は変化しないので，非破壊読み出しである．次に述べるDRAMは破壊読み出しであるため，読み出し動作の後で再書き込みをしておく必要がある．

4.5.2　DRAMメモリセル

　DRAMはダイナミック回路であるため，容量に蓄えられた電荷が失われると情報が消失する．このため，SRAMと異なり適当な時間間隔（数十ms）で電荷の保持動作をする必要がある．この動作をリフレッシュという．また，破壊読み出しであるため再書き込み動作も必要であり，SRAMより複雑な制御が必要である．

　DRAMのメモリセルを，図4.17に示す．すでに述べたダイナミック回路では，情報を蓄えるキャパシタは接合容量や配線容量などの浮遊容量であった．しかし，DRAMでは電荷蓄積用のキャパシタを備えている．キャパシタとしては，専用の接合を設けたり，導体で絶縁膜を挟んだ構造や，導体とシリコン基板で絶縁膜を挟んだ構造を使用する．

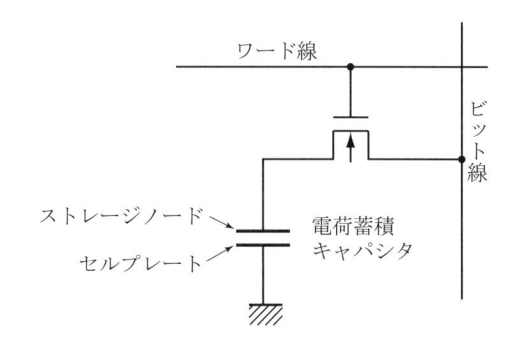

図 4.17 DRAM メモリセル

キャパシタに電荷を入れたり，出したりするためのスイッチとして MOS トランジスタを使用し，トランスファ・ゲートとして作用させる．

この構成のメモリセルは，1個のトランジスタと1個のキャパシタ (1Tr.1C) という少ない部品数で構成されるので集積度が高く，主としてこの構成の DRAM が商品化されている．

キャパシタの MOS トランジスタとつながっている側をストレージノード (storage node)，他方をセルプレート (cell plate) という．セルプレートは，普通，$V_{DD}/2$ の電圧が印加されているが，ここでは GND されているとして考える．

i) 書き込み動作

▷ "H" の書き込み：
1° ワード線を "H" にした後，ビット線を "H" にする．
2° ストレージノードの電位が低い場合は，MOS トランジスタを通してビット線の "H" の情報が書き込まれる．
ストレージノードの電位が高く "H" の場合は変化がなく，"H" の情報がそのまま継続する．

▷ "L" の書き込み：
1° ワード線を "H" にした後，ビット線を "L" にする．
2° ストレージノードが "L" の場合は，MOS トランジスタを通してストレージノードが GND されるが，ストレージノードの電位は書き込み動作で変化がなく，"L" の情報がそのまま継続する．
ストレージノードが "H" の場合は，MOS トランジスタを通してストレージノードが GND され "L" になる ("L" が書き込まれる)．

ii) 読み出し動作

ビット線を "L" にしておき，次にワード線を "H" にすると，

1° "H"が記憶されているときは,キャパシタからトランジスタを通して電流(電荷)がビット線へ流れ込む.
2° "L"が記憶されているときは,ビット線に電流は流れ込まない.

ビット線への電流の流れ込みをモニターし,電流が流れれば"H",流れなければ"L"を記憶していたことが判別できる.

"H"の読み出しは破壊読み出しであり,記憶されていた情報が消失するため,消えた情報を再書き込みにより,元に戻しておく必要があることがわかる.

また,セルから出る信号は微弱であるため,高感度のセンスアンプでこれを増幅する.

§4.6 正論理と負論理

これまでの記述は,暗黙のうちに電圧の高い"H"レベルを論理演算の"1"に,電圧の低い"L"レベルを"0"に対応させて考えてきた.このような対応づけによる論理を正論理(positive logic)という.しかし,論理演算としては逆の対応づけ,すなわち"H"を"0","L"を"1"に対応づけても差し支えない.このような対応づけによる論理を負論理(negative logic)という.

正論理を採用するか,負論理を採用するかによって,同じ電気回路が異なった論理演算結果を出力する.たとえば,図4.4(a)の回路は,表4.5に示すように正論理であればNAND演算をするが,負論理ではNOR演算となる.

表4.5 図4.4(a)の回路の正論理と負論理の演算結果

(a) 回路の入出力特性			(b) 正論理の場合(NAND)			(c) 負論理の場合(NOR)		
A	B	X	A	B	X	A	B	X
L	L	H	0	0	1	1	1	0
L	H	H	0	1	1	1	0	0
H	L	H	1	0	1	0	1	0
H	H	L	1	1	0	0	0	1

論理的には,正論理で設計しても負論理で設計しても,まったく等価であるが,設計において負論理で設計することは稀であり,ほとんど正論理を採用している.

ところが,回路動作を考える場合,信号が"H"となることが重要なのか,"L"が重要なのかによって,論理ゲートを書き分けると理解しやすい.書き換えはド・モルガンの定理で与えられる.

すなわち,図4.18(a)に示すように,

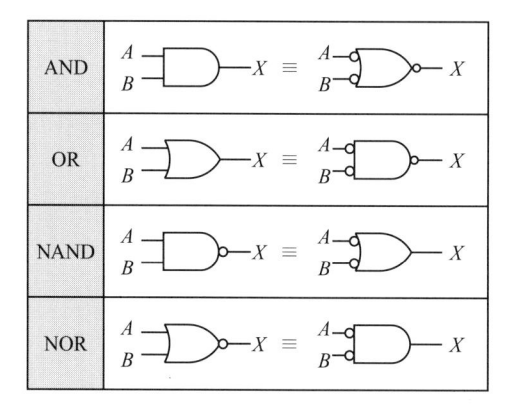

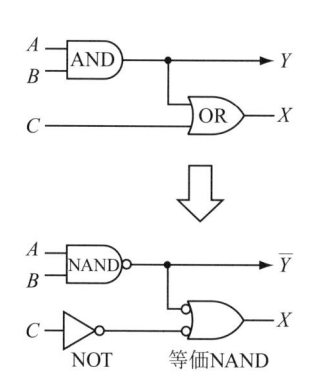

（a）等価論理ゲート　　　　　　（b）"L"が重要な信号を明記したゲート回路

図 4.18 信号名の表記

① AND 演算：　$A \cdot B = \overline{\overline{A} \cdot \overline{B}} = \overline{\overline{A} + \overline{B}}$
② OR 演算：　$A + B = \overline{\overline{A} + \overline{B}} = \overline{\overline{A} \cdot \overline{B}}$
③ NAND 演算：　$\overline{A \cdot B} = \overline{A} + \overline{B}$
④ NOR 演算：　$\overline{A + B} = \overline{A} \cdot \overline{B}$

と表すことができる．このとき，右辺では入力変数が否定変数であるため，この入力の"L"が重要であることを明示することができる．たとえば，図 4.18 (b) の上段に示す回路で，AND の出力の"L"が重要であると仮定して，他の部分にも接続されている場合，信号名（ここでは Y）を付けると回路動作を理解しやすい．このとき，信号 Y の"L"が重要であることを明示するため，下段のようにゲートを変換し，信号名として「$\overline{Y}$」と記述する．「*Y」や「/Y」と記述することもある．

図には示していないが，正しい論理とするためには，当然，信号 $\overline{Y}$ を受けるゲートは，入力に否定の小丸（○）を付けたゲートとする．

このとき，元の回路が"H"を"1"に対応させる正論理であれば，等価 NAND ゲートの部分も正論理の回路であり，負論理ではない点に注意すべきである．

§ 4.7 重要な基本機能回路

基本回路を組み合わせて構成される，汎用的で重要な機能をもつ回路について，概要を紹介する．

（1）計数回路，カウンタ

入力パルスの数を計数する回路をカウンタ（counter）という．

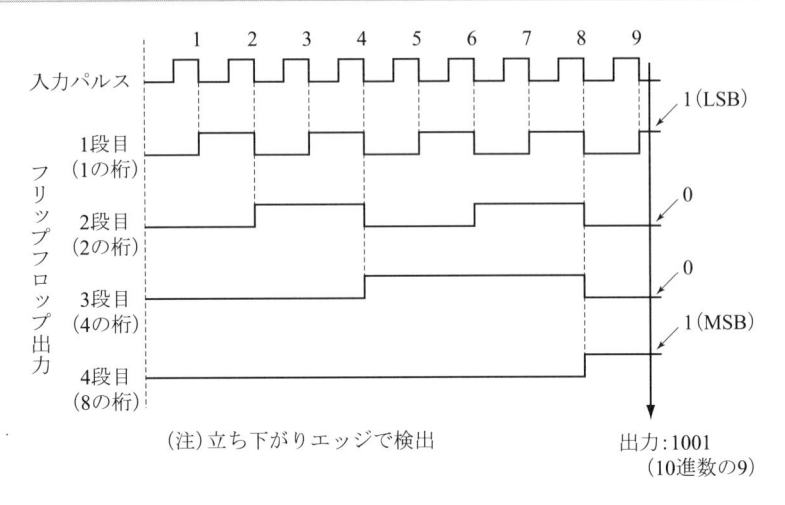

図 4.19 カウンタの動作原理

　パルス信号(正確にはパルスの立ち上がり，あるいは立ち下がり信号)が入るたびに出力が反転するT-FFやJK-FFを縦続接続することで，2^n進カウンタとなる．動作は**図 4.19**に示すように，入力パルスが入るたびにフリップフロップの出力が反転するので，出力パルスは入力パルスの周期の2倍となる．

　立ち下がりでフリップフロップが作動するとすれば，パルスが2個入るごとにフリップフロップが反転するので，n段目のフリップフロップの出力が，はじめて"L"→"H"になれば，初段のフリップフロップには2^{n-1}個のパルスが入力されたことがわかる．したがって，出力が"H"のフリップフロップの重み(2^{n-1})を加えた数が，入力パルス数となる．

　縦続接続した回路では，最終段に信号が到達するのに要する時間が，各フリップフロップの遅延時間の和となり，高速パルスの計数には適さない．この問題を解決するため，入力をすべてのフリップフロップに同時に伝えることで，遅延時間の累積を避ける同期式カウンタもある．

　また，$N-1$個のパルスが入力されると，元の状態(フリップフロップの出力がすべて"L")に戻るN進カウンタもある．

(2) A/D変換器, D/A変換器

　音声や映像などのアナログ信号をシステムLSIで処理するには，一度デジタル信号に変換する必要がある．この機能をもつのがA/D変換器であり，逆にシステムLSIからのデジタル信号をアナログ信号に変換し，ディスプレイやスピーカなどの出力機器の信号とするのがD/A変換器である(**図 4.20**)．

§ 4.7 重要な基本機能回路 73

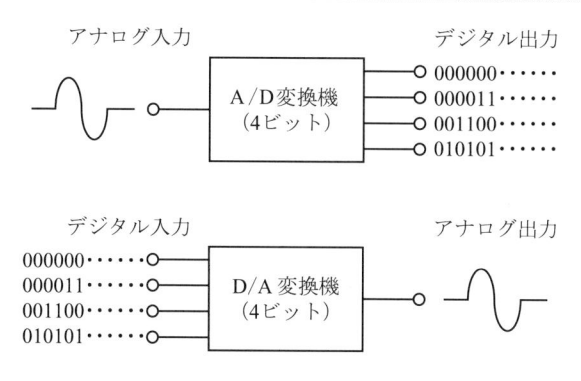

アナログ入力 ─→ A/D変換機（4ビット） ─→ デジタル出力
000000……
000011……
001100……
010101……

デジタル入力 ─→ D/A変換機（4ビット） ─→ アナログ出力
000000……
000011……
001100……
010101……

図 4.20 A/D 変換器，D/A 変換器の入出力

■ **A/D 変換器**（A/D converter）

二重積分型，フラッシュ型，逐次比較型などの方式がある．

二重積分型の動作は，**図 4.21** に示すように，アナログ信号を一定時間，積分器で積分し，信号電圧に比例した出力を得たのち，積分器の入力に信号と逆極性の基準電圧を印加し，そのときの放電（逆極性に積分）に要する時間をカウンタでカウントし，カウント数をデジタル信号として出力する．

正確にアナログ信号をデジタル化するには，アナログ信号の変化より十分速い動作速度が必要である．

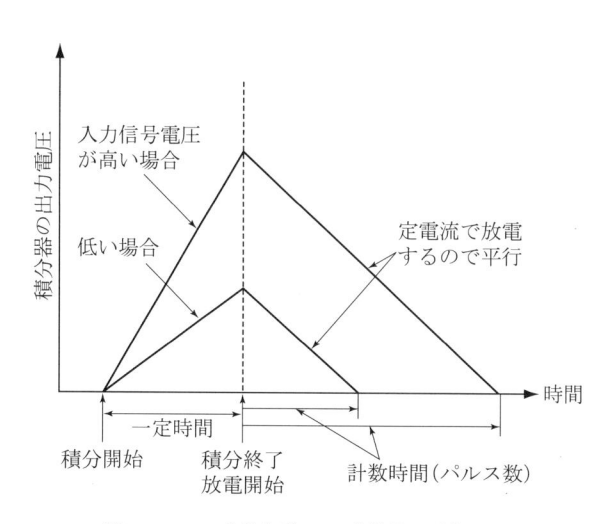

図 4.21 二重積分型 A/D 変換器の動作原理

■ **D/A 変換器**（D/A converter）

ラダー抵抗型，重み電流源型，積分型などがある．一例として，ラダー抵抗型で電

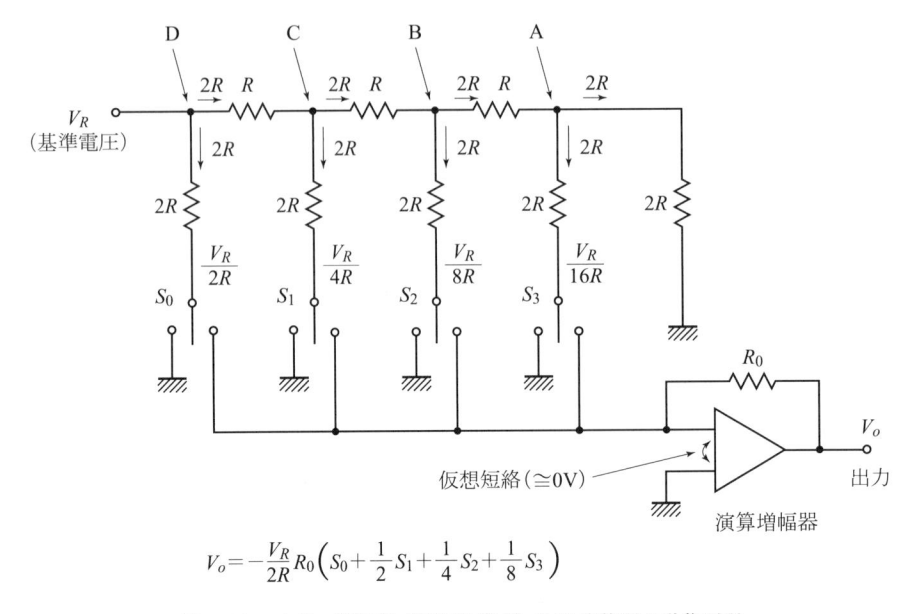

$$V_o = -\frac{V_R}{2R}R_0\left(S_0 + \frac{1}{2}S_1 + \frac{1}{4}S_2 + \frac{1}{8}S_3\right)$$

図4.22 ラダー抵抗型(電流加算式)D/A変換器の動作原理

流加算方式の動作を**図4.22**に示す．抵抗が図のように梯子状に接続されており，デジタル信号に対応するスイッチ($S_0 \sim S_3$)がある．スイッチは，デジタル値が"0"のときはGND側に，"1"のときは演算増幅器側に接続する．この例は4ビットのD/A変換器である．

いま点Aに注目すると，点Aから右を見たときの抵抗は$2R$である．一方，下を見ると，抵抗$2R$を通ってスイッチS_3に入り，GNDされるか演算増幅器に入力される．演算増幅器の入力は仮想短絡であるため，この図の場合，電圧は0Vであると考えられる．その結果，S_3の状態によらず，点Aから下を見たときの抵抗値も$2R$となる．したがって，点AとGND間の抵抗はR($2R$の抵抗が並列接続)となる．同様に，点B〜点Dにおいても点Aと同じ状況となり，右を見ても下を見ても，その抵抗値は$2R$である．

その結果，各点で右方向と下方向に，電流が半分に分流され，各スイッチに流れ込む電流はS_0からS_3に向けて半減してゆく．したがって，演算増幅器には，デジタル信号に対応した各スイッチの切り替えにより，デジタル信号の各ビットの重みをもった電流の和が入力される．演算増幅器の入力抵抗は無限大であると仮定されるので，その電流は帰還抵抗R_0を通り，さらに演算増幅器の出力回路を通ってGNDされる．したがって，出力電圧は，デジタル信号に対応した電流値に，帰還抵抗を掛けた値が，演算増幅器の入力(電圧は0V)からの電圧降下として得られる．

(3) レジスタ

ビット情報を記憶する回路であり，フリップフロップを必要ビット数だけ並べて構成したものをレジスタ (register) という．フリップフロップに情報を入力すると，前の入力と異なっていればフリップフロップの状態が変化し，出力もそれに応じて変化し，新しい情報を記憶する．複数ビット情報の同時（並列）書き込み，並列読み出しができる（**図 4.23** (a))．

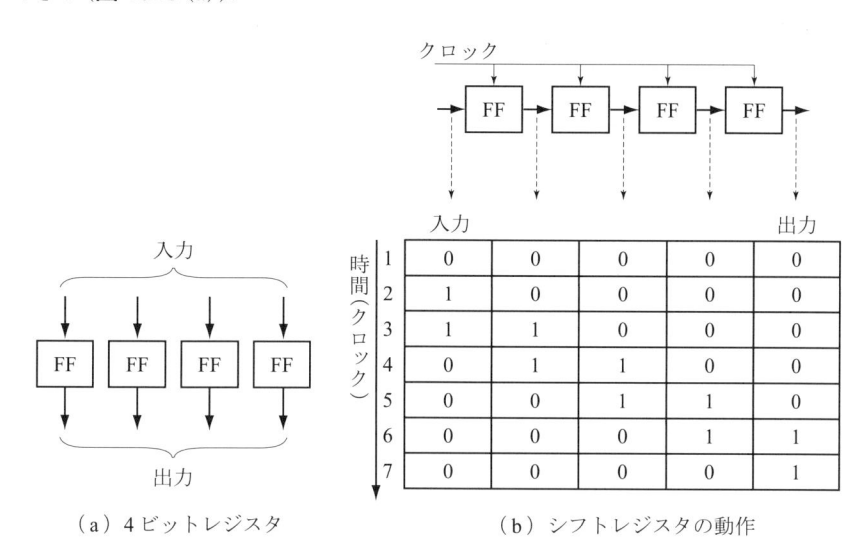

時間（クロック）	入力				出力
1	0	0	0	0	0
2	1	0	0	0	0
3	1	1	0	0	0
4	0	1	1	0	0
5	0	0	1	1	0
6	0	0	0	1	1
7	0	0	0	0	1

（a）4 ビットレジスタ　　　　（b）シフトレジスタの動作

図 4.23 レジスタの例

これに対し，フリップフロップを従属接続し，前段の出力を次段の入力に入れることにより，フリップフロップを作動させるクロックが入力されるたびに，前段の状態が次段に伝播するようにしたレジスタを，シフトレジスタ (sift register) という（図 4.23 (a))．

ここでは，入力ビット情報が，クロックが入るたびにフリップフロップに順次伝わる．したがって，時間的に順次（直列）入力した情報が，フリップフロップに蓄えられており，各フリップフロップの出力をある時点で同時並列に取り出すことにより，時間的に直列の信号を時間的に同時（並列）に取り出せる．これは，直列入力を並列出力に変換する，直並列変換器である．

これとは逆に，シフトレジスタの各フリップフロップに並列に入力し，これをクロックごとに移動させ出力することもできる．この場合は，並列入力を直列出力に変換する直並列変換器となる．

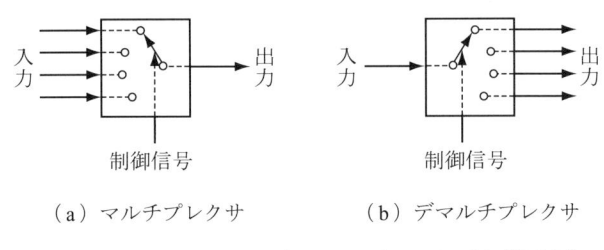

(4) マルチプレクサ/デマルチプレクサ

複数の入力線の中から，1つの入力線を選択する回路をマルチプレクサ (multiplexer) という．データセレクタともいう．入力線を選択するための制御信号は，n ビットあれば 2^n 本の入力までのマルチプレクサが構成できる．§4.3にパス・トランジスタを使ったマルチプレクサを示した．これは基本論理回路を使っても構成できる．

これとは逆に，1つの入力を多数の出力線の中から，選択した1本の入力線に出力するのがデマルチプレクサ (demultiplexer) である．回路的には，マルチプレクサの入力と出力を入れ換えた構成となる（図 4.24）．

(a) マルチプレクサ　　　(b) デマルチプレクサ

図 4.24　マルチプレクサ／デマルチプレクサの例（概念図）

(5) シフタ

シフタ (shifter) はビット列を，左または右に移動させる機能をもつ．二進数では左に n ビットずらすと 2^n 倍の演算，右に n ビットずらすと 2^{-n} 倍の演算をするのと同等の結果が得られる．シフトレジスタにより，クロックが入力されるたびに1ビットずつシフトする逐次シフタや，一度に多ビットシフトするバレルシフタ (barrel shifter) などがある．

(6) 符号器（エンコーダ）/復号器（デコーダ）

エンコーダ (encoder) は，1つの入力のみが "1" であるビット列の入力に対し，どのビットが "1" であるかを示すビット列を出力する．したがって，出力が n ビットであれば，入力は 2^n ビットまで対応できる．同時に2ビット以上の入力が "1" になったときの誤動作を防ぐため，入力線の優先度を設定し，優先度の高い方の入力信号が "1" であれば，それに対応したビット列を出力するプライオリティエンコーダ (priority encoder) もある．

デコーダ (decoder) は，エンコーダで符号化されたビット列を，元のビット列に復号する．入力が n ビットであれば，出力は 2^n ビットまで対応できる．また，出力のビット列で "1" のビットは1つだけであり，残りのビットはすべて "0" である．

エンコーダとデコーダの例を，図 4.25 に示す．

§ 4.7 重要な基本機能回路　77

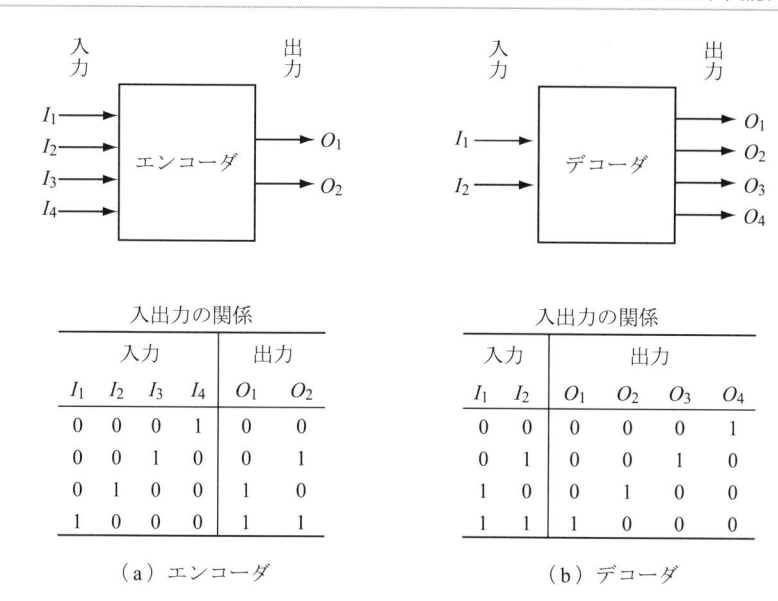

図 4.25　エンコーダとデコーダの例

(a) エンコーダ

入出力の関係

入力				出力	
I_1	I_2	I_3	I_4	O_1	O_2
0	0	0	1	0	0
0	0	1	0	0	1
0	1	0	0	1	0
1	0	0	0	1	1

(b) デコーダ

入出力の関係

入力		出力			
I_1	I_2	O_1	O_2	O_3	O_4
0	0	0	0	0	1
0	1	0	0	1	0
1	0	0	1	0	0
1	1	1	0	0	0

(7) 演算装置

論理演算や算術演算をする回路を，演算装置 (ALU : Arithmetic and Logic Unit) という．

演算器の基本は加算器であり，減算は補数の加算，乗算は被乗数を乗数回加算，除算は被除数からの除数の減算で処理される．浮動小数点数では，仮数部と指数部を分けて計算する．

基本となる加算器は，1 ビットの加算をする半加算器 (half adder) と全加算器 (full adder) である (**図 4.26**)．半加算器では桁上げ信号 (carry) を受け取れないので，一般には全加算器を複数個並べ，複数ビットの演算をする．

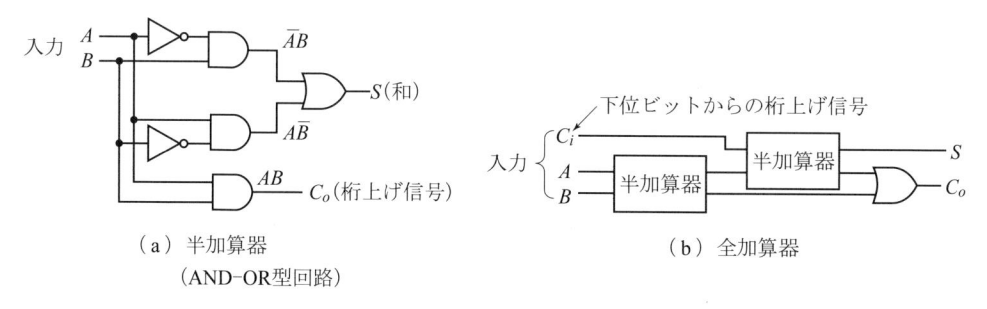

(a) 半加算器
　　(AND-OR 型回路)

(b) 全加算器

図 4.26　半加算器と全加算器の例

複数ビットの加算器には，回路構成の単純な桁上げ伝播加算器(CRA：Carry Ripple Adder)や，演算が高速にできる桁上げ先見加算器(CLAA：Carry Look-Ahead Adder)などがある．

減算に必要な補数の発生は，基本的にはNOT回路を用いた補数器を使用する．

練習問題

第1問
3入力NANDと3入力NORの，トランジスタレベルの回路を描け．

第2問
図4.27に示すゲート回路を，トランジスタレベルで描け．

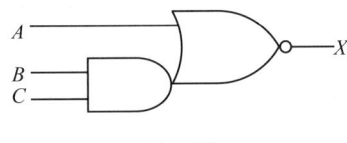

図4.27

第3問
DRAMはキャパシタの電荷の有無で情報を蓄えるが，ビット線配線容量などの浮遊容量のため出力電圧が低下する．いま，メモリセル容量 C_S = 30 fF，配線浮遊容量 C_B = 100 fF とし，配線のプリチャージレベル = 0 V，セルキャパシタの電圧を2 Vとすると，出力電圧はいくらになるか．

第4問
アナログ信号をデジタルに変換する場合，一定の時間間隔でアナログ信号を抽出(サンプリング)し，デジタル値に変換する．このとき，サンプリング周波数の半分の周波数の信号までが，劣化することなくデジタル化できる(シャノン–染谷のサンプリング定理)．

いま，人の聴覚限界である20 kHzの信号を16ビットのデジタル信号に変換するには，1ビットの変換に要する時間はいくら以内でなければならないかを計算せよ．

第5問
CMOSインバータの論理しきい値電圧 (V_{TL}) を示せ．図4.28(a)は回路図を示し，図(b)はその入出力特性を示している．

ただし，論理しきい値とは $V_{out} = V_{in}$ となる入力電圧 V_{in} をいうものとし，論理しきい値付近では，pMOSもnMOSも飽和領域で動作するものとする．電源電圧は V_{DD} とし，nMOS，pMOSのしきい値を，それぞれ V_{Tn}，V_{Tp} とし，ドレイン電流は次の式で表されるものとする．

$$I_{Dn} = \frac{1}{2}\beta_n \left(V_{in} - V_{Tn}\right)^2 \quad (1)$$

$$I_{Dp} = \frac{1}{2}\beta_p \left\{\left(V_{DD} - V_{in}\right) + V_{Tp}\right\}^2 \quad (2)$$

また，V_{DD} = 1.5 V，V_{Tn} = 0.4 V，V_{Tp} = $-$ 0.4 V のとき，V_{TL} = 0.75 V となるための β_n/β_p 比を求めよ．

（a）CMOSインバータ　　　（b）入出力特性

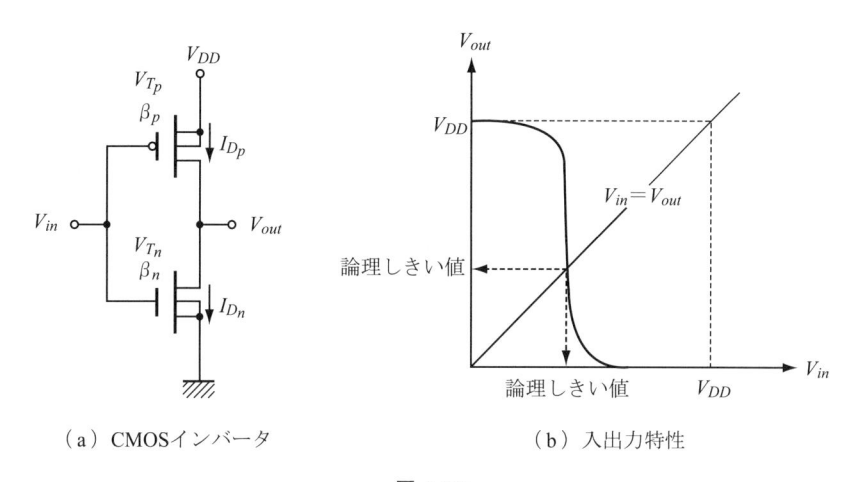

図 4.28

第Ⅱ部

システムLSIの設計

第5章　　システムLSIの設計とは
第6章　　設計の流れ
第7章　　設計関連技術

第5章
システム LSI の設計とは

システム LSI は，メモリ LSI のような汎用 LSI とは異なり，注文者ごとに異なった機能を必要とする．注文者のニーズを正確に把握し，迅速に製品化することが重要であり，そのために必要な設計手法を学ぶ．

§5.1 要求仕様の重要性

5.1.1 LSI 設計のおかれた環境

最近の電子機器は，パソコンや携帯電話を例にあげるまでもなく，きわめて高機能の機器がパーソナルユースで使用されるようになっている．これらの機器は家庭用，携帯用など，今後予測されている**ユビキタス***(ubiquitous)社会の核となるものである．

これらの機器は，使用環境を考慮すると，小型軽量，低消費電力であることが必須であり，LSI の搭載が前提となる．しかも，通信機能や音声・映像授受などの機能を実現するためには，それらの処理に適した LSI を複数個搭載する必要がある．しかし，搭載個数が増えることは，小型軽量，低消費電力の実現を困難にする．その解決方法として，これらの機能を 1 つの LSI にまとめてしまう方法が考えられる(**図 5.1**)．

このような LSI は，1 つのシステムとしての機能をもっていることから，システム LSI あるいは SoC (System on Chip) と呼ばれている．ごく最近では，携帯電話や DVD などのデータ処理の中枢となる，高度のシステム機能をもつシステム LSI が登場している．

今後，ユビキタス化が進むほど，機器を使うユーザには専門知識やスキルをもたない，一般の人々の割合がさらに高くなる．機器に対する一般ユーザのニーズは多様化するとともに，専門知識をもたない一般ユーザからの要求内容は曖昧になり勝ちであり，ユーザニーズの正確な把握がしだいに困難になってくる．機器のもつ機能の多くの部分をシステム LSI が実現するので，結果としてシステム LSI に対する一般ユーザ

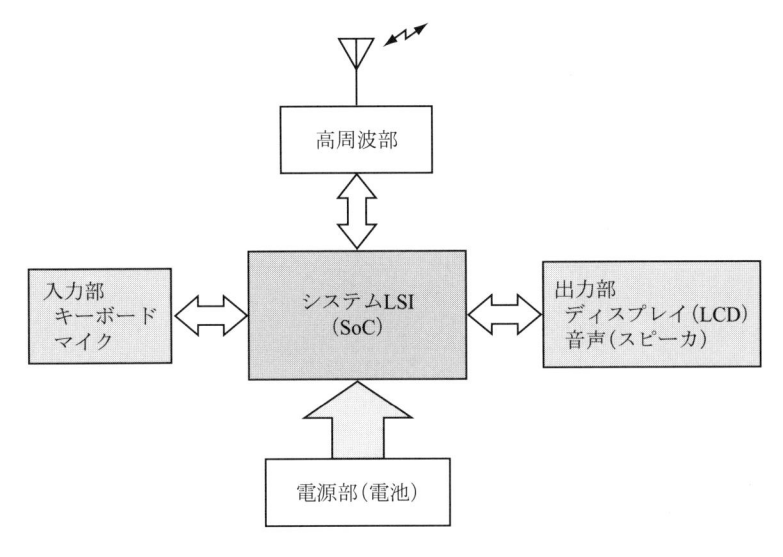

図 5.1 携帯機器の構成例

のニーズを正確に把握することが困難になる．

　一般的に，LSI はウエハ上に百個程度〜数千個程度が同時に製造され，しかも複数枚のウエハを 1 ロットとして生産する．このため，1 回の製造で生産される LSI の数が数万個になることは珍しくない．

　このような大量生産の場合は，量産効果が顕著に現れる．量産効果とは，生産個数が多いほど，製品 1 個あたりの製造原価が低くなる現象である．

　製品を生産するには，新たに製品を開発するために必要な開発設備費，原材料費，人件費などが必要である．開発が完了し，生産を開始するには，さらに生産のための製造設備費などが必要である．これらは，製品を 1 個生産するのにも必要な費用であり，これを固定費という．固定費は，生産個数にかかわらず一定値である．

　これに対して，生産に必要な原材料費や電気，水などの動力費は，生産個数に比例して増加する．これを変動費という．

　したがって，製品 1 個あたりの製造原価は，

$$製造原価 = \frac{固定費 + 1 個あたりの変動費 \times 生産個数}{生産個数} \tag{5.1}$$

となる．これを示したのが図 5.2 であり，生産個数が増加するほど，製品 1 個あたりの原価は，製品 1 個あたりの変動費に漸近する．この曲線に販売価格をあてはめると，販売価格が低くなるほど，多数個販売しなければ利益が出ないことがわかる．

　機器がパーソナルに使用されるということは，製品価格を比較的低く設定しなけれ

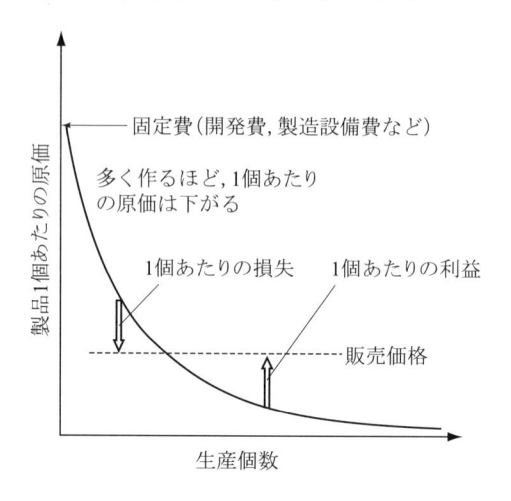

図中ラベル:
- 固定費(開発費，製造設備費など)
- 多く作るほど，1個あたりの原価は下がる
- 1個あたりの損失
- 1個あたりの利益
- 販売価格
- 製品1個あたりの原価
- 生産個数

図 5.2 生産量と利益

ばならないので，多数個販売しなければ利益が出ない．したがって，ユーザニーズを正しく把握せずに製品化した場合，販売個数が伸びず，大きな損失を被ることになる．ユーザニーズを正確に製品設計に反映することの重要性がわかる．

5.1.2 要求仕様とは

ユーザニーズを把握する場合，専門家が使用する機器では，ユーザが専門知識をもっているため，機器に対するニーズは具体的かつ的確な場合が多く，機器設計者にとってニーズが把握しやすい．一方，コンシューマ向けの，たとえば家庭電化製品のような機器の場合は，一般ユーザは機器に対しての専門知識をもっていない場合が多く，「もっと使いやすく」といった曖昧な表現や包括的な表現で要求内容を伝えようとする．

また，一般ユーザは機器に対するニーズを示せても，その構成部品である LSI に対するニーズを具体的に示すことはほとんどない．したがって，機器の設計者は一般ユーザのニーズを分析し，ニーズの中のどの部分をどのような構成要素で実現するかを決定し，各構成要素(部品)に対する要求をあらためて提示する必要がある．

LSI 設計者(LSI とソフトウエアで構成するシステムの設計者，システムアーキテクト)は，機器の機能のうち，システム LSI とソフトウエアが一体となって実現すべき部分の機能に対する要求を，機器設計者から受け取る．システム LSI は**図 5.3** に示すように，各種センサーからのアナログ信号を A/D 変換器を通してデジタル信号に変換し，機器専用のデジタル回路を経て，D/A 変換器で音声信号やモータ制御信号などのアナログ信号を出力する．マイクロプロセッサは専用回路を制御し，そのた

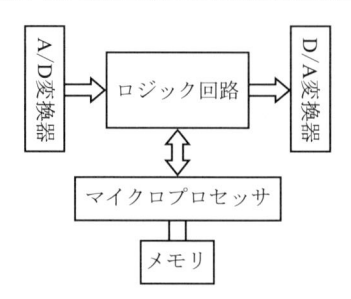

図 5.3 システム LSI（SoC）の構成例

めのソフトウエアを格納するためや，データを格納するためのメモリが組み込まれている．LSI 設計者は，これら全体を設計対象として取り扱わなければならない．

デジタルテレビ用のシステム LSI の例を**図 5.4** に示す．アンテナで受信した電波は変調されているため，これを復調し，システム LSI の入力とする．この信号はMPEG2（Moving Picture Experts Group 2）という規格で圧縮符号化された信号（トランスポートストリーム，transport stream）であるので，トランスポートストリームデコーダと呼ばれる回路で復号（デコード）し，映像信号と音声信号に分離する．分離された信号をさらにデコードし，映像信号は液晶ディスプレイなどに，音声信号はスピーカに出力する[注]．

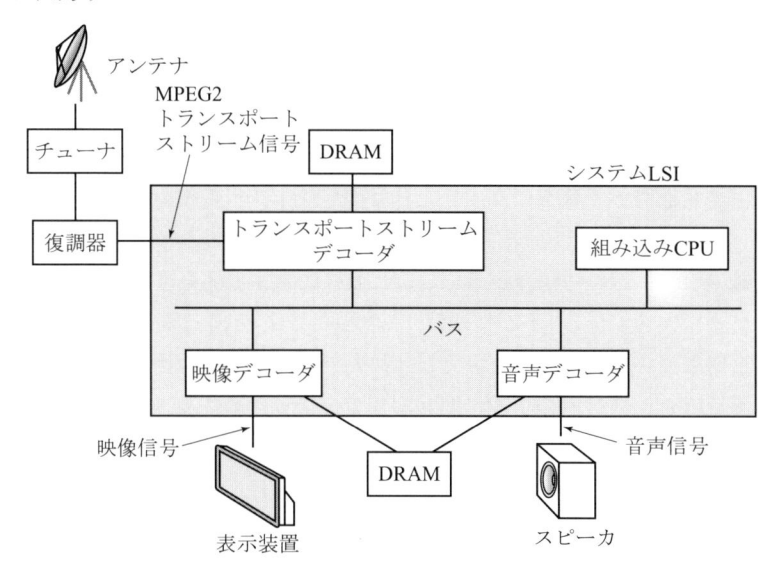

図 5.4 デジタルテレビ用システム LSI の例

注）最近では，エンコードを「信号（データ）をある規則にしたがって符号化する操作」，デコードを「エンコードの逆の操作」の意味で使用されることがある．そして，暗号化やファイルの圧縮操作をエンコード，暗号化されたデータの復号化や圧縮ファイルの解凍をデコードといい，それらの機能を有するハードウエアやソフトウエアを，それぞれエンコーダ，デコーダという．

デジタルテレビでは，送信される信号はすでにデジタル信号であるため，入力信号をA/D変換する必要はない．一方，映像と音声出力は最終的にアナログ信号にするので，D/A変換器が必要である．D/A変換器は，映像/音声デコーダの後にあり，デコードされたデジタル信号をアナログ信号にする．

信号処理のためには，大容量のメモリが必要であるが，これはシステムLSIとは別のチップとしてプリント基板に実装する．

システムLSIに組み込まれたプロセッサは，他の回路やデータ転送路である**バス***(bus)の制御や，リモコンなどからのユーザの指示に従ってテレビの制御を行う．

このレベルのシステムLSIでは，1千万個以上のMOSトランジスタが集積されている．

機器向けのシステムLSIを開発する場合，最初に機器設計者のニーズを分析し，機器設計者が理解できるようにまとめることによって，要求定義書(requirements definition)を作成する．LSI設計者は，機器設計者と共同で要求定義書を作成することもある．最近では，後に述べるように設計ツールが充実してきたので，機器メーカが設計を行い，LSIメーカに製造だけを委託する場合も多い．当然，機器メーカとLSIメーカとの接点も多様化している．

次に，要求定義書をもとに，これを専門用語で書き換え，要求仕様書(requirements specification)を作成する(付録を参照)．

しかし，要求仕様書は，自然言語で記述されることが多く，LSIやソフトウエアは多人数で開発するため，解釈によっては異なった意味にとられたり，真意が伝わらなかったりする事態がしばしば発生する．このような誤解は設計の初期(上流)であるほど，設計の根幹に関わる場合が多く，もし最終段階まで発見されなければ，設計のやり直しにまで大きく戻る(手戻りという)ことになる．LSIは開発コストが高く，しかも開発期間も長いので，大幅な手戻りは甚大な被害を発生させる．

設計の上流ほどシステムの根幹に関わる部分を扱うため，要求内容を正しく把握・反映した要求仕様書を作成することが特に重要である．このため，近年では要求仕様作成の段階から，§5.3で述べる具体的な回路記述(RTL, Register Transfer Level)直前までをも，自然言語でなくC言語やC++言語，あるいはそれらを包含するシステムレベル設計言語で記述する努力がされており，そのための開発が進んでいる．

設計段階をすべて統一的に記述できる設計言語は現れていないが，7.2.1項で述べるように，要求仕様の記述にはUML(Unified Modeling Language)が，システムレベルの記述にはSystemCやSpecCなどが使用され始めている．

UMLは，ソフトウエア開発にはすでに実用化されており，LSIに組み込むソフト

ウエア(**組み込みソフトウエア***)にも適用されつつある．

SpecC は，C 言語や C++ 言語に，システム LSI に要求される並列動作などを表現するための構文を追加し，SystemC ではシステム記述に必要な**クラス***(class)を追加している．

§ 5.2 システム LSI 設計の特徴

5.2.1 システム設計

システムを組み上げる方法は，大きく分類すると，抽象度の高い上流から決めてゆく方法と，抽象度の低い具体的な部品レベルから決めてゆく方法がある．前者をトップダウン設計，後者をボトムアップ設計という．これらの設計手法では，設計工程途中の作業が終了した部分には，誤りがないことが前提となる．しかし，システム LSI ではシステム規模が大きいので，各段階における設計ミスや要求仕様の解釈の誤りの発生，あるいは機器設計者からの仕様変更の要求といった事態が発生するのが普通である．

したがって，各ステップに誤りがないことを前提とする，単純なトップダウン設計やボトムアップ設計はあまり有効でなく，設計途中で，仕様を満たす設計がなされているかどうかを繰り返し検証(verification)しながら進める必要がある．

各設計ステップが終了するたびに検証することによって，**図 5.5** に示すように，誤りがあった場合の手戻りを最少化することができる．

さらに，仕様どおり設計されていることを検証するためには，設計の各段階で雛形(プロトタイプ，prototype)を作り，プロトタイプの動作が仕様を満たしていることを確認し，さらにこれを注文者に提示することによって，ニーズが反映されていることを注文者が確認する方法(プロトタイピング，prototyping)が有効である．

システム LSI の開発における設計の前半の段階では，具体的なハードウエアやソフトウエアはまだ存在していないので，一般的にはシミュレーションによる検証が行われる．このとき，設計情報が計算機でシミュレーション可能な設計言語で記述されていれば，設計情報そのものをデータとしてシミュレーションできるため，自然言語で記述された場合に必要となる，設計情報のシミュレーション用のデータへの焼き直しの時間と，それに伴う作業ミスが排除される．

現在，システム LSI の部品となる論理ゲートやフリップフロップなどのハードウエアと，それらの接続状況は，7.2.1 項で述べる HDL(Hardware Description Language)で記述する．しかし，システム LSI が大規模になると，HDL 記述でもシステム全体の構成や動作を把握することが困難になる．これは，取り扱える対象の機能レベル(抽

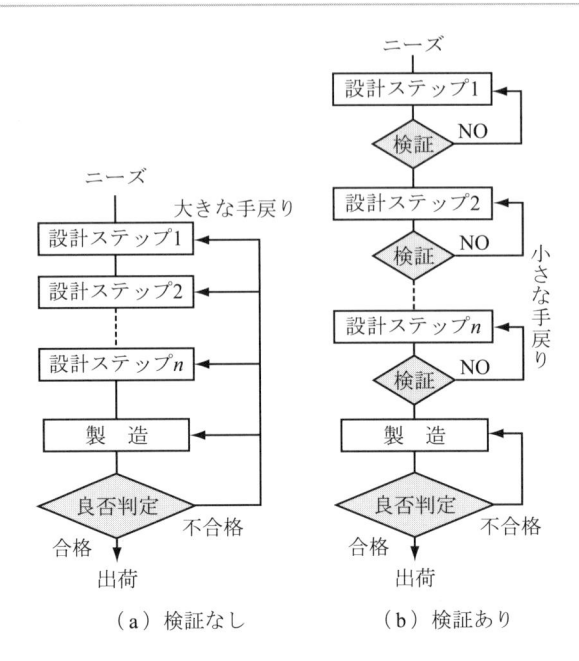

図 5.5 検証による大きな手戻りの回避

象度，論理的大きさ，粒度：granularity）が低いため，複雑な機能を記述するには膨大な記述量を必要とするためである（§5.3）．

　より上位の，抽象度の高いレベルでシステムを記述できれば，記述量が減少するので，システム全体の動作が把握しやすくなる．このため，抽象度の高い記述をするシステムレベル設計言語の必要性が高まっている．

　今後，システム LSI の規模が大きくなるほど，システムレベル設計言語を使用した設計事例が急速に増加するものと考えられる．システムレベル設計言語を設計の上流から適用するほど，ニーズとの乖離を設計の早い段階で発見できるので，手戻りを最小化できる．製品開発に要する時間とコストが膨大になった現在，これらを最小化し，迅速にかつ安い価格で市場投入することによってのみ，市場競争に勝つことができる．

　システム LSI の設計手法に対し，メモリ LSI のような汎用 LSI の場合は，LSI メーカが仕様（規格がある場合は規格にあった仕様）を作成する．この場合は，設計と LSI 構造を LSI メーカが独自に決めることができるので，回路構成や回路の配置を，製造プロセスのもつ特性を最大限生かすように最適化する．

　したがって，システム LSI のように機器設計者のニーズを製品に反映するのではなく，与えられた規格の中で，どれだけ高性能な LSI を生産するかが課題となり，システム LSI の設計とはまったく異なった設計手法を採用する．メモリ LSI においては，

メモリ量が多く，高速で，消費電力が少ないものが高性能 LSI となる．

5.2.2 ハードウエアとソフトウエア

システム LSI は，LSI チップというハードウエアと，LSI チップの中で実行される組み込みソフトウエアが一体となって仕様を満足する．この場合，機能の実現は，理論的にはすべてをハードウエアで実現することも，あるいはソフトウエアで実現することも可能である．しかし，ハードウエアは高速性に優れるが，開発・製造にかかる費用は高額であるとともに，いったん製品化されたシステム LSI を修正することはできない．一方，ソフトウエアはプロセッサ上で実行されるため，改変は容易であるが，高速性は期待できない．

このため，機器に要求される機能を具体化し，実用化するためには，ある機能をハードウエアとソフトウエアのどちらで実現するのが最適であるかを決定する必要がある．これを，ハードウエア/ソフトウエア分割（partitioning）という．

本来一体となって作動すべき機能を分割するので，分割された両者の間では情報の授受が必要である．したがって，分割と同時に，ハードウエアとソフトウエア間のデータ転送に必要なインタフェースも決定しなければならない（**図 5.6**）．

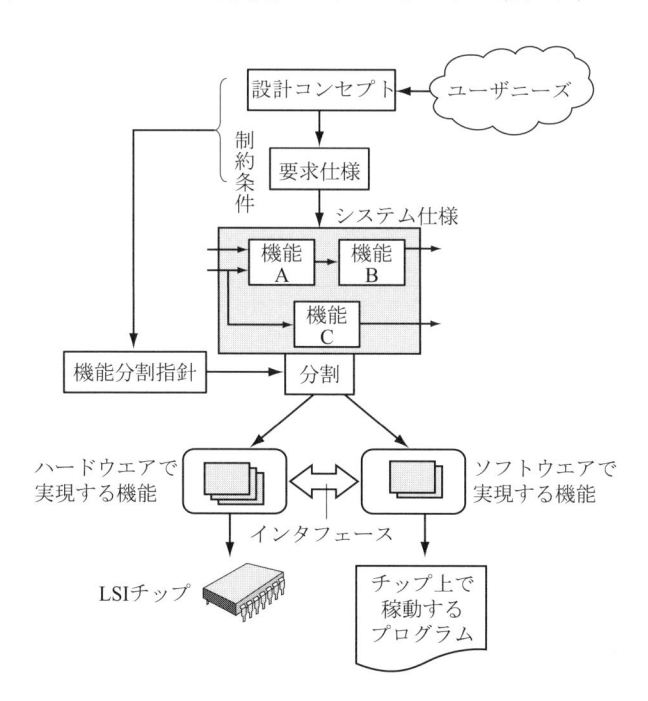

図 5.6 ハードウェア/ソフトウェア分割

分割の指針となるのは，要求仕様から導き出される動作速度や，開発期間，柔軟性・拡張性（仕様変更），価格などであり，これらは一般的に**トレードオフ***の関係となる．このトレードオフを解決する指標が，製品コンセプトや要求仕様に含まれる制約条件である．

　ハードウエアとソフトウエアへの分割が終わるまでは，ハードウエアやソフトウエアを意識することなく設計する．（ハードウエアは存在せず，設計言語で記述されているので，設計言語で書かれたソフトウエアで設計しているともいえる．）

　ハードウエアとソフトウエアの分割が決定すると，ハードウエア化する機能はHDL，ソフトウエア化するものはCなどのプログラミング言語で記述される．1つの言語で仕様記述，HDL，プログラミング言語までを包含して記述ができるシステムLSIの設計言語はまだ開発されてないため，各段階で使用した言語から次の段階の言語に翻訳しながら，設計情報を詳細に（抽象度を低く）してゆく．

§5.3　設計抽象度と記述方法

　システムLSIの規模が大きくなってくると，その仕様は包括的な機能レベルで記述しなければ，記述量が膨大になる．たとえば，ソフトウエアの場合，CやC++で記述した機能をアセンブリ言語で記述すれば，記述量が極端に多くなるのと似ている．

　システムLSIの設計の場合も，取り扱う機能レベルの高い，すなわち抽象度の高いレベルでシステムを記述し，しだいに抽象度を下げ，システムLSIの設計としては最も抽象度の低い，トランジスタや配線構造を示すレイアウト（layout）レベルにまで展開する．

　設計の抽象度は，動作（ビヘイビア，behavior）レベル，レジスタ転送レベル，ゲートレベル，レイアウトレベルの順に低くなる．

(1)　ビヘイビアレベル

　ビヘイビアとは，機能ブロックに対する入出力と内部での処理をさし，入力と出力の関係をアルゴリズム（algorithm）として**モデル化***したものがビヘイビアモデルである．ビヘイビアモデルは，一般的にはシステムレベル設計言語やC/C++などのプログラミング言語で記述する．

　システムLSIの仕様をビヘイビアモデルの集合として表したレベルが，ビヘイビアレベルである．最も高位（最も高い抽象度）の記述である．例を**図5.7**に示す．

　ビヘイビアレベルでは，ビヘイビア間のタイミングに関する制約がある場合もあるが，具体的な時間による規定はない．扱うデータは，数値や文字である．

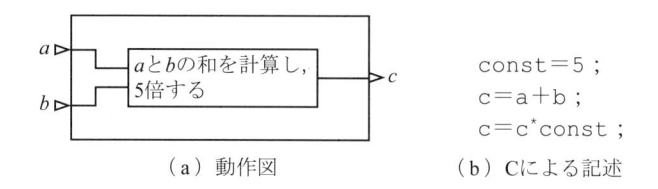

```
                ┌─────────────┐
    a ▷────────▶│ aとbの和を計算し,│         const＝5;
                │ 5倍する      │────▷ c    c＝a＋b;
    b ▷────────▶│             │          c＝c*const;
                └─────────────┘
           （a）動作図              （b）Cによる記述
```

図 5.7 ビヘイビアモデルの例

(2) レジスタ転送レベル

　レジスタ転送レベルは，記憶素子であるレジスタ（register）と，データ処理（演算）ブロックで機能を表すレベルである．この記述方法を，レジスタ間でデータが処理されて転送（transfer）されると考え，RTL（Register Transfer Level，レジスタ転送レベル）という．RTL は，ハードウエアである組み合わせ論理回路あるいは順序論理回路に，1 対 1 で対応する．そのため，RTL はハードウエア仕様であるといえる．RTL の図による記述例を**図 5.8**(a)に，それに対応した HDL による記述例を(b)に示す．

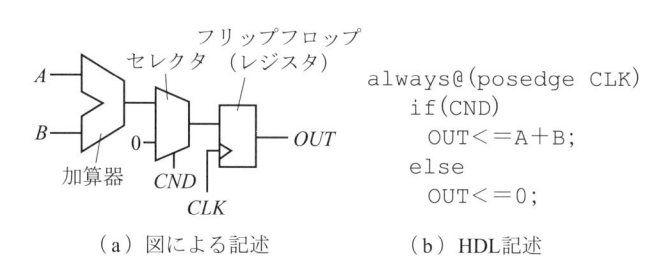

```
                    フリップフロップ
           セレクタ （レジスタ）
    A ─▶┐                           always@(posedge CLK)
        ├加算器├──┐                     if(CND)
    B ─▶┘         ├──▷OUT              OUT＜＝A＋B;
           0 ─────┘                    else
              CND                       OUT＜＝0;
              CLK
         （a）図による記述              （b）HDL記述
```

図 5.8 RTL の記述例

　論理回路は，最終的には論理ゲートで構成されるが，論理回路は組み合わせ論理回路と順序論理回路に大きく分類できる．

　組み合わせ論理回路は，入力が与えられると出力が一意的に決まる回路である．一方，順序論理回路は出力の一部あるいはすべてが，ある時間だけ遅れて入力にフィードバックする回路である．順序論理回路は**図 5.9** に示すように，組み合わせ論理回路と，一般にはフリップフロップによって構成され，時間調整はフリップフロップによって実現する．

　順序論理回路は，これを有限ステートマシン（有限状態機械，FSM：Finite State Machine）とみなし，状態遷移図（state transition diagrams）を使ってその動作を表すことができる．ここで，有限ステートマシンとは，有限オートマトン（automaton）の考えに基づくハードウエアであり，有限オートマトンとは，自動的に動作する機械の

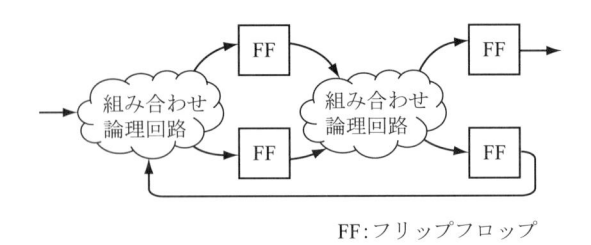

図 5.9　順序論理回路の例

うち,有限個の状態で記述できる機械モデルをいう.ステートマシンの状態変化を表す図を状態遷移図という.

ビヘイビアを動作合成 (6.1.4 項) すると,図 5.10 に示すように,データ処理機能であるデータパスと,データパスの処理やシステム全体の制御を司る制御回路で表される.

データパスは,演算に要するだけの多ビットのデータ幅をもった演算器やレジスタなどから構成され,回路を同期的に動作させる同期信号であるクロックに従って動作する.制御回路は制御ステップを状態遷移に対応させることができ,RTL に置き換え,さらに順序論理回路へと置き換えることができる.

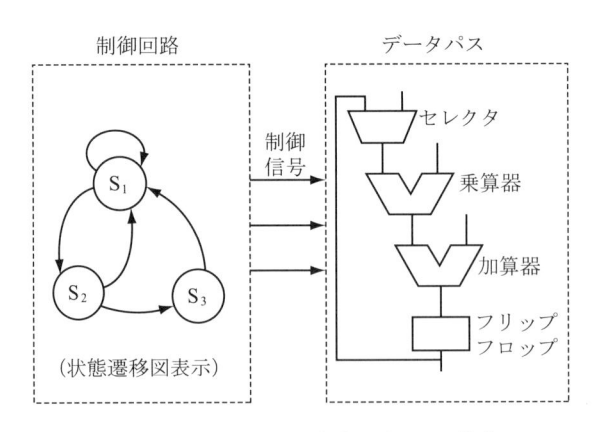

図 5.10　データパスと制御回路による構成

(3)　ゲートレベル

設計的に 2 番目に抽象度の低いレベルがゲートレベルであり,AND や OR などの論理演算を実行する回路レベルである.ゲートは,システム LSI の設計においては,具体的にトランジスタを組み合わせた論理回路がセルとして与えられている.

ゲートの性能は具体的な演算時間や遅延時間,占有面積,消費電力で評価し,これ

らを最適化しながら設計する．ゲートレベルで扱うデータは，0,1の論理値である．

(4) レイアウトレベル

　レイアウトレベルは設計的に最も抽象度が低い．レイアウトはフォトマスクに描く図形であり，具体的な寸法が必要になる．図 5.11 に実際のレイアウトパターンを示す．この図では，複数の製造工程に対応するレイアウトが重ねて描かれている．
　レイアウトパターンには，設計の結果のすべてが凝縮されており，これに基づいてLSIの構造が作られる．LSIは多層構造であるため，各層ごとにレイアウトされたパターンが必要であり，構造が複雑になるほど多くのレイアウトパターンが必要になる．

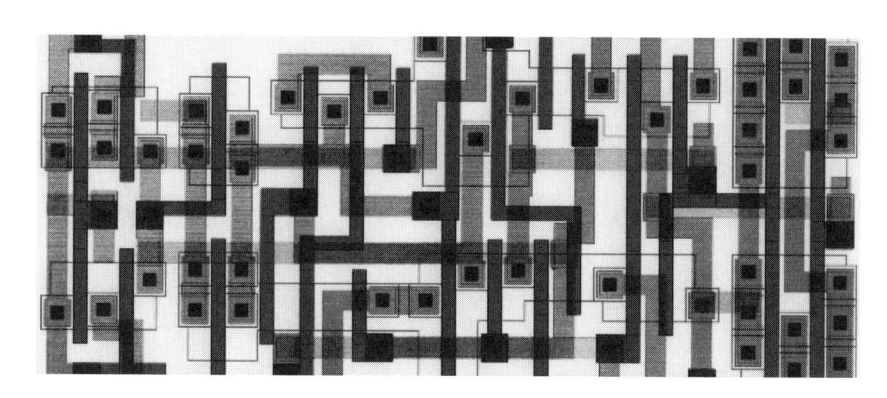

図 5.11　レイアウトパターンの例

練習問題

第1問
　システム LSI 設計において要求仕様の重要性が高い理由を述べよ．

第2問
　LSI 生産に必要な固定費を1億円，1個あたりの変動費を200円とする．1個 1,000 円で販売して利益を出す（損失がない）ためには，生産（販売）個数は最低何個必要か．

第3問
　システム LSI の実現方法に関する下記文について，空欄 (a) ～ (f) を埋めよ．
　　システム LSI の機能はすべてハードウエアで実現することも，あるいはすべてソフトウエアで実現することも可能であるが，それぞれ以下の利点・欠点がある．

	すべてハードウェア	すべてソフトウェア
利点	(a)	(c)
欠点	(b)	(d)

このため，通常はハードウエアとソフトウエアの最適な配分を考えてシステム LSI を設計する．これを，(e)という．この最適配分の指針となるのは，(f)である．

第 4 問

設計コンセプトが重要である理由を述べよ．

第 5 問

システム設計を，抽象度の高い記述で行う利点は何か．

第6章

設計の流れ

本章では，第5章で述べたシステムLSIの設計手法が，設計の流れの中でどのように取り入れられているかを詳細にみてゆく．

設計は要求分析から始まるが，図**6.1**に示すように，大きく分けて上流（高位）設

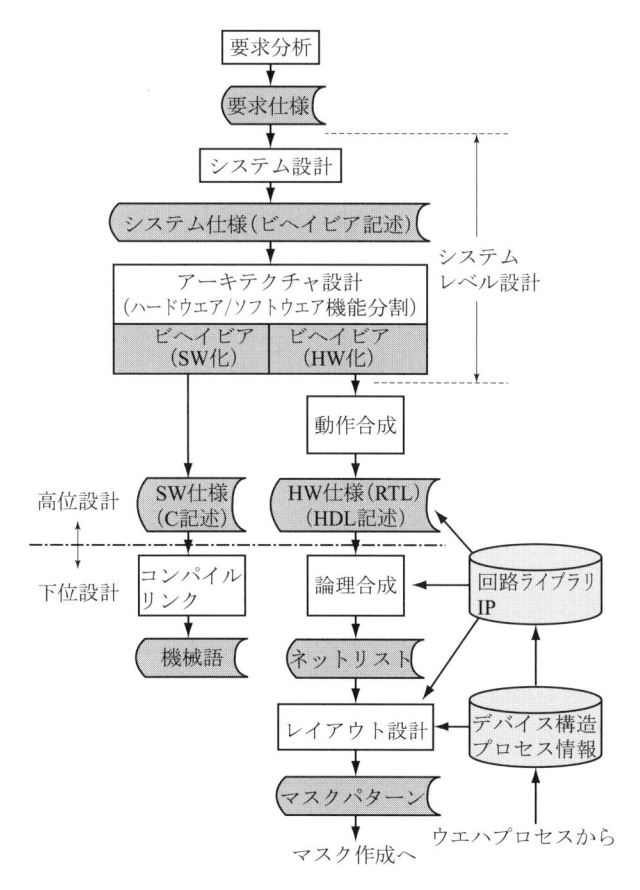

図 6.1 設計の流れ

計と下流（下位）設計に分けられる．

　高位設計は，実際の回路図やソフトウエアを作成するための具体的な設計図（図といっても，実際は図面ではなく，RTL を HDL で書いたリスト）を作成するところまでをいい，下位設計はその設計図をもとに機能を具現化する設計工程であり，ハードウエアの場合は実際の論理回路を構成し，LSI のパターンを描いたフォトマスク（photomask）（§ 9.4）作成用のマスクデータの作成までをさす．ソフトウエアの場合は，**コンパイル***（compile）と**リンク***（link）により，機械語を生成する作業に相当する．

§ 6.1　高位設計

　システム全体の設計が中心になるので，システムレベル設計を含む上流部分に相当する．要求分析から始まり，要求される機能をハードウエアとソフトウエアに分割し，それぞれに対する仕様を作成するまでが高位設計の領域となる．

　大規模なシステムの場合，高位設計の品質が製品の商品価値に決定的な影響を与える．

6.1.1　要求仕様作成

　ニーズは，ハードウエアとソフトウエアを包含した，全体の機能に対する要求として記述されるため，製品化の途中段階からはハードウエアとソフトウエアに分割して処理するが，高位設計の段階では，これらを一体として取り扱わなければならない．この考え方は，システム LSI の設計においてはたいへん重要である．

　ここでは，コンシューマ向けの大量生産品について考える．

　機器開発者は，最終ユーザのニーズを市場調査などから把握（要求分析）し，それにコスト，信頼性，メンテナンス性などを考慮して製品仕様を決める．最近では，すべての人々にとって使いやすい設計を意味するユニバーサルデザイン（universal design）や，製品が廃棄された場合の環境への負荷を軽減するような設計がなされるようになっている．

　また，製品仕様を決める段階では，製品を構成する各部品に対する要求仕様書を作成する．このとき，機器設計者とシステム LSI などの部品の製造者との間で，仕様に関する調整がなされる場合が多い．部品によっては，機器設計者が仕様を決め，インターネットで入札することもある．

　ニーズは，最初に要求定義書としてまとめられ，その後，設計者のための要求仕様を作成する．

　要求定義書は，ここでは，注文者である機器開発者との情報交換により，注文者が何を要求しているかを，注文者が理解できる表現を使って明確にするものである．注

文者のレベルが高い場合は，要求定義書は注文者自身が作成することもある．

要求定義書には，下記の項目を含んでいる．

　・システムの目的

　・解決すべき課題

　・システムと外部とのインタフェース（入出力）

　・システムの機能，性能

　・システムの稼働環境

　・開発上の制約

設計者は，要求定義書から具体的な設計を開始できるように，専門の設計者が理解しやすい表現方法で要求仕様書を作成する．要求仕様書は，要求定義書に書かれたニーズを実現するために，仕様という専門的な形式で記述したものである．

要求仕様書は，自然言語で書かれる場合が多いが，UML（7.2.1 項）などで記述すれば，曖昧さがなくなり，設計ミスが減少する．

システム LSI の設計者は，機器の性能をよりよくするため，要求分析を通してシステム LSI の特性を活用できるように，システム LSI に対する要求仕様書の作成段階から参加すべきである．そのためには，機器に対する相当な知識をもっておく必要がある．このような能力をもった設計者を，システムアーキテクト（system architect）という．

6.1.2　システム設計

システム LSI に対する要求仕様が決まると，次のシステム設計の段階では，要求仕様を満足するように，ソフトウエアを含めて実現すべきすべての機能と，それらの関係について記述したシステム仕様を作成する．システム仕様は，システム LSI そのものと，そこで稼動する組み込みソフトウエアを合わせたシステム全体を対象にする．この時点では，まだハードウエア/ソフトウエア分割はされておらず，外部からみて実現すべき機能や動作に関する仕様の段階であり，機能の実現方法はまだ決まっていない．

システム仕様では，機能あるいは動作を表す手法として，ビヘイビアモデルを用いる．記述方法としては，ブロック図で表すところから始め，各ブロックについてさらに詳しく図や文章で記述する．

システム仕様は文書（ドキュメント，document）にし，関係者が容易に理解できるようにする．このときドキュメントが計算機処理可能（シミュレーション可能）なシステムレベル設計言語で記述されていると，下記のような利点がある．

　・自然言語と異なり，論理的な背景をもつので，解釈の相違などの曖昧さがなく，

関係者による仕様の審査（デザインレビュー，design review）が容易である．
・仕様記述書は一種のプログラムリストであり，これは計算機でシミュレーションが可能であるため，要求仕様どおりにシステムが動作するか否かを，システマティックに確認できる．

システム仕様がシステムレベル設計言語で記述されている場合は，一種のプログラムリストがシステム仕様書となる．

この時点で，システム仕様が要求仕様を満足するように，仕様作成とチェック（検証）を繰り返し，完成度を高める．システムレベルでの検証を，システムレベル検証という．一般に，欠陥は下流で発見されるほど手戻りが大きくなるので，修正には時間とコストがかかる．設計途中で検証を十分実施し，上流段階で要求仕様を完全に満足するように設計しておくことがきわめて重要である．

6.1.3 アーキテクチャ設計

アーキテクチャ設計では，システム仕様書で記述された内容を実現するためのシステム構成を決め，次に，要求された機能をハードウエア，すなわち論理回路で実現するか，あるいはソフトウエアで実現するかというハードウエア/ソフトウエア分割を決定する．

最近のシステム LSI のように大規模なシステムでは，すべての機能をハードウエアで実現することは現実的ではなく，コンピュータ（**組み込みプロセッサ***，embedded processor）とメモリを搭載し，そこで稼動するソフトウエアとして一部の機能を具現化する．したがって，要求される機能のうち，どの部分をハードウエアで実現し，どの部分をソフトウエアで実現すれば最適なシステムが実現できるかを探索しなければならない．

アーキテクチャ設計は**図 6.2** に示すように，システムをハードウエアで実現する部分とソフトウエアで実現する部分に分割した後，それぞれの仕様をビヘイビアレベルで記述する．ハードウエア/ソフトウエア分割を効率よく実行するために，ハードウエア設計とソフトウエア設計を協調しながら同時に進める．これを，協調設計（co-design）という．協調設計により，最適のハードウエアとソフトウエアの分割を定めることができる．

システム仕様がシステムレベル設計言語などで記述されていれば，この時点では，システムはソフトウエアで表されており，アーキテクチャ設計はどの部分をハードウエア化するかを決めることである，と解釈することもできる．したがって，ハードウエア化せずソフトウエアで実現する場合は，最適化を無視すれば，すでにソフトウエア部分は完成しているとも考えられる．

§ 6.1 高位設計 99

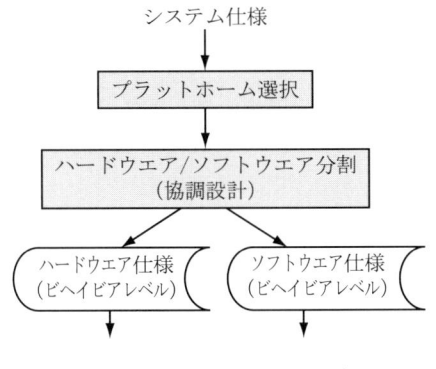

図 6.2 アーキテクチャ設計

以下には，アーキテクチャ設計をさらに詳しく述べる．

(1) プラットホーム選択

システム LSI では，アプリケーションプログラムを実行するための組み込みプロセッサを内蔵するのが一般的であるため，どのような種類の**プロセッサ***やバスを採用するのか，画像処理や外部とのデータ授受にはどのような規格の**インタフェース***を採用するのかといった，部品の選択（割り当て，allocation）をする．これらの組み合わせはかなり類型化されており，プラットホーム (platform) と呼ばれる基本となるシステム構成がいくつか存在する．プラットホームを構成するブロックは，共用できる回路ブロックとして検証も済んでおり，信頼性も高い．

どのプラットホームを選ぶかをプラットホーム選択といい，システム仕様に照らし合わせて最適と考えられるプラットホームを選択する．プラットホームを決めることは，ハードウエアとソフトウエアの分割の基本を決めることでもある．また，プラットホームは，機器設計者が指定することも多い．

次に，選択したプラットホームに対して，想定したシステムが，どの程度の演算量やデータ伝送量，あるいは入出力を必要とするかという，システムの特性を見積もる．これをプロファイリング (profiling) という．プロファイリングは，選択したプラットホームでの，ハードウエアとソフトウエアそれぞれの特性を求める．

具体的には，システムレベルの設計ツールを用いて，それ自身が準備しているプロセッサやメモリ，バスなどの動作モデルを使用してシステムの動作をシミュレーションし，動作履歴を蓄積する．その蓄積したデータを解析し，ハードウエアに関しては各機能ブロックの活性サイクル数，バスへのアクセス回数，バス占有サイクル数，バス待ちサイクル数などが結果として得られ，一方，ソフトウエアに関しては実行命令数，実行サイクル数，内臓 RAM アクセス数，分岐予測ミス回数，キャッシュミス回

数などを，プロファイリング結果として得る．これらの結果に基づいて，処理速度（処理時間）などのシステム仕様を満たすように，次に述べるハードウエア/ソフトウエア分割を最適化する，あるいはプラットホームを変更する．

システム LSI が必要とする機能は，映像処理や音声処理など，他のシステム LSI と共通に使用できる部分が多くあり，これらは機能ブロックとして再利用できるので，積極的に再利用する必要がある．このような機能ブロックを IP（Intellectual Property：知的財産権，本来特許などをさすが，回路も知的財産であるため，システム LSI 関連で IP といえば価値のある再利用可能な機能ブロックをさす）といい，商取引の対象にもなっている．たとえば，マイクロプロセッサ，各種コントローラ，メモリなどが IP 化されている．

IP の記述には，HDL で記述された RTL モデルから，フォトマスクデータの具体的なレイアウトパターンのハードモデルまで，種々のレベルのものがあり，それぞれ長所短所がある．また，設計の段階によって，どのような記述モデルの IP が利用できるかが決まってくる．アーキテクチャ設計の段階で使用できる IP は，ビヘイビアモデルや RTL モデルをもつものである．

IP では，ハードモデルを提供するハード IP でも，検証のためにビヘイビアあるいは RTL モデルを具備している．

(2) ハードウエア/ソフトウエア分割と協調設計

選択されたプラットホームの上で，ハードウエア化するビヘイビアをハードウエア部品に割り当て，その他のものはソフトウエアに割り当て，システムをハードウエアとソフトウエアに分割する．

プラットホームを選択すると，ハードウエア/ソフトウエア分割の大枠が決まるが，システム仕様を満足するためには，さらに詳細に分割を決めなければならない．

ハードウエアとソフトウエアの分割を最適化する場合，何をもって最適とするかが重要である．性能を最大にすることが最適なのか，コストを最小（チップ面積最小）にすることなのか，あるいは出荷後のシステム変更の柔軟性を重要視するのかといった指標がいくつも考えられる．図 6.3 に示すように，指標の選び方によって，同じプラットホームでも最終的な分割は異なってくる．

これらの指標はトレードオフになる場合が多く，すべてを同時に最良にすることは困難である．したがって，設計すべきシステム LSI のコンセプトをあらかじめ明確にしておかなければ，設計指針が得られない．たとえば，高速化を狙うのか，動作速度は少し遅くても消費電力の少ないシステム LSI を狙うのかといった戦略が必要である．

§ 6.1 高位設計 101

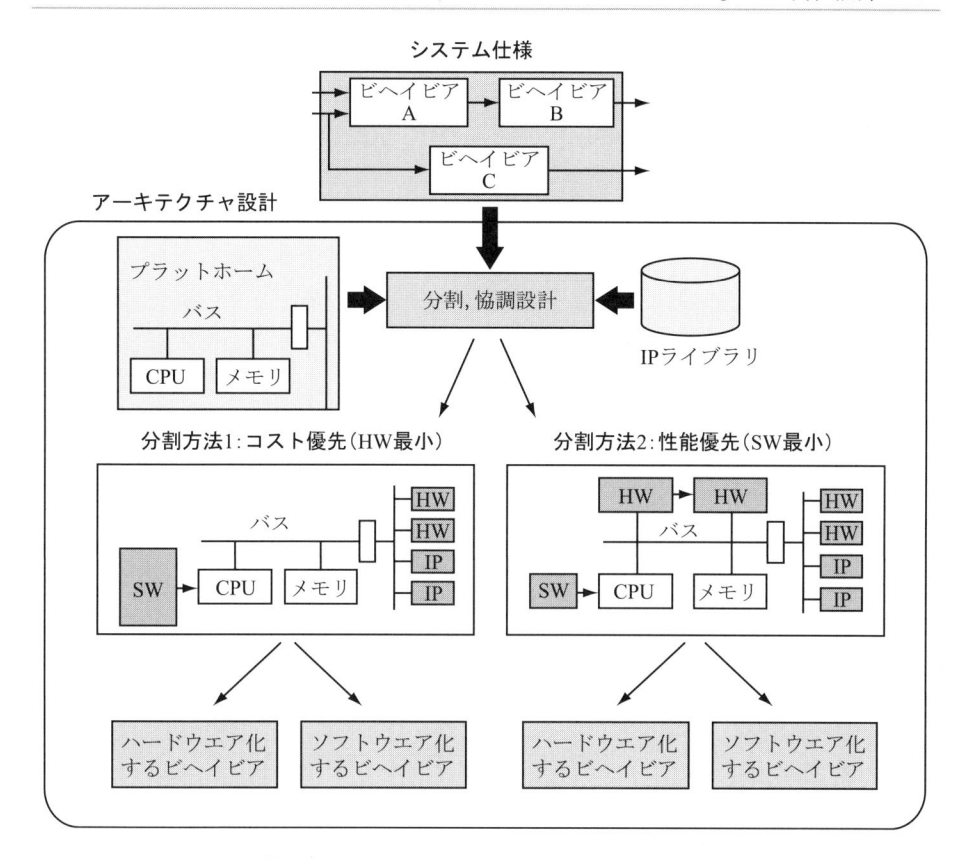

図 6.3 プラットホーム選択とハードウエア分割

　具体的な作業は，ハードウエア/ソフトウエア協調設計ツール（コデザインツール，co-design tool）と呼ばれる設計用ソフトウエアに，ハードウエア化する機能ブロックのビヘイビアと，ソフトウエア化する機能ブロックのビヘイビアを指定することにより，設計ツールがシステムの動作をシミュレーションするので，その結果を評価し，システム要求で与えられた処理速度（処理時間）などを満足するように分割方法を模索する．

　ハードウエア化するビヘイビアの動作は，システムレベル設計言語に対応するシミュレータが，システム仕様（設計言語で書かれたリスト）をインタプリト（interpret, 逐次解釈実行）することでシミュレーションする．一方，ソフトウエア化するビヘイビアのシミュレーションは，プロセッサ対応で命令セットをモデル化した命令セットシミュレータ（ISS：Instruction Set Simulator）が準備されており，これを使用して協調設計ツールがビヘイビア（ソフトウエア）の動作をシミュレーションする．メモリへのアクセスも同様にモデル化されており，これを利用する．

ハードウエア/ソフトウエア分割が決まった時点で，各機能ブロックがシステム仕様の条件を満足するように，システム設計者が機能ブロックごとに，占有面積や処理時間などの制約（設計制約，design constraints）を与え，機能ブロックの設計者に仕様として伝える．

また，協調設計ツールは，分割されたハードウエアとソフトウエア部分をつなぐインタフェースも自動的に生成する．これをインタフェース生成という．ハードウエアとソフトウエアは，図6.4に示すようにインタフェースを介してバスなどにつながり，相互にデータを授受する．インタフェースにも，ハードウエア化されるものとソフトウエア化されるものがある．

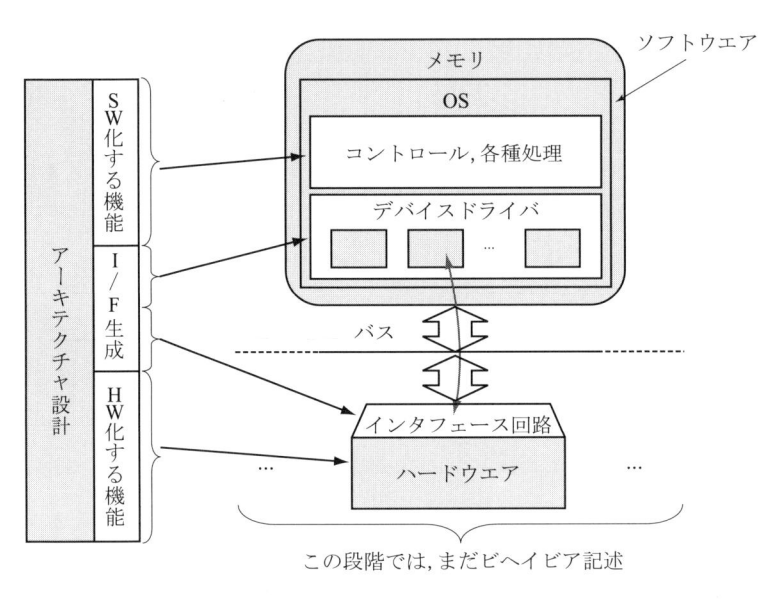

図6.4 インタフェース生成

ハードウエアとソフトウエアの接点となるのは，プロセッサがアクセスできるメモリ内に，ハードウエアとのデータ授受のために設けられたレジスタ領域である．このレジスタは，ソフトウエアとやり取りすべきハードウエア内の各データが常に反映するよう対応付けられている．この方式をメモリマップトI/O（Memory Mapped I/O）という．プロセッサは，一定時間間隔ごとにこのレジスタを監視（ポーリング，polling）し，レジスタ内容に変化があれば，その読み書きによりハードウエア部とソフトウエア部間のデータ授受を実現する．

ハードウエアからの割り込み信号は，これとは別に，プロセッサに送る．

ハードウエアとソフトウエアのインタフェースで，ソフトウエア化される部分をデ

バイスドライバという．

6.1.4　動作合成

アーキテクチャ設計によってハードウエア化する部分が決まると，該当するビヘイビアを HDL 記述された RTL に変換し，ハードウエア仕様を作成する．ビヘイビアから RTL への変換を，計算機を使って自動的に実施することを動作合成（behavioral synthesis）という．動作合成の処理手順を，以下に述べる．

(1)　ビヘイビアを内部表現に変換，最適化

ビヘイビアを，コントロールデータフローグラフ（CDFG：Control Data Flow Graph）で表す．CDFG は，データパスのデータ処理機能を表すデータの処理順序を表したデータフローグラフ（DFG：Data Flow Graph）と，制御回路の制御機能を表す順序制御を表したコントロールフローグラフ（CFG：Control Flow Graph）を同時に表現したグラフである．CDFG の例を図 6.5 に示す．この例では，元のビヘイビアの if 文が順序制御としてコントロールフローグラフに，加減算がデータ処理順序としてデータフローグラフに表されている．

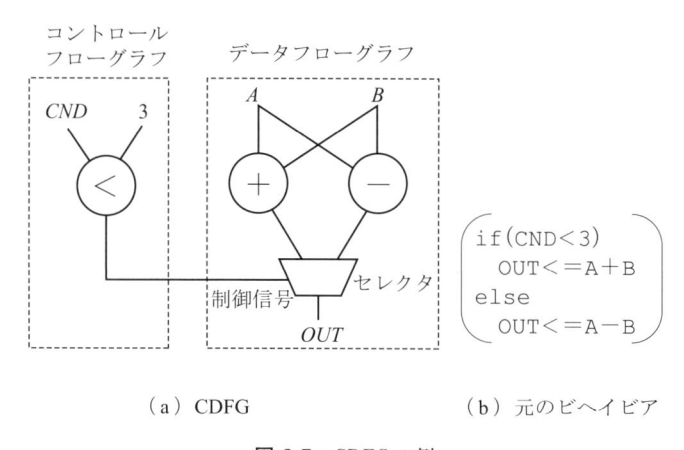

（a）CDFG　　　　　　　　　　　（b）元のビヘイビア

図 6.5　CDFG の例

CDFG で表されたビヘイビアの動作内容は，結合則や交換則などの法則を用いて，演算数の削減などの最適化を行う．

(2)　スケジューリング

次に，各演算の実行順序を決める．この段階では，開発すべきシステム LSI に対する設計要件を考慮する必要がある．設計要件とは，分割のところでも述べたように，

高速性やチップ面積などの目標である．具体的には，チップ面積を少なくするには，演算器やレジスタの個数を少なくし，高速化するにはこれらを増やし，並列動作させるとよい．設計者がこれらを決定し，最適化する．

LSIの製造では，ウエハ上にLSIを同時に多数個作りつけるので，1枚のウエハからより多くのLSIを作ることにより，1個あたりの製造原価が下がる．ウエハあたりのチップ数を増加させる手段として，チップ面積の減少，ウエハ面積の拡大，良品のとれ率（歩留まり）向上がある．設計的には，チップ面積の減少が重要な設計課題となる．ウエハ面積の拡大（大口径ウエハへの移行）と歩留まり向上は製造技術上の課題である．ちなみに，現時点でのウエハ径は300 mm（直径）に移行しつつある状況である．

使用すべき演算器の個数などが決まったら，これらを最も有効に使用できるように，演算の実行タイミングやレジスタへのデータ退避などを設計する．スケジューリング（scheduling）には，下記のように，いくつかの手法（アルゴリズム）がある．

単純な手法としては，処理（演算）に必要なデータがそろったタイミングで演算を実行するASAP（As Soon As Possible）スケジューリング，最も遅いタイミングで実行するALAP（As Late As Possible）スケジューリング，ASAPスケジューリングにおいて，演算順に優先度をつけるリストスケジューリングなどがある．このとき，演算器の個数の制約や，全体の演算ステップ数などに対する制約がある場合は，それに関する考慮が必要である．

(3) 割り当て

CDFGに含まれるデータ処理機能（データパス）とその制御機能（制御回路）に対し，具体的な部品（演算器，レジスタなど）を割り当て，RTLの記述を生成する．

① データパスへのハードウエア割り当て

　　データ処理に必要な，演算，記憶，データ転送機能に対して，それぞれ演算器，レジスタ/メモリ，バスを割り当てる．ここでの割り当てにもいくつかのアルゴリズムがある．

② 制御回路へのハードウエア割り当て

　　制御回路はデータ処理の各要素の動作を制御するが，スケジューリングが終わった段階で，その制御動作が状態遷移図として得られ，これを実現する有限ステートマシンをRTLで表す．RTLは次の設計ステップである論理合成（logic synthesis）により，順序論理回路になる（合成される）．

これらの処理は，動作合成ツールによって自動化されている．しかし，動作合成ツールはまだ完成度が不十分であるため，人手によるビヘイビアからRTLへの変換も一

般的である.しかし,ツールの性能向上も急速に進んでおり,自動合成が主流になるものと考えられる.

ビヘイビアからRTLへの変換後,ビヘイビアが正しくRTLに変換されたことを検証(RTL検証)する.一般的には,HDL記述のRTLをハードウエア用シミュレータでシミュレーションし,クロック精度での機能の正当性を検証する.

§ 6.2　下位設計

下位設計では,RTLで表したハードウエア仕様を具体的な論理回路に合成し,製造プロセスで使用するフォトマスク製造のためのマスクデータを作成する.

6.2.1　論理合成

論理合成では,RTLから論理式へ変換し,さらに(論理)ゲートで構成された論理回路を生成する.RTLの段階では,ハードウエア化されることは決まっているが,まだどのような回路要素を使って与えられた論理を実現するかは決まっていない.論理合成の流れを図6.6に示し,以下,解説する.

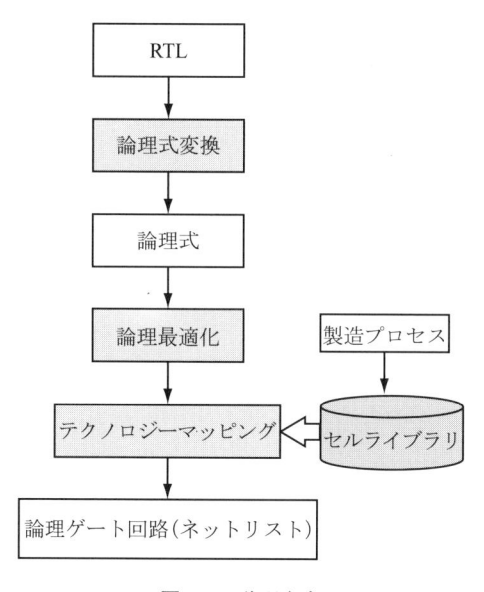

図6.6　論理合成

(1) 論理式変換

最初のステップは，RTLから論理式への変換である．
論理式への変換手順は下記のとおりである．
　① RTLの構文を解析し，意味をもった要素に分割する．
　② 各要素を論理式に変換する．このとき，構文の種類に対応した論理式の変換表（変換テーブル）を参照しながら，論理式に変換する．

RTLとそれに対応する論理式の例を，図6.7に示す．

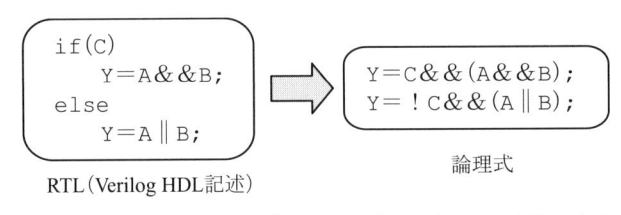

```
if(C)
    Y＝A&&B;
else
    Y＝A‖B;
```
RTL（Verilog HDL記述）

⇒

```
Y＝C&&(A&&B);
Y＝!C&&(A‖B);
```
論理式

注：" && "はAND演算，" ‖ "はOR演算，" ! "はNOT演算を表す

図 6.7 RTLと論理式の対応

(2) 論理最適化

次の論理最適化のステップでは，論理式から，NANDゲートなど論理ゲートで構成される回路（ゲートレベルの回路）を生成する．このとき，論理式の簡略化や，信号伝達経路に含まれるゲート数を最小化する．ゲート数を減らすと，それだけ信号遅延が少なくなり，高速動作が可能になる．

論理式の簡略化は，論理式を**積和形論理式**＊（主加法標準形，principal disjunctive canonical form）で表現し，これをブール式（boolean expression）の簡略化手法（二段論理簡単化，two-level minimization）を用いて簡略化する．そしてこれを，多段論理最適化（multi-level logic optimization）によって，さらに簡略化する．

二段論理簡単化の結果は，ANDアレイとORアレイで構成されるPLAにそのまま適用できる．**カルノー図**＊（Karnaugh map）による方法や**クワイン・マクラスキー（Quine-McCluskey）法**＊などは，二段論理簡単化の手法である．しかし，変数の数が多くなると，これらの方法では最適化に要する時間が長くなり，実用的でなくなる．これを解決するため，経験則を取り入れたヒューリスティック解法として，カリフォルニア大学バークレイ校でESPRESSOと呼ばれるアルゴリズムが開発された．

二段論理簡単化で得られた論理式は，一般に入力変数が多く，セルライブラリのゲートでは扱えない．このため，論理ゲートを多段にして入力変数を減らし，現実のゲートで取り扱えるようにする．次に，多段論理に対して，入力から各出力に至る論理式

を求め，中間変数を使ってそれぞれの論理式を分解，統合し，簡略化する（**図 6.8**）．これを多段論理最適化というが，理論的に最適解を求める手法が存在していないので，経験的（ヒューリスティック）なアルゴリズムが用いられる．また，多段化することにより，出力を得るのに必要な入力変数が少なくなり，積和論理形式に比較すると論理式は簡略化される．これらの操作により，論理素子数が削減され，回路面積を狭くすることができる．

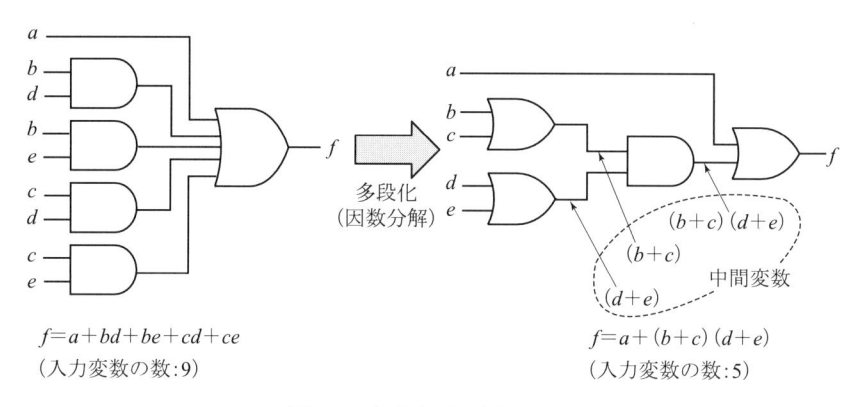

図 6.8 多段論理最適化の例

一般に，論理回路の動作は，段数を少なくして高速化しようとすると，処理の並列化が必要となるため，全体でのゲート数は増加し，LSI のチップ面積の増加を招く．したがって，設計者は，高速化とチップ面積のトレードオフを，システム仕様に照らし合わせて解決しなければならない．

(3) テクノロジーマッピングとセルライブラリ
■ テクノロジーマッピング

論理最適化の後，ゲートレベルの回路に対して，あらかじめライブラリとして準備されているセルの中から最適なものを選択し，ゲートあるいは複数のゲートの組み合わせに割り当てる（マッピングする）．セルの種類は，AND や OR などの基本ゲートから，フリップフロップやカウンタ，さらにはより大きな回路規模のものまで，数百種類が準備されている．

ここでは，設計概念のゲートを，対象とする製造プロセスで作られる実際のゲート回路に対応づける．LSI を製造する製造プロセスを，設計に対してテクノロジーというところから，この操作をテクノロジーマッピング（technology mapping）という．

セルはレイアウト済みであり，セルの種類や機能以外の付帯情報として，セル面積，

遅延時間，消費電力などが記述されているので，これらの情報を使ってチップ面積や動作速度，消費電力などの制約を満足するようにマッピングする．また，新たな制約として，セルあるいはゲートのファンイン（fan in）とファンアウト（fan out）の制約を考慮する必要がある．ファンインは，入力に並列に接続されている前段数をいい，ファンアウトは，出力に並列に接続されている次段数をいう．

テクノロジーマッピングは，ゲートレベルの回路図とセルライブラリを比較し，セルのもつ機能情報を使って同じ機能をもつセルを検索し，あてはめる．具体的なアルゴリズムは，下記のとおりである．

① ゲートレベルの回路を，分岐のない領域に分割する．ゲート数が数十個以内のブロックになる場合が多い．

② 各ブロックのゲートに対して，ライブラリの中からあてはまるセルを選択する．このとき，一般的には，できるだけ多くのゲートを含んだ部分に対して，これに相当するセルを選択するのが有利である．図 6.9 (a) の例では，AND-OR-NAND のゲートを複合ゲートのマクロセル（セル A）にマッピングし，孤立した 1 個の OR はそのまま OR のセル（セル B）にマッピングしている．

③ 分岐部分に対して，ファンアウトと遅延を考慮してインバータなどを挿入する．図 6.9 (b) では，NAND ゲートの最大ファンアウト数が 2 であるとす

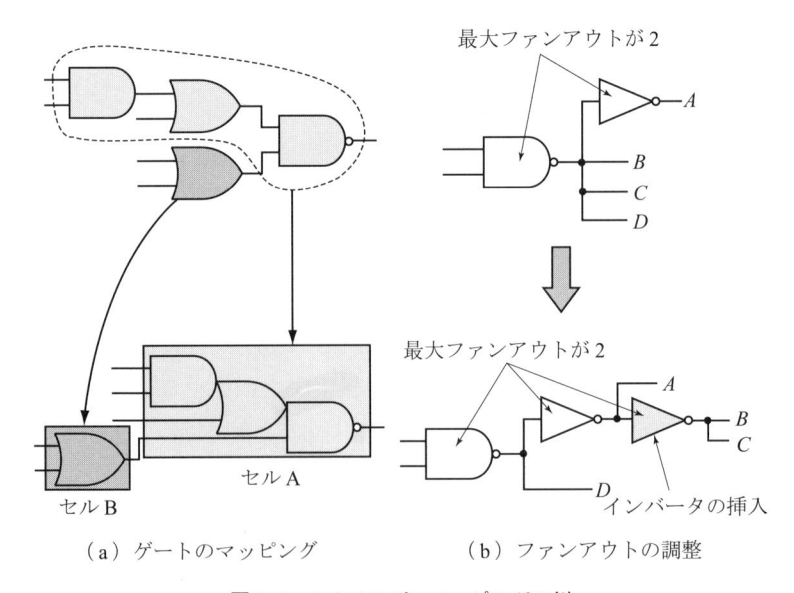

（a）ゲートのマッピング　　（b）ファンアウトの調整

図 **6.9**　テクノロジーマッピングの例

ると，4本の出力をとることができないので，新たにインバータを挿入し，制約を満たすようにマッピングしている．このとき，出力 D は最も遅延が少ないので，遅延条件の最も厳しい信号伝達経路に使用する．

■ **セルライブラリ**

セルの性能がシステム LSI の性能を大きく左右するため，高性能のセルを設計し，準備しておくことが非常に重要である．セルは面積，遅延時間，消費電力を可能な限り小さくするように設計する．

このため，セルの設計には，トランジスタレベルで**回路網方程式**＊を数値計算する回路シミュレーションを使って，詳細に最適化する．ただし，**回路シミュレータ**＊は，大規模な回路の計算には膨大な時間がかかるため，数千トランジスタ程度までの規模の回路に限られる．代表的な回路シミュレータに SPICE (Simulation Program with Integrated Circuit Emphasis) がある．

回路シミュレーションに用いるトランジスタ特性や配線容量などは，可能な限り測定用のデバイスを試作し，実際に測定した値を使用する．このとき，製造バラツキによるこれらの特性の分布も考慮する．さらに，テクノロジーマッピング以降において，LSI 性能のシミュレーションは，セル情報に従って算出するので，完成したセルの特性は，セルを試作し，正確に測定しておく必要もある．

また，セルは，製造プロセスが異なれば，同じ機能でもその面積や遅延時間などはすべて異なる．したがって，新しいプロセスが開発されたときは，すべてのセルの設計をやり直さなければならない．

■ **ネットリスト**

テクノロジーマッピングにより，与えられた論理を実現するゲートレベルの回路（ネットワーク）が完成すると，ゲート間の接続状況が明らかになる．この接続情報を表したものがネットリスト (netlist) と呼ばれるものである．ゲートのネットリストの例を**図 6.10** に示す．

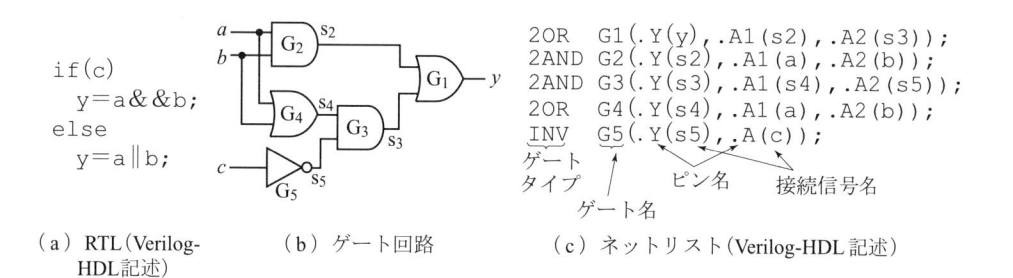

```
if(c)
  y=a&&b;
else
  y=a||b;
```

```
2OR  G1(.Y(y),.A1(s2),.A2(s3));
2AND G2(.Y(s2),.A1(a),.A2(b));
2AND G3(.Y(s3),.A1(s4),.A2(s5));
2OR  G4(.Y(s4),.A1(a),.A2(b));
INV  G5(.Y(s5),.A(c));
```

ゲートタイプ　　ゲート名　　ピン名　　接続信号名

(a) RTL (Verilog-HDL 記述)　　(b) ゲート回路　　(c) ネットリスト (Verilog-HDL 記述)

図 6.10 RTL とネットリスト

論理合成するときに信号遅延を考慮せずに合成すると，実際にLSIを動作させたとき，動作に必要な信号が必要なタイミングに到達しないことがあり，回路が要求される機能を実行できなくなる．

最近のように微細化されたLSIでは，ゲート遅延（ゲートに信号が入力されてから出力されるまでの遅れ時間）より配線遅延（配線を信号が伝わるのに要する時間）のほうが相対的に大きく，支配的であるため，配線遅延が小さくなるようにしなければならない．

設計者が設計制約を与えれば，論理変換からネットリスト生成まで論理合成ツールが自動的に実行する．

(4) 論理検証

論理合成の段階では，合成結果であるネットリストが，元のRTLと同じであることを，上述の信号遅延も含めて論理検証する．

論理検証の手段としては，主として6.3.1項で述べる形式的検証と静的タイミング解析を組み合わせて使用する．

形式的検証により，合成されたネットリストと元のRTLが論理的に等価であることを検証し，タイミング解析によって動作速度や信号のタイミングに問題がないことを検証する．

タイミング解析によって信号遅延を見積もる場合，まだ具体的な配線経路が決まっていないため，仮想配線モデルと呼ばれる仮想的な配線を想定し，それに伴う配線容量（浮遊容量）による配線遅延と，セルで決まるセル固有の遅延情報を使用する．

ネットリストが完成すると，LSIの製造に移行してもよい設計データであることを，機器設計者，設計者，製造技術者で承認する．これをサインオフ（sign-off）という．

6.2.2　レイアウト設計

ネットリストの完成後，セルベースICではセルをチップ上に配置し，相互に接続（配線）する．これをレイアウト設計といい，フロアプラン（floor plan）と配置配線を行う．物理設計（physical design）ともいう．

セルの配置は，機能ブロックあるいはLSIチップ全体の面積ができるだけ少なく，しかも信号遅延が仕様を満たすようにしなければならない．ゲートアレイの場合は，トランジスタがすでにチップ上に配置（レイアウト）されているため，配線工程に必要な配線パターンのみを生成する．

(1) フロアプラン

大規模な回路をチップ上に配置する場合，最初に大きな機能ブロックを一塊にしてチップ上に大まかに配置する．これをフロアプランという．フロアプランの段階では，実際の配線経路が決まっていないので，仮想配線モデルを使ってタイミング解析を実行する．基本的には，関連のあるブロックを近くに配置し，信号遅延が小さくなるようにする．

機能ブロックは，レイアウトまで完了しているハードIPを使用することも可能である．

(2) 配置配線

フロアプランが終わると，次はネットリストで記述されたIP (ファームIP) や，新規に設計した機能ブロック内の回路，ならびに各ブロック間の配線経路を決める．

論理合成で得られたネットリストには，ゲートの種類や接続情報が書かれているので，これを使って選定されたセルを配置し，セル間を配線する．これを，配置配線といい，通常は設計ツールが自動的に行う (自動配置配線)．このような設計ツールを，レイアウトツールや自動配置配線ツールという．

ハードIPやセルはレイアウトされているので，この段階でトランジスタレベルでのレイアウトパターンが完成する．

(3) タイミング解析

配置配線によって，LSIのチップを製造するためのフォトマスクに描くべきパターン (図形) が決まるので，これ以降の設計変更はコスト的にも，時間的にも多大の損失をもたらす．このため，この時点で回路が要求仕様どおり動作することを確実にしておく必要がある．

これまでの設計段階で，何度も検証を重ねてきたが，レイアウト設計の段階では，信号遅延の評価が重要である．そのためには，正確なタイミング解析が要求され，特に重要な配線遅延の見積もり精度を高くする必要がある．

このために，ネットリストと，そこから得られる仮想配線モデル，そしてテクノロジーマッピングされたセルの信号遅延データを使って，タイミング解析を行う．タイミング解析の結果はレイアウトツールに渡され，レイアウトツールは，与えられたタイミング制約 (システム仕様) を満足するようにセルを配置し，セル間を配線する．

ネットリストからのタイミング解析結果をレイアウトツールに渡すことを，フォワードアノテーション (forward annotation) という．タイミング解析の位置づけを**図6.11** に示す．

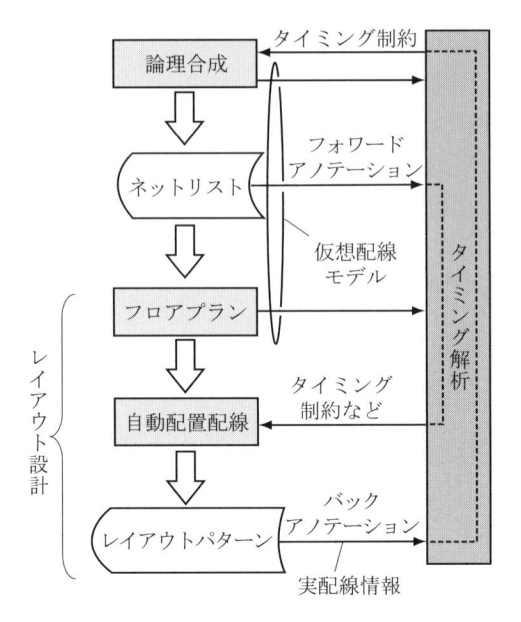

```
            タイミング制約
   ┌──────┐  ─────────────┐
   │論理合成│ ←──────────  │
   └──┬───┘               │
      ↓                   │
         フォワード         │
         アノテーション      │
   ╭──────╮ ─────────→   タ│
   │ネットリスト│           イ│
   ╰──┬───╯   仮想配線     ミ│
      ↓      モデル         ン│
              ─────────→   グ│
   ┌──────┐              解│
   │フロアプラン│           析│
   └──┬───┘    タイミング    │
      ↓       制約など       │
              ─────────→    │
   ┌──────┐               │
   │自動配置配線│            │
   └──┬───┘               │
      ↓      バック          │
             アノテーション    │
   ╭──────╮ ─────────→    │
   │レイアウトパターン│       │
   ╰──────╯              ─┘
            実配線情報
```

図6.11 タイミング解析

　信号遅延で最も重要なものが，クリティカルパス（critical path）と呼ばれる，回路動作を律速する信号伝達経路（パス）であり，クリティカルパスの遅延を要求値内に収める必要がある．

　レイアウトが完了すると，実際の配線経路や構造が決まり，そこからテクノロジーに依存した配線抵抗や，配線に伴う浮遊容量が高精度で求まる．この結果をタイミング解析にフィードバックし，さらに正確な信号遅延をシミュレーションする．その結果，システム仕様を満足しなかったときは，場合によっては論理合成やRTLにまで戻って設計をやり直す．レイアウト後の実配線情報をタイミング解析ツールに戻すこと，または，その解析結果を論理合成ツールに設計制約として与え直すことをバックアノテーション（back annotation）という．

　微細な構造のLSIほど動作速度が速く，タイミングを調整することが難しい．そのため，タイミング解析と論理合成，レイアウト設計を何回か（数回）繰り返さなければ正常に動作するレイアウトが得られない場合が多い．タイミング問題を収束させるための設計作業をタイミング・クロージャ（timing closure）あるいはタイミング・コンバージェンス（timing convergence）といい，これらをいかに早く終了させるかが高速（ハイパフォーマンス，high-performance）LSIの設計における重要な技術課題のひとつである．最近では，低消費電力化への要求が強く，高速性を確保しながら消費電力

を要求値以下にすることも，技術課題となっている．

(4) マスクデータ（レイアウトパターン）作成

　レイアウト設計が完了すると，製造プロセスで使用するフォトマスク上に描くパターンデータ（マスクデータ）ができる．フォトマスクは20～30種類（枚）以上必要であり，それぞれ対応するマスクデータを作成する．1つのフォトマスクを使って形成する層や対応するパターンをレイヤ（layer）と呼ぶこともある．

　マスクデータは，GDS-Ⅱ（Graphic Design SystemⅡ）と呼ばれるフォーマットで記述され，このデータによってフォトマスクを製造する．

　フォトマスクは，石英ガラス基板上にクロム（Cr）膜を蒸着し，さらに§9.4で述べるフォトレジストを塗布したものに，電子ビームをマスクデータに従って照射し，フォトレジストおよびクロム膜をエッチングして製造する．フォトマスクは，マスクメーカの専用の製造ラインで生産する．フォトマスクはレチクル（reticule）とも呼ばれる．

6.2.3　レイアウト検証

　レイアウト後，製造に移行した後に不具合が発見されると，高額なフォトマスク作成費用と納期遅延になりかねない製造期間を無駄にする．このような致命的なトラブルを避けるため，マスクデータに変換する前に入念に検証し，製造途中で不具合が発生しないことを確認する．これをレイアウト検証といい，検証フローを**図6.12**に示す．

　まず，レイアウトが与えられたネットリストどおりになっているかどうかをチェックするために，LPE（Layout Pattern Extraction）によりレイアウトデータから，逆に回路情報を抽出し，ネットリストを生成する．このネットリストが元のネットリストと同等であれば，回路は正しくレイアウトされていることになる．この比較をLVS（Layout Vs Schematic）という．

　得られたレイアウトデータで製造可能であることを保障するために，製造プロセスからみた設計ルールが設定されており，その条件を満足しているかどうかをチェックする必要がある．これをDRC（Design Rule Check）という．製造プロセスが要求する設計制約（設計ルール）は，パターンの線幅や隣のパターンとの距離などの構造上の制約である．また，電気的に電源がアースに短絡していたり，未接続の部分があったりするのをチェックするのが，ERC（Electrical Rule Check）である．

```
                    RTL
                     ↓
               ┌──────────┐
               │  論理設計  │
               │ (論理合成) │
               └──────────┘
                     ↓
  ネットリスト ⇔LVS⇔ ネットリスト
       ↑              ↓
       │        ┌──────────┐
       │        │レイアウト設計│
       │        │ (物理設計) │
       │        └──────────┘
       │              ↓
  ┌────┐    ┌──────────┐        ┌────────┐
  │LPE │←──│マスクパターン│⇔DRC⇔│デザインルール│
  └────┘    │(レイアウトデータ)│    └────────┘
            └──────────┘              ↑
                  ↓                ┌────────┐
              マスク製造            │製造プロセス│
                                   │ からの制限 │
                                   └────────┘
```

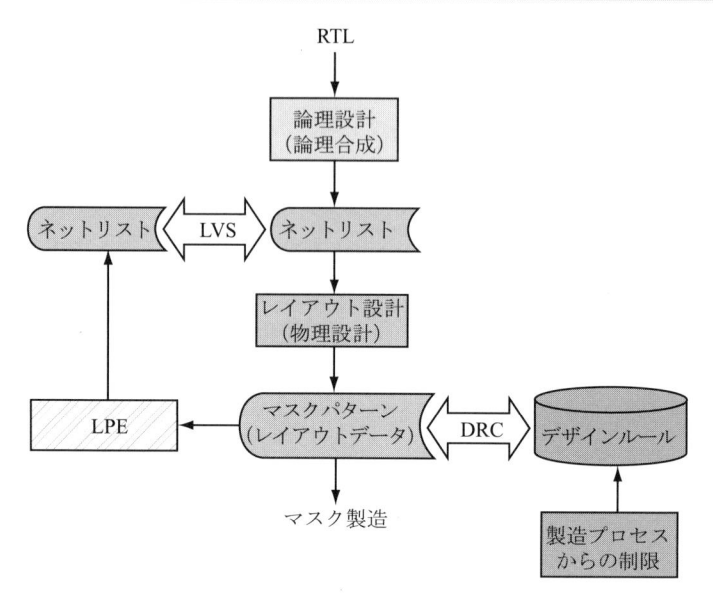

図 6.12 レイアウト検証

6.2.4 ソフトウエア生成

アーキテクチャ設計でハードウエア/ソフトウエア分割とインタフェース生成を行い，次に，ソフトウエアとして具体化すべきビヘイビアと，生成されたインタフェースのうちのソフトウエア化するデバイスドライバを，C/C++などのプログラミング言語で記述し，コンパイラ/リンカで機械語に変換する．機械語に変換したソフトウエアはROMに格納する．ソフトウエア生成の流れを**図 6.13**に示す．

システムが複雑である場合，ソフトウエア構成も複雑になり，同時に複数のプログラムが連携しながら稼動する必要や，機器の使用環境によっては，割り込み信号を受け付けるなどの複雑な制御機構が必要となる．このため，組み込まれたプロセッサのメモリ管理や，プログラムの実行制御を効率よく行うために，OSが必要になる．システムLSIは，機器の制御やリアルタイムのマルチメディア処理に使われ

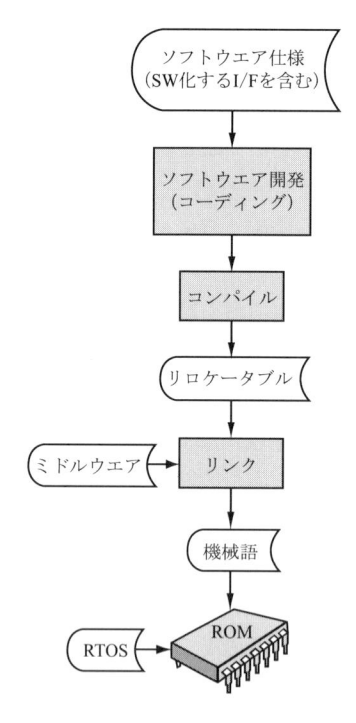

```
        ┌──────────────┐
        │ソフトウエア仕様  │
        │(SW化するI/Fを含む)│
        └──────────────┘
                ↓
        ┌──────────────┐
        │ソフトウエア開発  │
        │  (コーディング)  │
        └──────────────┘
                ↓
           ┌────────┐
           │ コンパイル │
           └────────┘
                ↓
           リロケータブル
                ↓
 ┌────────┐  ┌──────┐
 │ミドルウエア│→│ リンク │
 └────────┘  └──────┘
                ↓
             機械語
                ↓
   ┌──────┐  ┌────┐
   │ RTOS │→│ROM │
   └──────┘  └────┘
```

図 6.13 ソフトウエア生成

るため，OS の中でも実時間で稼動する RTOS (Real Time Operating System) を使用する．

組み込みソフトウエアが簡単な場合は OS を使用しない場合もあるが，この場合は使用するプロセッサによって命令などが異なる場合は，それに合わせてプログラミングしなければならない．またメモリ管理のプログラムも作成しなければならない．

組み込みソフトウエアの特徴は，パソコンやワークステーションなどのコンピュータ向けのソフトウエアと異なり，時間概念がはっきりしていることである．システム LSI の処理は，実時間で稼動している機器の制御や動画などの動きに合わせて進む必要がある．このため，与えられた処理を決まった時間で終了させる，あるいは他の処理をしているときに，たとえば電池切れとか用紙切れなどの予期せぬ出来事が発生した場合の割り込み処理機能などが必要である．もちろん，RTOS はこのような実時間処理に適した機能をもっている．代表的な RTOS には ITRON, RT-Linux などがある．

マルチメディア処理や通信処理が必要となるシステムが増えているが，これらにはデータ圧縮や伸張の規格（たとえば JPEG や MPEG1，MPEG2 など）や暗号処理などの機能ブロック化可能なソフトウエアがある．さらに，データベース管理などの多くのシステムで共通に使えるソフトウエアもある．これらを，一般に，OS と個別ユーザ向けのソフトウエアであるアプリケーションプログラムとの中間に位置することから，ミドルウエアと呼んでいる．

高機能のシステム LSI ではミドルウエアを必要とする場合が多く，アプリケーションプログラムと一緒にリンクし，実行形のプログラムとする．RTOS やミドルウエアは入出力を汎用化するため API (Application Program Interface) と呼ばれるインタフェースを備えており，アプリケーションプログラムは API を使ってこれらを使用する．

ソフトウエアは開発用の計算機で開発し，検証はデバッガ（シミュレータ）を用いる．また，最終段階の検証過程では，システム LSI の組み込みプロセッサを除いた回路を，すでに述べた FPGA などに書き込み，FPGA と検証用パソコンとの間に，プロセッサとそれに対応した ICE (In-Circuit Emulator) と呼ばれるハードウエアを搭載したエバリュエーションチップ (evaluation chip) を入れ，プロセッサ（ソフトウエア）の動作を，メモリの内容を確認しながら検証（デバッグ，debug）する．ICE はパソコンで制御する（図 6.14）．

最終的には，組み込みプロセッサの IP と，FPGA に書き込んだ回路は一体化されてシステム LSI のハードウエアとなり，ソフトウエアは実行形（機械語）のプログラムを ROM に書き込む．

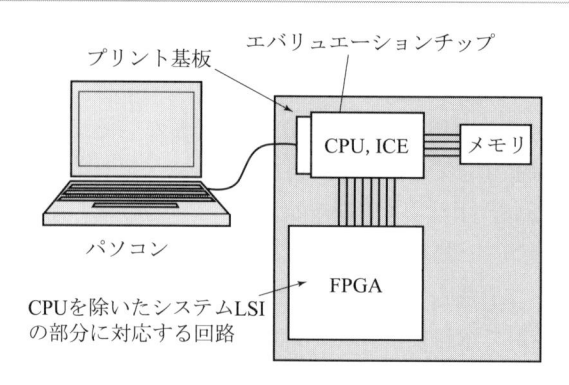

図 6.14 ICE を用いたソフトウエアの検証

§6.3 検証と製造テスト

　システム LSI の設計は，すでに述べたように，抽象度の高い記述から抽象度の低い記述へ，そして最後は設計的に最も低い抽象度であるレイアウトへと，基本的にはトップダウンで進められる．したがって，抽象度が高い記述から低い記述に変換された段階において，正しく変換ができたことを検証する必要がある．検証が不十分であると設計の手戻りが発生し，開発時間と開発コストの増加をもたらし，製品競争力が低下する．したがって，検証は開発効率化にとってきわめて重要であり，各設計段階で念入りに実施する．

　設計抽象度をレイアウトにまで下げる過程での誤りや，システム仕様の未達を検出するのが設計検証であり，設計された回路をウエハ上に作り付ける製造プロセスにおける製造不良品を発見し，良品を選別するのを製造テストという．

　これまで，各設計段階における検証について述べたが，ここでは，これらをまとめて説明する．

6.3.1 検 証

　検証には，具体的な入力を与えてシステムの動作をシミュレーションし，それが仕様を満たしていることを確認する動的検証と，変換前後のアルゴリズムあるいは論理が同一であることを，数学的手法で確認する静的検証（形式的検証）がある．また，検証には，信号伝達時間を計算するタイミング検証もあり，これも動的タイミング解析による検証と，静的タイミング解析による検証がある．

(1) 動的検証

動的検証とは，ビヘイビアやRTLなどの検証対象(DUV：Device Under Verification)に対して，検証のためのテスト情報(テストパターン，test pattern)を与え，それによるDUVの挙動をシミュレーション，あるいは，可能であればFPGAなどのハードウエアで実行する方法である．動的検証では，与えられたテストパターンに対する検証しかできず，すべての場合を網羅できない．したがって，誤りを効率よく発見できるテストパターンの作成が重要となる．

(2) 静的検証(形式的検証)

形式的検証(formal verification)には，プロパティ(property)検証と等価性検証(equivalency checking)がある．形式的検証は，テストパターンを使用しないので，原理的にすべての入力の組み合わせに対する検証が可能である．

■ プロパティ検証

プロパティ検証は，プロパティと呼ばれる検証すべき項目(たとえば，「決して〜にならない」，「〜のとき〜になる」など)を，プロパティ記述言語で記述し，これを設計データ(RTLなど)が満たしているかどうかを調べる．モデルチェッキングとも呼ばれる．プロパティ記述言語としてCTL(Computational Tree Logic，計算木論理)が有名である．

回路規模が大きくなると計算時間が長くなるため，大規模回路への適用に向けての技術開発が進められている．

■ 等価性検証

等価性検証は，2つの設計データが論理的に等価であることを検証することである．BDD(Binary Decision Diagram，二分決定グラフ)のもつ，「同じ論理ならば同じグラフ形式になる」性質を利用し，変換前後の設計データが論理的に同一であることを検証する．BDDの例を図6.15に挙げる．

等価性検証の仕組みは，図6.16に示すように，2つの設計データをBDDに変換し，それら2つのBDDを比較する．その結果，両者が一致すれば，元の設計データは論理的に同じ機能であることが証明される．

組み合わせ論理回路に対しての等価性判定は実用化されており，テストパターンを用いる動的検証よりかなり高速であり，1千万ゲートレベルの回路も取り扱える．順序論理回路については，記憶素子の対応が取れれば，これを組み合わせ論理回路と記憶素子に分けることが可能であるため，基本的には組み合わせ論理回路と同じ手法が使える．一方，記憶素子の対応が取れない順序論理回路に対する適用可能な手法は開発途上である．

(a) $a \wedge b$　　　　(b) $a \vee b$

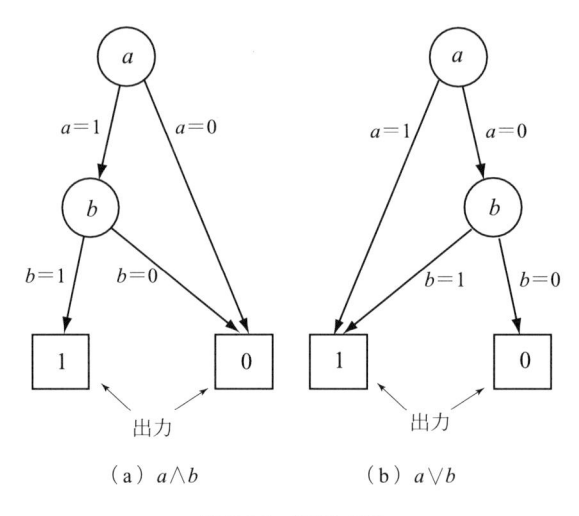

図 6.15 BDD の例

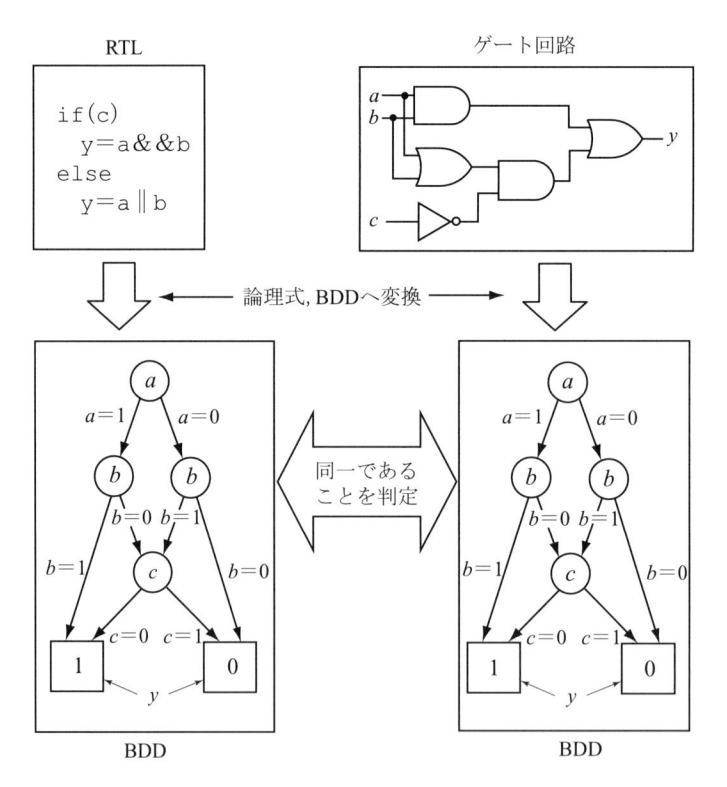

図 6.16 等価性検証の仕組み

(3) タイミング解析

動的タイミング解析は論理シミュレーションで行う．論理シミュレーションは，**図6.17**(a)に示すように，テストパターンに従って入力された0/1の信号に対し，各ゲートや配線での信号の伝播遅延（配線遅延とゲート遅延の和）を計算する．

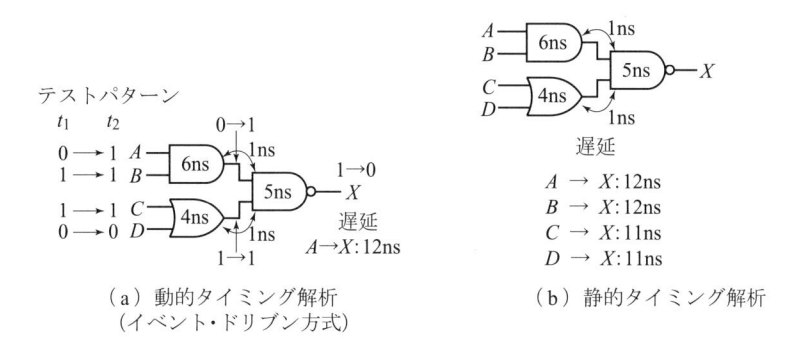

図 6.17 タイミング解析の原理

計算方法としては，回路内で，テストパターンの入力によって信号変化（イベント，event）のあったゲート（セル）の動作を計算するイベント・ドリブン（event driven）方式が用いられる．このとき，信号の遅延は，ゲート（セル）遅延や配線遅延を積算して求める．

これに対して，静的タイミング解析では，具体的な入力信号を与えるのではなく，図6.17(b)のように回路図上ですべての信号経路をたどって，その間の遅延を積算する．テストパターンを入力してゲートやセルの動作を計算する必要がないため，単なる加算だけでよく，動的タイミング解析より高速であり，一般的に使用される．しかし，実際には信号が伝わらないパス（活性化されないパス）の遅延も計算するという無駄がある．このようなパスをフォールスパス（false path）という．

6.3.2 ハードウエア/ソフトウエア協調検証（コベリフィケーション）

システムLSIでは，ハードウエアとソフトウエアが一体となって要求仕様を満たす．これは，必然的にハードウエアとソフトウエアが相互にデータ交換しながら動作することを要求している．

従来の設計では，ハードウエアとソフトウエアの分割後は，それぞれ独立して開発が進められていた．しかし，このような開発手法では，ハードウエアとソフトウエアとの間のインタフェースがうまく機能せず，不安定なシステムになる可能性が高い．この不具合を解決するには，アーキテクチャ設計以降をやり直す必要がある．これは，

開発コストと開発時間の膨大なロスになる．

このような不具合を引き起こさないようにするため，ハードウエアとソフトウエアを一体のものとして設計するとともに検証し，両者が融合して動作することを確認する協調検証（コベリフィケーション，co-verification）を実施する．協調検証には，図6.18に示すようにソフトウエアを使ってシミュレーションするコシミュレーション（co-simulation）と，FPGAなどのプログラマブルなハードウエアに展開し，実機に近い環境で検証するコエミュレーション（co-emulation）がある．

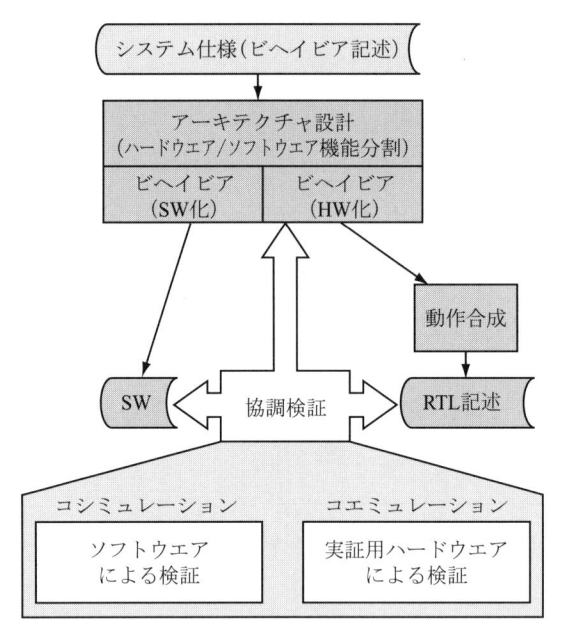

図6.18 協調検証

■ コシミュレーション

コシミュレーションでは，計算機を使ってビヘイビアやRTLの動作をシミュレーションする．対象の抽象度が高い場合にはタイミングは考慮せず，抽象度が低いほど，より正確なタイミングを考慮してシミュレーションする．シミュレーションの速度は，一般的には抽象度が高いほど速く，抽象度が低くなると遅くなる．

コシミュレーションはソフトウエアで実行されるため，容易に実行でき，しかも変更が容易であるなど柔軟性が高い．しかし，次に述べるコエミュレーションに比較して，実行速度は遅い．

■ コエミュレーション

コエミュレーションでは，検証すべき対象をFPGAのようなプログラマブルなハー

表 6.1 検証のまとめ

	検証対象⇔比較項目（源情報）	動的検証	静的検証（形式的検証）
システム検証	システムビヘイビア⇔要求仕様	システムシミュレーション	—
アーキテクチャ検証	ビヘイビア+アーキテクチャモデル⇔要求仕様	コシミュレーション（プロファイリング）	—
協調検証	C/C++ (HW) +C/C++ (SW) ⇔システム仕様	コシミュレーション	
協調検証	RTL (HW) +C/C++ (SW) ⇔システム仕様	コシミュレーション	
協調検証	FPGA (HW) + 機械語 (SW) ⇔システム仕様	コエミュレーション	
機能検証 (RTL検証)	RTL⇔要求仕様 RTL⇔ビヘイビア	RTLシミュレーション	プロパティチェック
論理検証	ゲート⇔RTL	論理シミュレーション	等価性検証 (BDD手法)
タイミング検証	ゲート⇔タイミング制約	タイミングシミュレーション 論理シミュレーション	静的タイミング解析
レイアウト検証 LVS	レイアウトデータ⇔元のネットリスト		接続検証
レイアウト検証 DRC	レイアウトデータ⇔デザインルール（プロセス制約）	—	デザインルール検証
レイアウト検証 ERC	レイアウトデータから電源線のショートをチェック	—	電気的接続検証

ドウエア上で稼動させて，最終的な実機に近い環境で検証する．

具体的には，ハードウエア化する部分について，たとえばFPGAを例にとると，RTLの論理とそれらの接続を，FPGAの論理セルとセル間の配線情報に対応させて具現化する．ソフトウエア化する部分については，それをメモリに書き込み，6.2.4項で述べたICEを使用して検証する．FPGAへの設計情報の書き込みは，§7.3に詳しく述べる．

設計情報をプログラマブルなハードウエアに書き込むためには，設計情報の変換と書き込み作業が必要であり，検証を開始するまでの準備期間が長いという問題がある．また，プログラマブルなハードウエアなどの機材も必要である．

利点は，検証自体は高速である点と，注文者に試作機として早期に提示できる点があげられる．

各設計段階で，どのような検証が適用されているかを，**表6.1**にまとめた．

設計検証は，各設計段階で設計抽象度を下げるたびに，その変換が正しく実行されたことを検証していることがわかる．

6.3.3 製造テスト

最終的にチップが完成すると，予定通りトランジスタや配線が作られているか否かを調べる必要がある．これを製造テスト（単にテストともいう）といい，LSIの実際の動作を電気測定する．

設計途中での検証は，設計の誤りを検出するためであるが，テストでは製造過程での誤りを検出する．製造過程での誤りとは，LSI構造において，たとえば絶縁膜に物理的に穴が開いて短絡したり，配線が断線したりするなどの製造過程で発生した不良をさす．配線の断線の例を**写真6.1**に示す．

LSIの製造プロセスにおける製造不良では，配線の断線と短絡が，そのほとんどを占める．製造不良による断線や短絡は，その形態により，下記のように分類できる．

・縮退故障（stuck-at fault）：短絡により，電源（"1"）かGND（"0"）に電圧が固定される（単一縮退故障，single stuck-at fault）．
・ブリッジ故障（bridging fault）：短絡により，他の信号線と接続される．
・オープン故障（open-circuit fault）：断線により，信号が伝達できなくなる．
・遅延故障（delay fault）：配線が細くなるなどの理由で，配線遅延が大きくなる．

これらの故障の中で，検出が比較的容易なのが，単一縮退故障である．それでもすべての縮退故障を検出するためには，すべてのノードの論理値を変化させる必要があり，膨大な入力の組み合わせが必要であるため，現実的には完全にテストすることは不可能である．このため，故障を検出しやすくする回路的な仕組みとテスト信号を，

写真 6.1 断線の電子顕微鏡写真

あらかじめ備えておく必要がある．このような設計手法を，テスト容易化設計（DFT, Design For Testability）という．

テストは，入力ピンにテストのための信号を入力するが，この信号列がテストパターンあるいはテストベクター（test vector）である．

テストは外部の機器（テスター）を用い，テストパターンをLSIに入力し，出力信号を電気測定する．その結果，所定の信号が出力されるのを測定し，LSIが正しく製造されたことを確認する．正しく動作しなかったチップは，不良チップとしてウエハ上の位置をテスターが記憶する．不良チップに印を付けることもある．

チップ内部に，自己診断のための回路（BIST：Built-In Self-Test）を内蔵する場合がある．BISTは，チップ内部で自動的にテストするので，チップ外からテスターを使ってテストパターンを入力する必要がなく，そのための端子が不要になる，高速でテストパターンを発生できるなどの利点がある．

また，回路が複雑な場合は，故障箇所の発見が困難になるため，テストを容易にするための信号の入出力端子を設けるなどのテスト容易化設計をしておく．

テスト容易化設計の代表的な方法に，スキャンテスト（scan test）とバウンダリ・スキャン（boundary scan）がある．スキャンテストは順序論理回路のテスト法であり，レジスタ（フリップフロップ）と組み合わせ論理回路からなる順序論理回路のレジスタを直列につなぎ，これをシフトレジスタとして使えるように機能を追加する．これは回路の動作を，このシフトレジスタへのデータの書き込みと読み出しでテストする方法である．

具体的には，図 6.19 に示すように，元の回路に太い線で描いた回路を追加する．マルチプレクサは，テスト時にテスト信号を入力するスキャン入力端子を，スキャンイネーブル (scan enable，図では SE) 信号でフリップフロップに接続する．こうすることにより，フリップフロップは直列に接続されることになる．この経路をスキャンチェイン (scan chain) と呼ぶ．

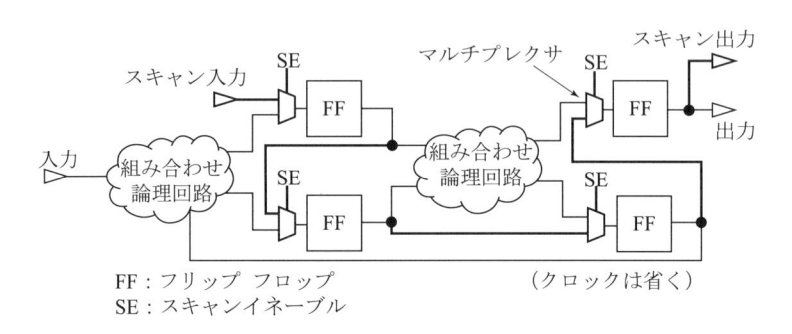

図 6.19 スキャンテスト回路

スキャンチェインをシフトレジスタとして動作させながら，テスト信号をスキャン入力から入力し，各フリップフロップに所定の値をセットする．次に，スキャンイネーブル信号で組み合わせ論理回路の出力がフリップフロップに入力されるようにした後，組み合わせ論理回路を動作させる．すると，組み合わせ論理回路の出力がフリップフロップにセットされるので，スキャンイネーブル信号でスキャン・パスを有効にし，シフトレジスタとして動作させることによって，組み合わせ論理回路の動作結果を取り出し，その内容を知ることができる．

バウンダリ・スキャンは，**JTAG**＊ (Joint Test Action Group) で検討された，本来プリント基板に実装されている LSI のテストに使用される標準化されたテスト手法である．最近は LSI 自体にその機能が搭載されている．バウンダリ・スキャンでは，図 6.20 に示すように，回路ブロックの入出力端子すべてに，新たにレジスタ (バウンダリ・スキャン・レジスタ) を設け，これらのレジスタをシフトレジスタとして使用し，回路ブロックの動作を検証する．

複雑な回路では，故障を検出するためのテストパターンの作成は容易ではなく，テスト容易化設計などを取り入れるなどして，ネットリストからのテストパターンの自動生成 (ATPG：Automated Test Pattern Generation) を可能にし，故障検出率を向上する．BIST や DFT の回路は，論理設計の段階で付加される．

テストはすべての製品に対して実施されるため，高速性が要求される．

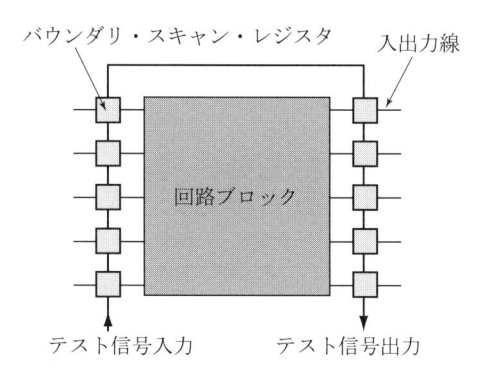

図 6.20　バウンダリ・スキャン

練習問題

第1問
システム仕様が計算機処理可能な言語で書かれた場合の利点を述べよ．また，欠点についても考察せよ．

第2問
アーキテクチャ設計におけるプラットフォーム選択の判断基準を述べよ．

第3問
動的検証と静的検証（形式的検証）の長所・短所をそれぞれ述べよ．

第4問
半加算器のBDDを作成せよ．半加算器の論理式は下記のとおりである．

　　　和：$S = A\bar{B} + \bar{A}B$
　　　桁上げ：$C_o = AB$

第5問
製造プロセス技術が反映される設計ステップを挙げ，その理由を述べよ．

第7章 設計関連技術

本章では，システムLSIの設計に関連する技術や，最先端システムLSIの設計において考慮すべき要件について述べる．

§ 7.1 製造プロセス，デバイス構造との関係

システムLSIの規模がきわめて大きくなっているため，トランジスタレベルやゲートレベルで設計することはほとんど不可能である．このため，上位概念からトップダウンでステップを踏みながら設計を進め，最終的に抽象度の最も低いトランジスタや配線構造に展開する．

論理合成時のテクノロジーマッピングで使用するセルライブラリは，製造プロセスに依存するデバイス特性を最大限生かすように設計する．製造プロセスに完全に適合したセルライブラリを作成することは，製造後に不具合が発見され，設計にまで大きく手戻りするという，製品開発における致命的トラブルを回避するために重要である．

セルライブラリは，対象とする製造プロセスで得られる最良の性能となるように，トランジスタや配線構造を決める．ライブラリは，LSIを構成するゲートレベルの基本回路から，IPに近い規模の大きいものもある．IPは大規模のライブラリと考えることもできる．

セルライブラリには，セルの名前などとともに，それを使用するために必要な情報を，実際にセルを製造し，特性を評価（測定）して付随させる．これらの情報には，セル面積，遅延，入力ピン容量，出力ピン最大負荷容量，消費電力などが含まれ，この情報を使ってLSIの性能を見積もる．したがって，設計を開始する前に，あらかじめセルライブラリを作成しておく必要があり，本来，実際の製品開発を開始する前に，相当の準備期間が必要である（**図7.1**）．

しかし，特に最先端のプロセスを使ったシステムLSIを開発する場合，注文者への製品供給開始時期に間に合わすためには，設計と製造プロセス開発とが同時に進行することになり，テクノロジーマッピング時に製造プロセスが完全に固まっていない場

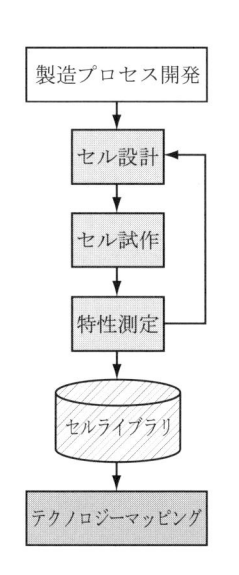

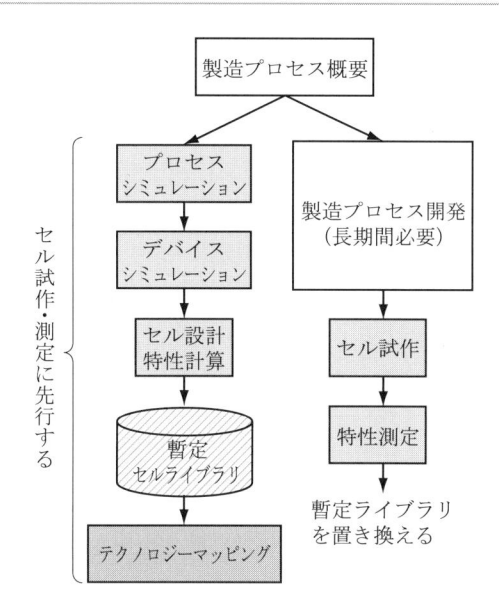

図 7.1 セルライブラリ作成　　**図 7.2** 実際のセルライブラリ作成

合が多い．このため，特にトランジスタ特性を測定することができず，完璧なセルライブラリを準備することができない．

そのため，**図 7.2** に示すように，現在想定している製造プロセスで製造されるであろうトランジスタの構造をプロセスシミュレータ（§ 9.7 で詳説）で数値計算（シミュレーション）し，さらにその構造を使ってデバイスシミュレータ（§ 9.7 で詳説）でトランジスタの電気的特性をシミュレーションする．そこから得たトランジスタ特性を使用し，暫定的にセルライブラリを作成し，テクノロジーマッピングを進める．製造プロセスが固まった段階で，セルを製造し，実測に基づいた特性を用いて暫定的なセルライブラリを修正し，正確なテクノロジーマッピングを行う．

各セルは，詳細な回路動作を回路シミュレーションしながらレイアウト設計し，製造プロセスの特性を最大限に生かす構造にする．このとき，回路シミュレーションの計算精度が重要となるが，これを決める最も重要な事項は，計算で使用するトランジスタ特性がどれだけ実際の特性と一致しているかということである．回路シミュレーションでは，トランジスタ特性を計算するモデル（式）を使用するが，モデルには，実測値に一致させるためのパラメータが複数種類存在する．このパラメータ値の選択がトランジスタ特性，ひいては回路シミュレーションの計算精度を決定する．このため，デバイスシミュレーションや実測から得たトランジスタ特性から，トランジスタモデルのモデルパラメータを精度よく抽出する作業が必要であり，これをパラメータ

抽出 (parameter extraction) と呼んでいる．

トランジスタモデルとして，BSIM (Berkeley Short-channel IGFET Model) が有名であり，さらに高精度のトランジスタモデルの研究・開発がされている．

トランジスタや配線などのLSIを構成する要素は，レイアウトが変われば，平面的形状や縦構造などの物理的構造が異なり，各要素の特性に変化が現れる．このデバイス特性の変化は，構造が微細であるほど大きく，場合によってはLSIが正常に動作しなくなる．特に大規模なシステムLSIでは，配線による信号遅延が高速化を阻害する主たる要因であるため，配置・配線が変わると信号遅延の状況も大きく変わり，再度，配置配線をやり直さなければならないことが多い．このため，微細構造のシステムLSIでは，チップ全体で配線遅延を許容値内に収めるようにレイアウトすることがしだいに難しくなっている．

設計と製造プロセスを分離し，設計から製造への一方通行で製品開発が進むという理想的な形態は，最先端プロセスを使う製品開発については，その実現はかなり困難である．タイミング・クロージャが，最先端プロセスを用いた開発において，重要な技術課題となるゆえんでもある．

§ 7.2 設計ツール

システムLSIの設計は，ほとんどの部分が設計ツール (EDAツール，CADツール) と呼ばれる設計用のプログラムで自動化されている．また，設計技術は日進月歩で進歩しており，同じ製造プロセスを使用するのであれば，設計は日々容易になりつつある．

以下，設計の自動化に関連する事項について説明する．

7.2.1 設計言語

複雑なシステムを実現するシステムLSIの設計は，ユーザニーズを正確に反映させる手段として，曖昧な表現になりやすい自然言語による仕様の記述から，プログラミング言語のような論理的で一意にしか解釈できないシステムレベル設計言語による記述へと移行しつつある．

代表的なシステムレベル記述言語には，UML，SpecC，SystemCがある．

(1) UML (Unified Modeling Language)

システムを，**オブジェクト***(object) とそれらの間でのコミュニケーションとしてとらえる，オブジェクト指向における記述方法を定めたものである．UMLは言語 (language) と名前がついているが，プログラミング言語のようなコンパイラがある

わけではない．OMG (Object Management Group) という非営利団体が標準化し，**デファクトスタンダード**＊(de facto standard) となっている．

開発途上であり，UMLで記述されたシステムをC/C++やJavaに変換するUMLモデルコンパイラの開発が進んでいる．

(2) SpecC, SystemC

両者ともC言語系をベースにした，システムレベル設計言語である．

従来のプログラミング言語と異なり，システムLSIの機能を記述するためには，並列動作やタイミングを記述する必要がある．SpecCは，文法に並列動作やタイミングを記述できるようにハードウエア記述構文を新たに追加し，SystemCはクラスライブラリとして追加している．このため，SpecCでは専用のコンパイラとデバッガ（シミュレータ）が必要であり，中間言語をもつ．一方，SystemCでは，従来のC++コンパイラやデバッガが使えるという利点がある．

SpecCは協調設計のための言語として開発され，SystemCは，次に述べるハードウエア記述言語の抽象度を上げ，大規模回路の設計に対応しようとしている．

(3) ハードウエア記述言語 (HDL)

LSIの集積度が低い時代は，論理回路の設計はゲート記号を図面に描いて設計していた．しかし，回路規模が大きくなり，図面による設計が困難になってきた．

ここで登場したのが，論理回路を記述することができるハードウエア記述言語（HDL：Hardware Description Language）である．これにより回路図を描く代わりに，HDLでプログラムを書けば回路が設計でき，しかも計算機によってその動作を計算（シミュレーション）できるため，設計の誤りの発見が容易になり，大規模回路の設計が可能になった．

HDLには，Verilog-HDLとVHDL (Very high-speed integrated circuit Hardware Description Language) がある．本来，Verilog-HDLは論理回路のシミュレーションのために，一方，VHDLは仕様記述のために開発された言語である．歴史的にはVerilog-HDLのほうが古く，設計資産が多く存在する．VHDLはプログラミング言語adaをベースに作られたため，文法上の規則が厳しいが，抽象度の高いビヘイビアなどの記述が容易である．

7.2.2 設計ツール

設計ツールには，①抽象度の高い高位の記述から，抽象度の低い記述に自動的に変換するもの，②誤りの検出やタイミングなどの性能を計算するものがある．

①には仕様を入力し，ビヘイビアとして SpecC, SystemC に変換するもの，ビヘイビアを HDL に変換するもの（動作合成ツール），HDL からネットリストを生成するもの（論理合成ツール），ネットリストからチップ上のセルの配置と配線パターンを生成するもの（レイアウトツール/自動配置配線ツール）などがある．レイアウトツールとは逆に，レイアウトデータからネットリストを生成する LPE ツールもこれに含まれる．

②には検証ツールやシミュレーションツールが含まれる．たとえば，協調検証ツール，タイミング解析ツール，DRC ツールなどがある．

協調設計ツールは①と②の機能を合わせもっており，性能をシミュレーションするとともに，ビヘイビア間のインタフェースを自動生成する．

システム LSI の設計は，きわめて複雑な論理を実現する必要から，人手による設計はしだいに不可能になっている．このため，設計ツールにより自動的に設計される部分が増加しており，設計ツールの良否が製品の開発期間や開発コスト，ならびに製品の品質にも大きな影響を与える．種々の機能を統合化した設計ツールが，日進月歩で開発されており，システム LSI の設計は容易になりつつある．

§ 7.3 FPGA, CPLD による実現

ここまでは，システム LSI を新しいチップとして開発・製造する場合を想定していた．新しいチップを生産するためには，第Ⅲ部で述べるウエハプロセスという製造工程を経る必要がある．設計されたレイアウトデータからフォトマスクを作成し，それをウエハプロセスで使用し，所望の LSI を製造する．

しかし，ウエハプロセスによって LSI チップを製造するには，相当（数百万円以上）の製造コストを必要とし，販売個数が少ない場合は 1 個あたりの LSI 価格がきわめて高価となり，商品化できない．

このような場合は，FPGA や CPLD（p.12 参照）に回路を具体化することによって，1 個あたりの価格を現実的な値にできる．また，大量生産を想定したシステム LSI の開発途中でのエミュレーションによる検証のためのハードウエアとしても活用できる．

FPGA や CPLD は，ハードウエアとしては完成しているため，設計データを変換し，これらが搭載しているプログラム素子に書き込むことによって，設計された回路が実現する．これらの単価は，大量生産される LSI に比較すると高価であるが，必要個数が少なく数千個に満たない場合や，回路構成を後で修正することが予定されている場合には，出荷後までを含めた全体でみると，製造コストは安くなる．

設計の流れをみると，図 7.3 に示すように，ネットリスト作成までは変わらず，ネットリストから配線情報を FPGA や CPLD 専用に変換し，それを FPGA や CPLD の配

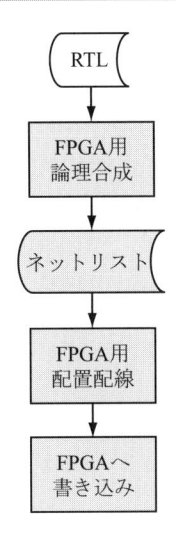

```
    ┌─────────┐
    │   RTL   │
    └────┬────┘
         ▼
    ┌─────────┐
    │ FPGA用  │
    │ 論理合成 │
    └────┬────┘
         ▼
    ┌─────────┐
    │ネットリスト│
    └────┬────┘
         ▼
    ┌─────────┐
    │ FPGA用  │
    │ 配置配線 │
    └────┬────┘
         ▼
    ┌─────────┐
    │ FPGAへ  │
    │ 書き込み │
    └─────────┘
```

図 7.3 FPGA への書き込みフロー

線情報を記憶するプログラム素子に，場合によっては ROM を介して書き込むことになる．これらの作業は，FPGA や CPLD のベンダーが供給する設計ツールを使う．これらのツールは，それぞれの FPGA や CPLD の内部構成に適合するように作られている．

最近の FPGA や CPLD には，プロセッサをコアとして搭載しているものもあり，高機能のシステム LSI を実現できるようになってきた．

§ 7.4 最先端システム LSI 設計の課題

携帯機器の高機能・高性能・小型化が進んでいるが，これに伴ってシステム LSI に対しても，同様の要求が寄せられるようになっている．これらの要求を満たすためには，デバイス構造の微細化が必要となり，最小寸法が 90 nm の世代になっている．

デバイス構造の微細化は，トランジスタ性能の向上，配線距離の短縮，低消費電力化などのメリットをもたらす．一方，配線間隔が狭くなることにより，信号の漏洩（クロストーク，cross talk）などによる信号伝達上の問題が深刻になりつつある．信号が配線を伝達する過程での，波形の崩れ具合をシグナルインテグリティ（signal integrity）という．波形の変形が大きいほど，シグナルインテグリティは悪いということになる．

クロストークは，**図 7.4** (a) に模式的に示す配線構造において，配線間隔が狭くなると配線間容量が相対的に増加し，一方の配線に流れる信号が容量結合で隣接する配線に漏れる現象である．このため，隣接する配線では，クロストークによる信号は雑音（ノイズ）となり，誤動作の原因になる．図 7.4 (b) からわかるように，配線間隔が

(a) 配線間容量

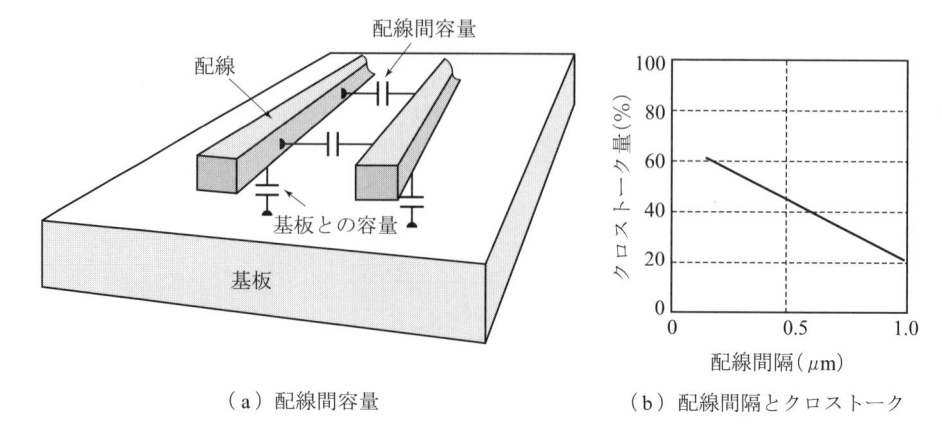

(b) 配線間隔とクロストーク

図 7.4 クロストーク

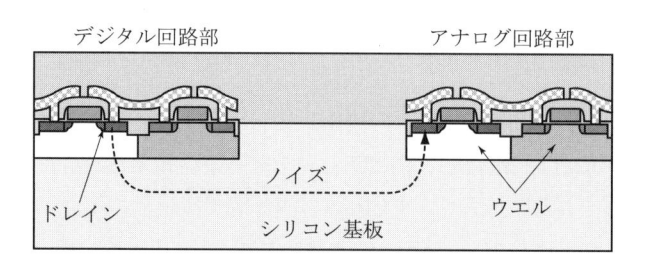

図 7.5 基板ノイズ

1μm 以下では，クロストーク量が無視できないほど大きくなる．設計的には，クロストーク発生が少なくなるように配線経路を決めなければならない．

また，システム LSI にはアナログ回路が混載されることも多いが，デジタル回路部では信号の振幅が電源電圧程度あるため，ドレイン電圧もこれにつれて大きく変化する．特に大電流を流すチャンネル幅の大きなトランジスタを含むデジタル回路や，デジタル回路用電源などからの信号の漏れは大きく，これがノイズとなってアナログ回路に悪影響を与えるという問題もある．ドレインはシリコン基板との間での pn 接合を逆バイアスしているので，ドレイン電圧の変動は，**図 7.5** の模式図に示すように，pn 接合の容量を介してシリコン基板にノイズとなって伝わる．

これを基板ノイズといい，基板電圧のゆれとして近くの MOS トランジスタのソースやドレインに紛れ込む．アナログ回路で扱うアナログ信号は，mV レベルの微弱な信号であるため，基板ノイズの影響を強く受ける．さらに，アナログ信号はデジタル信号のように，歪みやノイズを整形によって元のきれいな波形に回復することができないのでノイズには弱く，設計上で特別な配慮が必要である．

低消費電力化に対しては，ダイナミック回路の使用などはもちろんのこと，使用しない回路への電源供給を遮断するなど，新しい回路技術の開発もなされている．低消費電力化が必要な理由に，電力密度の増加がある．デバイスが微細化されると，同じ回路であれば使用する電力は減少するが，同一面積により多くの回路を集積するので，結果として単位面積あたりの電力使用量は増加し，チップあたりの消費電力が大きくなる．その結果，チップ温度が上昇し，熱的に半導体自体が破壊する．

これを解決するには，チップの低消費電力化とともに，第8章で述べるパッケージの放熱性能を向上するなどの技術開発が必要となる．

このように，最先端のプロセスを適用してシステム LSI を製造する場合は，レイアウトとプロセス（デバイス・配線構造）が相互に影響し合い，両者を独立して決めることができないため，設計にはまだ多くの労力を要する．

§7.5 設計手法の変遷

設計手法は，設計すべきものの規模が大きくなるのにつれて，大きく変化してきた．
最も初期は，直接マスクパターンを手書きし，それをデジタイズ（digitize）してマスクデータを作成した．その後，トランジスタレベルでの設計を経て，1970年代からレイアウト設計の自動化が進んだため，ゲートレベルでの設計が主流となった．設計は，論理回路図で行われ，スケマティック・エディタ（schematic editor）と呼ばれる，論理回路図の入力と編集を支援する CAD ツールが利用された．

論理回路図は設計者が直感的に回路構成を理解しやすいという利点をもっているが，図は幾何学情報を含むためデータ量が大きく，計算機処理に不向きという欠点がある．

1990年代より，論理合成技術の実用化に伴って HDL による RTL 設計が主流となり，従来の論理回路図入力による設計に比べて設計効率が格段に向上し，より大規模な回路の設計が可能になった．現在，この設計手法が広く適用されている．HDL はテキスト形式なので，データ量も少なく計算機処理に適しており，各種設計支援ツールで利用されている．

2000年に入ってから，C/C++ などのプログラム言語や，それを拡張したシステムレベル設計言語を用いたシステムレベル設計が少しずつ広がりをみせている．システムレベル設計言語は，アーキテクチャ検証を含めたシステム検証に主に利用されているが，動作合成技術の進展に伴って，システムレベル設計において，ビヘイビアモデルからの設計自動化も一部で実用化が進んでおり，今後，さらに大規模な回路が必要とされるシステム LSI の設計手法の主流になると考えられている．

高度な機能を実現しようとすると，より大規模な回路をシステム LSI に組み込む必

要があり，設計の複雑度を増加させる．設計の複雑度が増せば増すほど，とりもなおさず設計の困難さも増加する．この困難さを解消するため，より高い設計抽象度での設計を可能にするための技術が開発され，実用化されてきた．設計手法の変遷は，まさにこの努力の履歴でもある．

練習問題

第1問
　セルライブラリを正確に作りこまなければならない理由を述べよ．

第2問
　FPGAの利用が増えている理由を述べよ．

第3問
　プロセス/デバイスシミュレーションによるセルライブラリ作成の利点と問題点を挙げよ．

第Ⅲ部

LSIの製造

第8章　LSI製造の流れ
第9章　要素プロセス技術

第8章

LSI 製造の流れ

本章では，CMOS 構造の LSI の製造過程を学ぶ．

§ 8.1　はじめに

LSI の基本的な構造は，ウエハ上に設計で定められたパターンの拡散層や酸化膜を形成し，さらに絶縁物や導体の薄膜を積層したものである．このときのパターンの大きさ（幅）は，製品としては最小 90 nm 程度であり，これをもって LSI の微細化レベルを表し，90 nm 世代と呼ぶ．さらに，65 nm や 45 nm の技術開発が進んでいる．

LSI の製造工程は，図 8.1 に示すように，ウエハ上への酸化膜形成や薄膜の堆積（デポジション，deposition）と，写真製版（リソグラフィ，lithography）によるパターン形成，さらにウエハへの不純物原子の導入（イオン注入，ion implantation）などの処理工程（プロセス，process）を何度も繰り返し，多層構造を形成する．

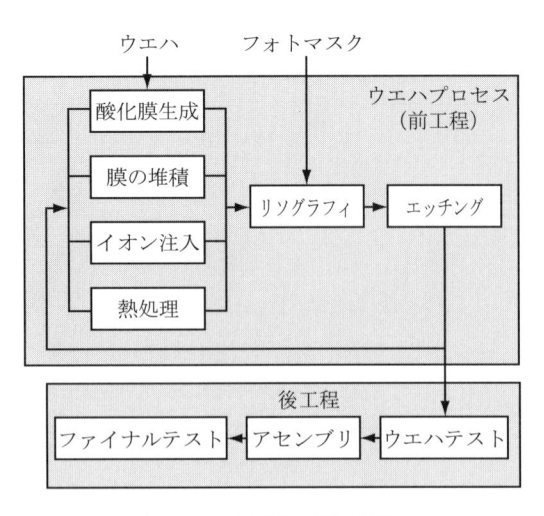

図 8.1　LSI 製造工程の概略

設計で得られたレイアウトパターンは，フォトマスク上に焼き付けられ，リソグラフィ工程で使用し，パターンをウエハ上に写し取る（転写）．

すべての構造を作った後，ウエハ上のすべての LSI の基本動作を，製造テストであるウエハテスト（wafer test）工程で確認し，良品をアセンブリ（assembly）工程でパッケージに実装する．その後，詳細な動作試験を，同様に製造テストであるファイナルテスト（final test）工程で実施し，良品を出荷する．

ウエハ上に LSI を作る工程をウエハプロセス，あるいは前工程といい，その後の工程を後工程という．

次節では，代表的な CMOS LSI のウエハプロセスを示し，LSI 製造の過程の概要を示す．

§ 8.2　CMOS 構造の LSI 製造

8.2.1　ウエハプロセス（前工程）

LSI は MOS トランジスタなどのデバイスを平面に並べ，配線によりこれを相互に結合する．ここでは，その一例として，図 8.2 (a) に示す LSI の回路のごく一部を取り出し，この部分が製造プロセスによって形成されてゆく様子を示す．図 8.2 (b) には最終的な構造（模式図）を示す．

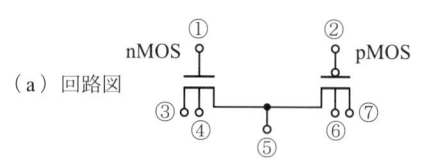

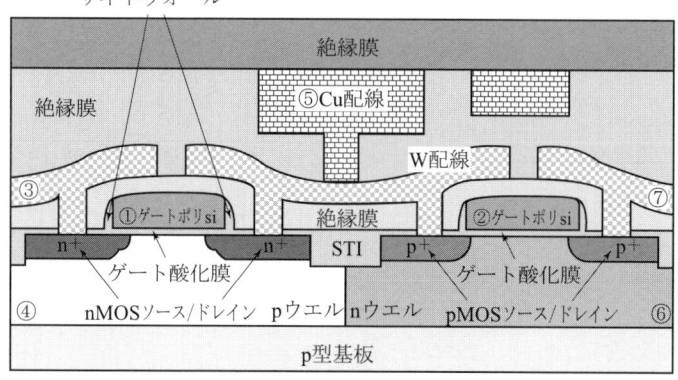

(a) 回路図

(b) 断面構造

図 8.2　回路の一部とその断面構造

構造図の左側には nMOS，右側には pMOS が配置されている．図中の番号は，回路図と構造図で互いに対応する部分を示している．実際は奥行き方向にも伸びているので，断面図の紙面の手前あるいは裏面から，電極が引き出されているものもある．

製造工程を，製造工程にそった断面図(図8.3)に従って示す．各工程で使われる製造技術は，次章で解説する．

(1) 素子分離

MOSトランジスタはシリコン基板上に形成するが，MOSトランジスタを作らない領域は厚い酸化膜を埋め込む．この目的は，隣接する MOS トランジスタ間が導通しないようにすることである．

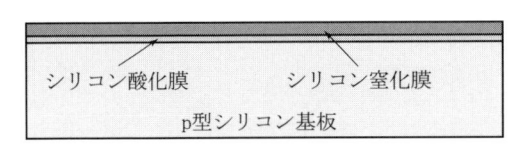

図 8.3 (1)

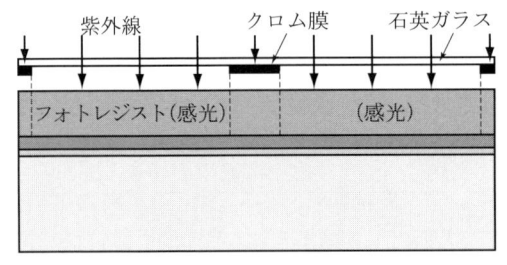

図 8.3 (2)

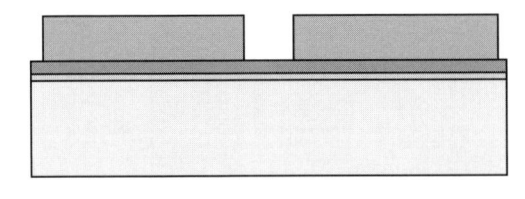

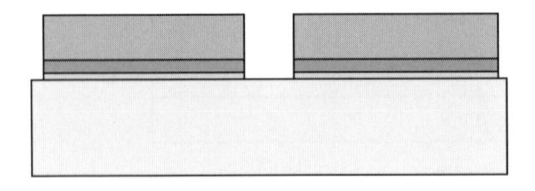

図 8.3 (3)

図 8-3 (4)

ステップ 1-1　下敷き酸化
・シリコン基板の全面を熱酸化して，熱酸化膜を形成する．

ステップ 1-2　シリコン窒化膜堆積
・その上にさらにシリコン窒化膜(以下，窒化膜と略す)を CVD で堆積する(図8.3(1))．

ステップ 1-3　リソグラフィ
・フォトレジスト(photo resist，以下レジストと略す)を塗布し，フォトマスク(以下マスクと略す)を通して露光する．遮光膜(クロム膜)のない部分を紫外線が透過し，下のレジストを感光する(図8.3(2))．
・不要なレジストを現像液で除去(現像)する(図8.3(3))．

ステップ 1-4　窒化膜エッチング
・レジストで覆われていない窒化膜をエッチングし，さらにシリコン酸化膜をエッチングする(図8.3(4))．
・レジストをアッシング(ashing，灰化)によりすべて除去する

図 8.3 (5)

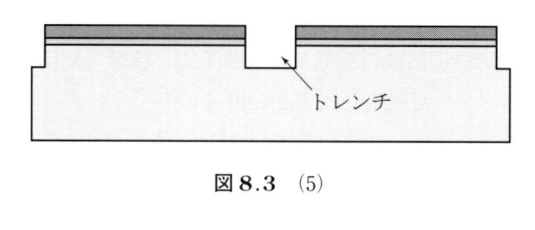

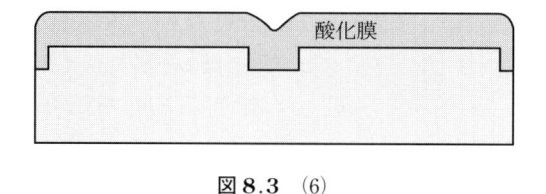

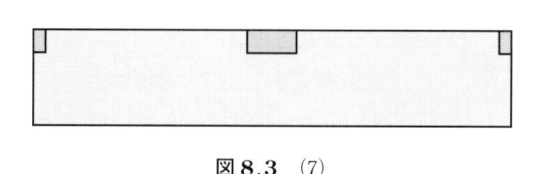

図 8.3 (6) 酸化膜

図 8.3 (7)

（レジスト除去）．

ステップ 1-5
トレンチ (trench) エッチング
・窒化膜をマスクにシリコン基板をエッチングする（図 8.3 (5)）．

ステップ 1-6 窒化膜全面除去
・窒化膜をすべてエッチングで除去する．

ステップ 1-7
酸化膜デポジション
・トレンチを，CVD により酸化膜で埋める（図 8.3 (6)）．

ステップ 1-8 酸化膜平坦化
・CMP で不要な酸化膜を除去する（図 8.3 (7)）．
・分離方法には，ここで示した浅いトレンチ分離 (STI, Shallow Trench Isolation) を形成する代わりに，窒化膜をマスクにシリコン基板を熱酸化し，厚い酸化膜を形成する LOCOS (Local Oxidation of Silicon) 方式もある．

(2) ゲート酸化膜形成

トランジスタ性能をよくするためには，シリコン表面となるゲート酸化膜とシリコンの接触面の平坦性や，酸化膜の膜質がよくなければならないので，熱酸化によってゲート酸化膜を形成すると同時に，清浄なシリコン表面を新たに形成する．ゲート酸化膜の厚さは数 nm 〜 10 nm 程度である．

最近では，等価的（電気的）なゲート酸化膜厚を薄くする必要から，高誘電率の絶縁膜 (high-k 膜) 材料の研究がなされている．

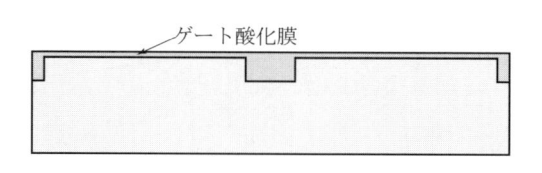

図 8.3 (8) ゲート酸化膜

ステップ 2-1 ゲート酸化
・熱酸化でゲート酸化膜を形成する（図 8.3 (8)）．

(3) ウエル形成

CMOS構造にするために，nMOSを配置する領域のシリコン基板はp型に，pMOSを配置する部分はn型にする必要がある．この領域をウエル（well）という．

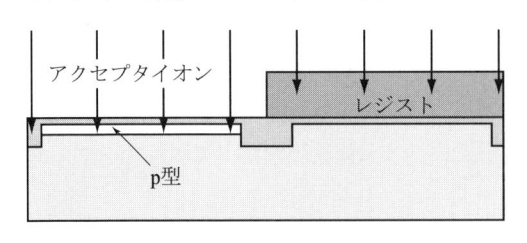

図8.3 (9)

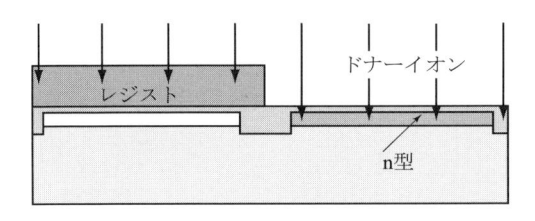

図8.3 (10)

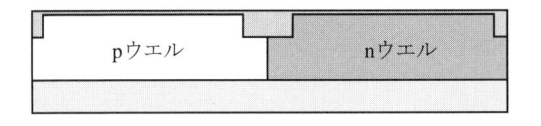

図8.3 (11)

ステップ3-1　リソグラフフィ
- レジスト塗布の後，マスクを通して露光，現像液で現像する．

ステップ3-2　pウエルイオン注入
- アクセプタとなる不純物をイオン注入する．注入イオンはレジストで阻止されるので，レジストで覆われていない領域に注入される（図8.3(9)）．
- レジスト除去

ステップ3-3　リソグラフィ
- レジスト塗布の後，マスクを通して露光，現像液で現像する．

ステップ3-4　nウエルイオン注入
- ドナーとなる不純物をイオン注入する（図8.3(10)）．
- レジスト除去

ステップ3-5　ドライブ
- 注入された不純物を加熱により活性化するとともに，シリコン基板内へ拡散させ，ウエルを形成する（図8.3(11)）．

(4) チャネル注入

MOSトランジスタの重要な特性のひとつに，しきい値がある．この工程では，nMOSとpMOSのしきい値を制御するために，アクセプタやドナーとなる不純物を，シリコン表面に浅くイオン注入する．

ステップ4-1　リソグラフィ
- レジスト塗布，露光，現像（nウエル領域をレジストで覆う．）

ステップ4-2　nチャネルイオン注入
- アクセプタをイオン注入する．
- レジスト除去

ステップ 4-3　リソグラフィ
・レジスト塗布，露光，現像（p ウエル領域をレジストで覆う.）
ステップ 4-4　p チャネルイオン注入
・ドナーをイオン注入する.
・レジスト除去

(5) ゲート電極形成

　ゲート酸化膜の上に，ゲート電極を形成する．電極材料は不純物を高濃度に入れたポリシリコンが使われるが，最近では抵抗を低くするために，タングステン (W) などの高融点金属とシリコンの合金や，金属そのものも使われ始めている．ただし，ゲート酸化膜に接する側にはポリシリコンを配した 2 層構造とする．

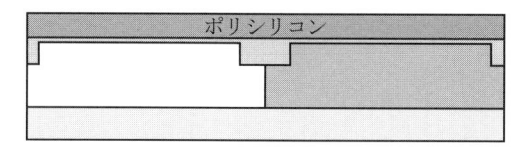

図 8.3　(12)

ステップ 5-1　ポリシリコン堆積
・ポリシリコンを CVD で堆積する（図 8.3 (12)）.
ステップ 5-2　リソグラフィ
・レジスト塗布，露光，現像
ステップ 5-3
ポリシリコンエッチング
・レジストをマスクに，ポリシリコンをエッチングする（図 8.3 (13)）.
・レジストを除去する.

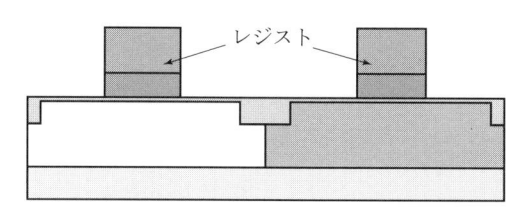

図 8.3　(13)

(6) nMOS ソース/ドレイン形成

　nMOS は，ソース/ドレインを LDD 構造とするため，ドナーを 2 回，注入量，注入エネルギーを変えてイオン注入する．

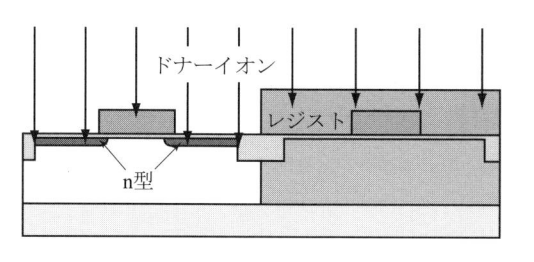

図 8.3　(14)

ステップ 6-1　リソグラフィ
・レジスト塗布，露光，現像
ステップ 6-2　イオン注入
・浅い n 型層を形成するためのイオン注入をする（図 8.3 (14)）.
・レジスト除去

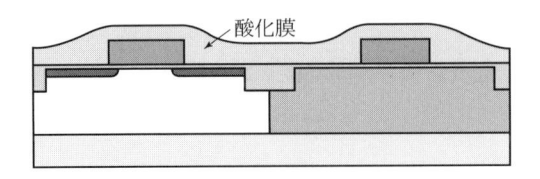

図 8.3 (15)

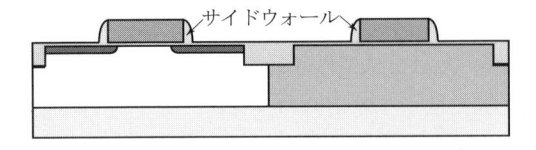

図 8.3 (16)

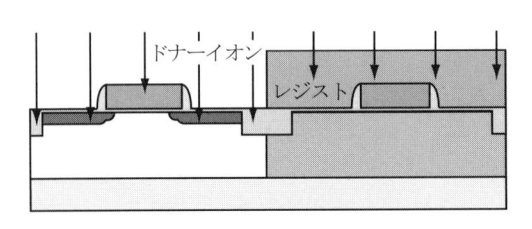

図 8.3 (17)

ステップ6-3
サイドウォール (side wall) 形成
・絶縁膜を CVD で堆積する (図 8.3 (15)).
・絶縁膜をサイドウォールが残るようにエッチングする (図 8.3 (16)).

ステップ6-4 リソグラフィ
・レジスト塗布, 露光, 現像

ステップ6-5 イオン注入
・高濃度のn型層のためのドナーをイオン注入する (図 8.3 (17)). 不純物濃度の高い領域を表すために+記号をつけ n^+ や p^+ と表す. また, これらと区別するため, やや濃度の低い領域を n^- や p^- と表す.
　サイドウォールの下部のシリコン基板には, サイドウォールに阻まれドナーはイオン注入されないので, その部分に n^- 領域が残る.
・レジスト除去

(7) pMOS ソース/ドレイン形成

pMOSのソース/ドレイン注入をする. 最近ではpMOSにもLDD構造が必要になってきたが, ここではLDD構造を使わないpMOSとした. そのため, アクセプタのイオン注入は1回である.

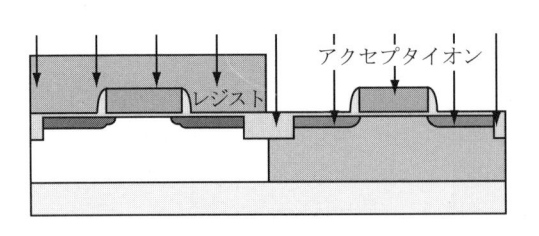

図 8.3 (18)

ステップ7-1 リソグラフィ
・レジスト塗布, 露光, 現像

ステップ7-2 イオン注入
・アクセプタをイオン注入する (図 8.3 (18)).
・レジスト除去

ステップ7-3 ドライブ
・注入された不純物を活性化する

とともに，シリコン基板内部へ拡散させる（図 8.3 (19)）.

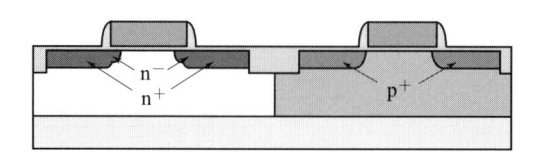

図 8.3 (19)

(8) コンタクトホール形成

トランジスタのソース／ドレインと第 1 層配線との接続孔となるコンタクトホールを開ける.

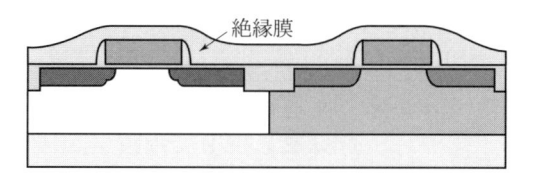

図 8.3 (20)

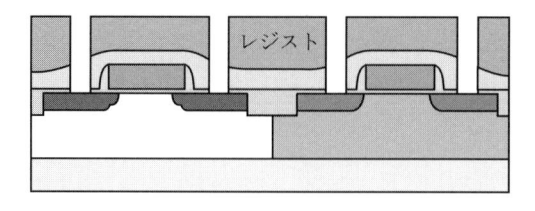

図 8.3 (21)

- ステップ 8-1　絶縁膜堆積
  ・絶縁膜を CVD で堆積する（図 8.3 (20)）.
- ステップ 8-2　リソグラフィ
  ・レジスト塗布，露光，現像
- ステップ 8-3　絶縁膜エッチング
  ・レジストをマスクに絶縁膜とゲート酸化膜をエッチングし，シリコン基板を露出させる（図 8.3 (21)）.
  ・レジスト除去

(9) 第 1 層配線

トランジスタを相互に配線するための，配線層を形成する．1 層目の配線は近くのトランジスタ間の配線に用い，上層の配線層ほど，離れた場所間の配線に使われる．

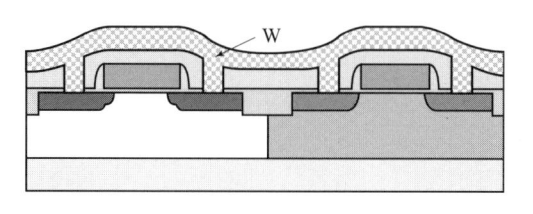

図 8.3 (22)

- ステップ 9-1
  タングステン (W) 堆積
  ・タングステンをスパッタリングで堆積する（図 8.3 (22)）.
- ステップ 9-2　リソグラフィ
  ・レジスト塗布，露光，現像

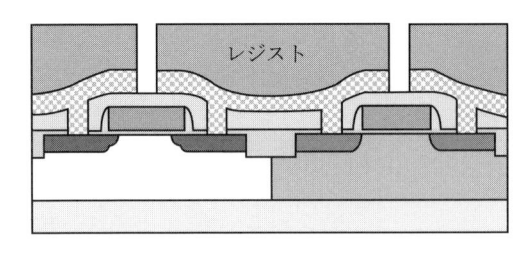

図 8.3 (23)

> ステップ 9-3　W エッチング
> ・レジストをマスクにタングステンをエッチングし，配線を形成する（図 8.3(23)）．
> ・レジスト除去

(10) 第 2 層配線

さらに配線層を積層する．ここでは 2 層目までしか示さないが，実際の配線は数層になっている．

図 8.3 (24)

> ステップ 10-1　絶縁膜堆積
> ・絶縁膜を CVD で堆積する（図 8.3(24)）．
> ・CMP で平坦化する（図 8.3(25)）．

> ステップ 10-2　リソグラフィ
> ・レジスト塗布，露光，現像

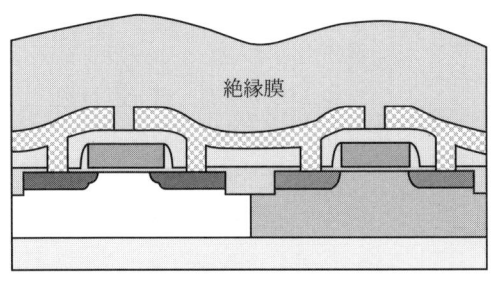

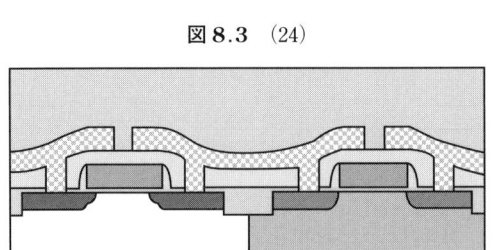

図 8.3 (25)

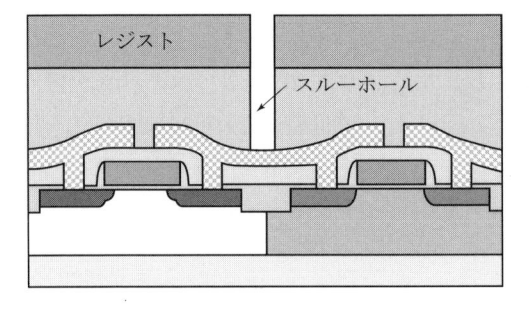

図 8.3 (26)

> ステップ 10-3　ダマシン
> ・レジストをマスクに絶縁膜をエッチングし，下部の配線との接続孔（スルーホール）を開ける（図 8.3(26)）．
> ・レジスト除去
> ・リソグラフィ（レジスト塗布，露光，現像）

§ 8.2 CMOS構造のLSI製造　145

- レジストをマスクに，配線層となるべき部分をエッチングする（図 8.3 (27)）．
- レジスト除去
- 銅を電界メッキで堆積する（図 8.3 (28)）．
- CMPで平坦化する（図 8.3 (29)）．

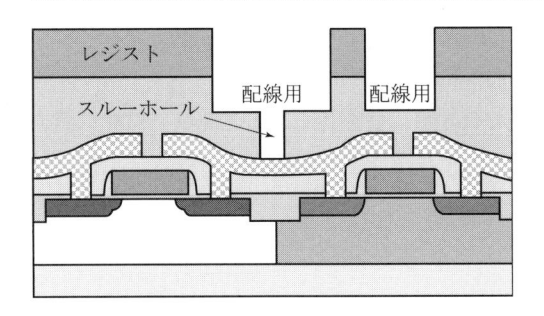

図 8.3 (27)

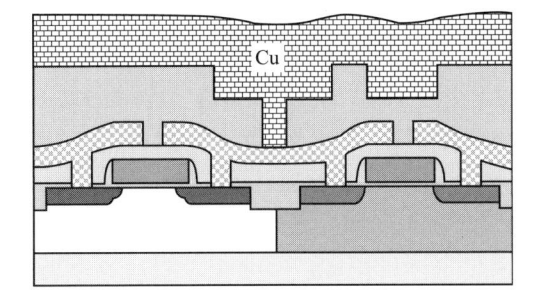

図 8.3 (28)

このように，スルーホールと配線層になる部分をあらかじめエッチングで形成しておき，1回のメッキとCMPで配線構造を形成する製造方法をデュアルダマシン法という．

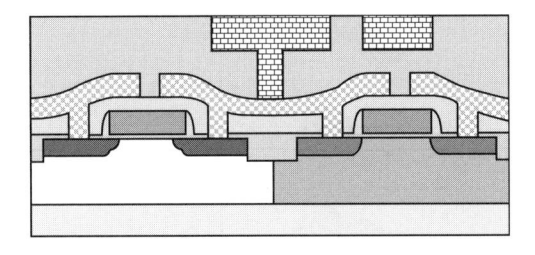

図 8.3 (29)

(11) パッシベーション

チップ内に水分が浸入しないように保護するための保護膜を堆積する（図 8.3 (30)）．

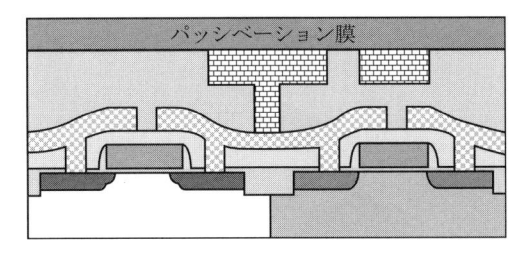

図 8.3 (30)

この後，さらにボンディングによって外部と接続するための電極（ボンディングパッド）の形成工程が続くが，ここでは省略する．

ここに示した主要な工程以外に，微細なゴミや汚染を防ぐための洗浄工程や，検査工程などが必要であるため，最先端プロセスでは小さな工程も含めると，千工程ほどになる．

8.2.2 アセンブリ（後工程）

ウエハプロセスが完了すると，次にチップを切り離しパッケージ（package）に入れる．これをアセンブリ（assembly）という．

パッケージは，LSIチップをプリント基板などに取り付ける（実装）ための接続端子の取り付けや，チップの保護の働きをする．パッケージは大きく分類して，セラミック・パッケージとプラスチック・パッケージがある．セラミック・パッケージは，高周波特性がよい，放熱性がよい，信頼性が高いなどの特徴があるが，価格が高い．一方，プラスチック・パッケージのほうが安価であり，LSIパッケージの主流である．

機器を小型軽量にするためには，あらゆる部品を小型化し，軽量化する必要があり，

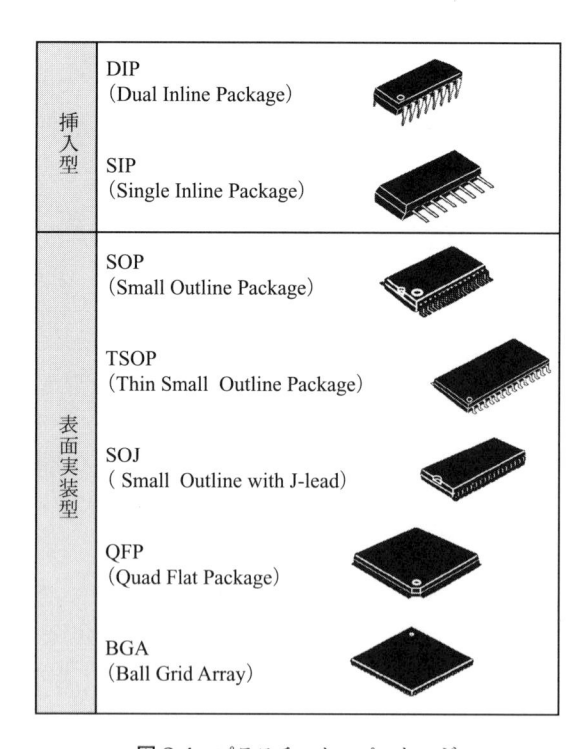

挿入型	DIP（Dual Inline Package）
	SIP（Single Inline Package）
表面実装型	SOP（Small Outline Package）
	TSOP（Thin Small Outline Package）
	SOJ（Small Outline with J-lead）
	QFP（Quad Flat Package）
	BGA（Ball Grid Array）

図8.4 プラスチック・パッケージ

パッケージもこのようなニーズから，特に薄型化が進んでいる．また，システム LSI のように高機能の LSI では，入出力の信号端子の数がきわめて多く（千ピン以上）必要となり，ピン数の増加（多ピン化）が進んでいる．

主なプラスチック・パッケージを**図 8.4** に示す．挿入型は，プリント配線基板に貫通孔（スルーホール）を開けそれに端子を挿入し，半田付けして実装する．表面実装型は，プリント配線基板に穴を開けずに実装できるように端子形状を工夫し，プリント配線基板の両面に LSI を搭載できるようにしたものである．最近では，実装密度を高くできる表面実装型のパッケージが主流である．

プラスチック・パッケージのアセンブリ・プロセスの流れを**図 8.5** に示す．プロセスフローに沿って順次説明する．

(1) ダイシング

ウエハをダイシング（dicing）テープと呼ばれる粘着シートに貼り，碁盤目状に並んでいる LSI チップを，ダイシングソー（dicing saw）で切り離す．その後，シートを広げ，チップ間に隙間を作る（エキスパンド，expand）．チップのことをダイ（die）ともいう．

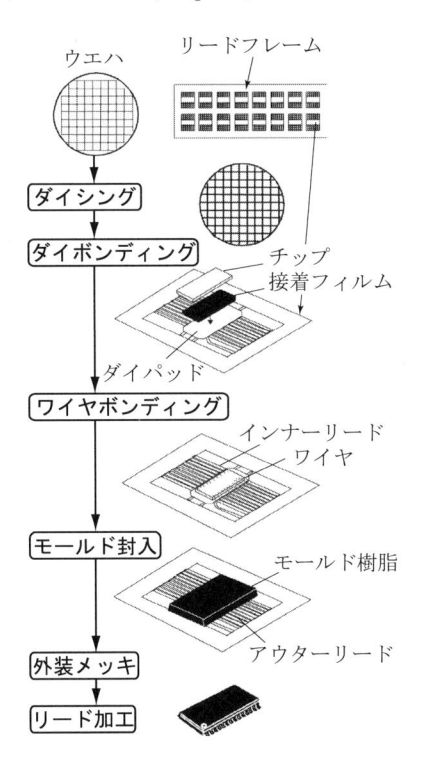

図 8.5 アセンブリ・プロセス

(2) ダイボンディング

ダイシングで切り離されたチップを，ダイシングシートから取り外し，電極が並んでいるリードフレーム (lead frame) に樹脂接着剤で接着 (die bonding) する．セラミック・パッケージの場合は半田付けする場合もある．

(3) ワイヤボンディング

チップ上の電極 (ボンディングパッド, bonding pad) とリードフレームの電極を，金線で接続 (ワイヤボンディング, wire bonding) する．セラミック・パッケージの場合はアルミニウム線が使われることもある．

(4) モールド封止

ワイヤボンディングされたリードフレームを，パッケージ外形を型彫りした金型ではさみ，間隙に樹脂を流し込み，硬化させる．

(5) 外装メッキ，リード加工

プリント基板に実装するとき半田付けが容易になるように，外部に露出しているリードに半田を電解メッキする．その後，フレームから個々のパッケージを切り離し，外部リードを加工する．

これらのアセンブリ・プロセスの各工程は，ほとんどが自動化されている．また，最近では，環境汚染防止のため，鉛 (Pb) を使用する半田の使用を少なく，あるいは廃止する方向に進んでいる．

このような，従来からのアセンブリ方法に対し，工程簡略化と薄型化を目的とした，下記のような新しいアセンブリ技術が実用化されている．

(1) フリップチップ・ボンディング

チップのボンディングパッド面とリードフレームの電極面を向かい合わせにして，半田付けするボンディング方法であり，ワイヤボンディングが不要になり，工程の簡略化と小型化ができる．

(2) ボールマウント

パッケージの電極として，金属のリードではなく半田の小さなボールをパッケージ電極上に付ける．実装時には，この半田ボールでプリント配線基板の電極に半田付けする．

(3) MCP (Multi-Chip Package)

1つのパッケージに複数のチップを搭載するものである．この方法によると，① プリント配線基板に実装する部品点数の削減，② チップあたりの実装面積と重量の削減，③ パッケージの端子数の削減ができ，小型軽量化に有利となる．

(4) その他の構造
- CSP (Chip Scale Package)：パッケージの大きさがチップと同じか，少し大きなものをさす．複数チップを積み重ねる場合もある (Stacked CSP, S-CSP)．
- LOC (Lead On Chip, Lead Over Chip) 構造：ボンディングパッドをチップ中央付近に配置し，リードフレームを従来のようにチップの下部に置くのではなく，チップのボンディングパッドのある上面に絶縁物を挟んで配置する構造である．こうすることで，同じ外形寸法のパッケージにより大きなチップを搭載できる．

映像処理などの多量のデータを短時間で処理するために，LSI の動作周波数が高周波化（3～4GHz/2004年）しているのにつれて，プリント配線基板での信号も高周波化（1～2GHz/2004年）が進んでいる．このため，パッケージの高周波特性は，もはや集中定数回路として考えることはできず，分布定数回路としてパッケージを設計しなければならない．

8.2.3 製造テスト (DC パラメトリック/ウエハ/ファイナル)

LSI は多くの製造工程を経て完成するが，製造プロセスの途中ではゴミや汚染，あるいは製造バラツキなどにより，想定どおりの製品ができないことがある．このため，取れ率すなわち製造歩留まり (yield) という考えが必要であり，歩留まりを高くすることは製品原価を下げることであり，ウエハプロセスの最重要課題である．

規格を外れた製品は，できるだけ早い段階で取り除かなければ，無駄なプロセスを施すことになる．このため，ウエハプロセス途中では，主に構造上の不良品検査をいくつかのチェックポイントで実施し，ウエハプロセス段階での不良ウエハを排除する．

図 8.6 に示すように，ウエハが完成した後，トランジスタや配線の直流特性（DC特性）を測定し，ウエハ内で測定値が規格に入っているか否かをテストする．このとき，ウエハ内での均一性もチェックし，製造バラツキも調べる．これを DC パラメトリックテスト (DC parametric test) という．DC パラメトリックテストにより，製造プロセスが正常に処理されたことを確認する．

プロセスが正常であったことを DC パラメトリックテストで確認した後，断線や短絡などの不良の発見のため，基本動作が正常か否かを，LSI テスターを使ってテスト

する．これをウエハテストという．このとき，設計段階で作成したテストパターンを入力として使う．ウエハ上のチップすべてについて動作をテストするため，テスト時間が長いと生産効率が悪くなるため,効率のよいテストパターンの生成が重要である．

```
論理合成              ウエハプロセス
  ↓                    ↓
ネットリスト         DCパラメトリックテスト
  ↓                    ↓
テストパターン生成 → ウエハテスト
  │                    ↓
  │                  アセンブリ → 信頼性テスト
  │                    ↓
  └──────────────→ ファイナルテスト
                       ↓
                     出荷
```

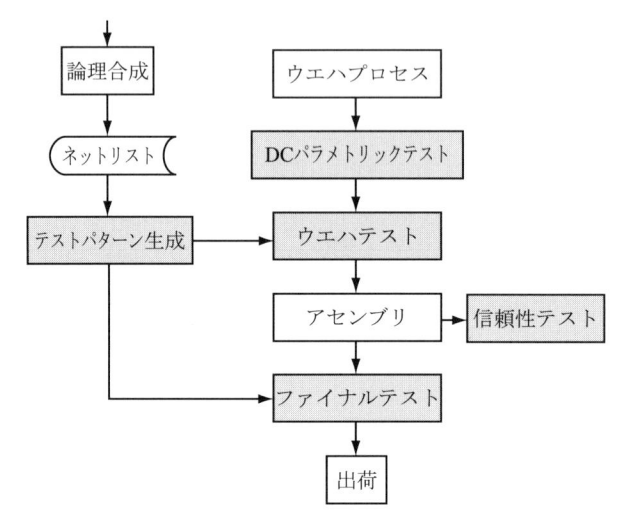

図 8.6 テストフロー

　ウエハテストの結果，規格に外れたチップはその位置をLSIテスターに記憶させておき，アセンブリ工程で当該の不良チップを廃棄する．

　アセンブリが終わり完成したLSIを，さらに詳細にテストする．これをファイナルテストという．ウエハテストと同様に，設計段階で作成したテストパターンを入力として使う．ウエハテストより多くの項目についてテストするため，テストパターンはいっそう効率よく不良が発見できるように，生成しなければならない．

　ウエハテストあるいはファイナルテストにおいて，初期不良を早く発見するため，高温環境での高電圧印加を行うバーンイン (burn-in) と呼ばれる工程が含まれている．

　その他のテストとして，長期間の信頼性を保障するための信頼性テストがある．信頼性テストは破壊試験であるため，全製品をテストすることができないので，いくつかのサンプルを抽出し，統計的に性能を保証する．

　テスト方法は，LSIを高温高湿の環境中へ放置したり，高い電源電圧で動作させたりするなど，故障を誘発するための加速試験を実施する．

　信頼性試験の結果を開発にフィードバックし，通常の使用条件の場合，10年程度以上の性能保持を保障できるように設計や製造プロセスを工夫している．

練習問題

第 1 問
図 8.7 に示すように，レジスト上に遮光性のゴミが付着した場合，エッチング後の被エッチング材料の形状を示せ．

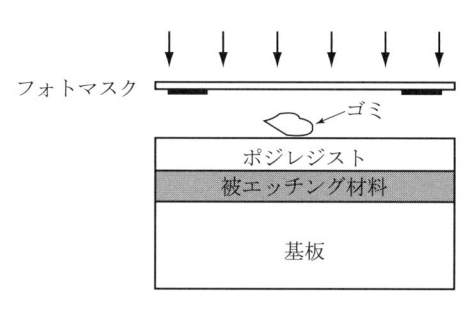

図 8.7

第 2 問
本文中の，図 8.3 (21) で，コンタクトホール形成のためのマスクの位置あわせ（アライメント）がずれた場合の，プロセス上の不具合を挙げよ．

第 3 問
設計上は同じ大きさである複数の MOS トランジスタのドレイン電流を，同一測定条件で測定すると，プロセス工程のバラツキに起因すると思われるドレイン電流のバラツキが観測された．
ドレイン電流のバラツキをもたらす構造上の要因を，式 (2.1.b)，(2.2) を参考に 3 つ挙げ，それらの構造がどの製造工程でばらつくかを述べよ．

第9章 要素プロセス技術

本章では，LSI製造の個々の工程に適用される要素プロセス技術について学ぶ．

§9.1 酸 化

ウエハを，高温の炉（酸化炉）で数百℃～1200℃に加熱しながら，酸素を含んだガスを流し，ウエハ表面を酸化（oxidation）する．その結果，ウエハ表面に（～1 μm程度以下）のシリコン酸化膜（SiO_2）が形成される．

シリコン酸化膜の生成反応は，

$$Si + O_2 \rightarrow SiO_2 \quad (ドライ酸化) \tag{9.1}$$

$$Si + 2H_2O \rightarrow SiO_2 + 2H_2 \quad (水蒸気酸化，ウエット酸化) \tag{9.2}$$

などである．

シリコンの酸化方法には，上で述べた熱酸化以外にもいくつかの方法があり，それらをまとめて下記に示す．

```
        ┌─ 熱酸化 ┬─ 常圧酸化
        │        │  （ドライ酸化，水蒸気酸化，トリク（ロールエチ）レン酸化）
        │        └─ 高圧酸化（ドライ酸化，水蒸気酸化）
        │
 酸化 ──┼─ 陽極酸化
        │   ┌─────────────────────────────────────────────────────┐
        │   │ シリコンを電解液中で陽極に置く．シリコン原子が電界で酸化膜表面 │
        │   │ まで運ばれて酸化膜表面で酸化され，酸化膜が成長する．          │
        │   └─────────────────────────────────────────────────────┘
        │
        └─ プラズマ酸化
            ┌─────────────────────────────────────────────────────┐
            │ プラズマ内でエネルギーを得た酸素分子が，シリコンと反応して酸化 │
            │ 膜を形成する．酸化膜が成長しても，高エネルギーの酸素分子は酸化 │
            │ 膜内を速く移動する（拡散係数が大きい）ので，低温でも酸化が進む．│
            └─────────────────────────────────────────────────────┘
```

§9.1 酸化

ウエハ表面を酸化することにより，表面のシリコンは酸化膜となり，酸化が進むにつれてシリコンと酸化膜界面は内部に入る．このとき，界面には常に清浄なシリコンが現れるため，界面のシリコン結晶構造に乱れや汚染がなく，特にシリコン表面を使用する MOS トランジスタでは必須のプロセスである．また，酸化膜は緻密でシリコンを保護する能力も高く，LSI ではきわめて有用な材料である．

酸化時間と酸化膜厚の関係は，酸化膜への酸素の溶解，酸化膜中の酸素の移動（拡散），そしてシリコンと酸素の反応速度の関係がモデル化（Deal-Grove モデル）されている．

Deal-Grove モデルでは，酸化のメカニズムを下記の3つの過程に分解して考える（**図 9.1**）．

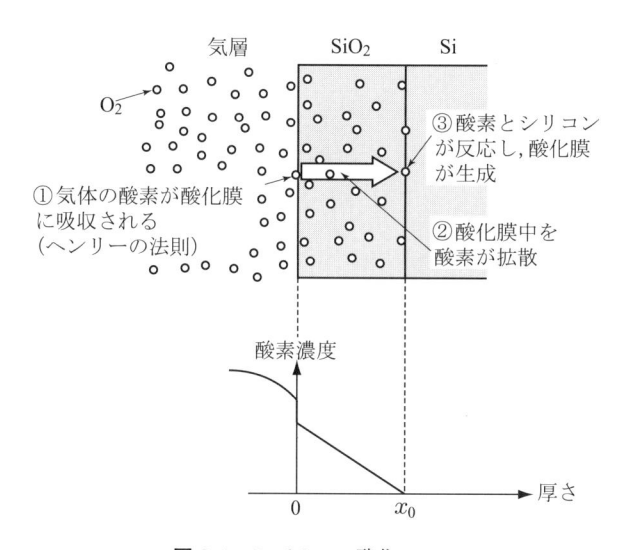

図 9.1 Deal-Grove 酸化モデル

過程 1. 酸化剤が含まれるガス雰囲気から，酸化膜の表面に酸素や水などの酸化剤が運ばれ，さらに**ヘンリーの法則**＊（Henry's law）で酸化剤が酸化膜に溶け込む過程

過程 2. 酸化膜内を酸化剤が拡散し，シリコン表面に到達する過程（酸化剤の拡散）

過程 3. シリコン表面で酸化剤がシリコンと反応する過程

これらの各々の過程を定式化することにより，下記に示す酸化膜厚と酸化時間の関係が得られる．

$$x_0^2 + Ax_0 = B(t+\tau) \tag{9.3}$$

ここで，x_0 は酸化膜厚，t は酸化時間，τ は初期酸化膜厚に対応する時間，A および B

は定数である.

いま,酸化の初期で x_0 が非常に小さい場合 ($x_0 \ll A$) は,式 (9.3) の左辺の x_0^2 を無視することができ,

$$x_0 = \frac{B}{A}(t+\tau) \tag{9.4}$$

と近似できる.すなわち,酸化膜厚が薄い場合は,酸化時間に対して傾き B/A で直線的に酸化膜が成長する.B/A を線形速度定数 (linear rate constant) と呼ぶ.

一方,x_0 が非常に大きい場合 ($x_0 \gg A$) を考えると,式 (9.3) の左辺の Ax_0 を無視することができ,

$$x_0^2 = B(t+\tau) \tag{9.5}$$

と近似できる.これから,酸化膜厚が厚くなると成長速度が遅くなり,酸化時間の 1/2 乗に比例することがわかる.B を放物速度定数 (parabolic rate constant) と呼んでいる.これらの関係をグラフに示すと**図 9.2** のようになる.

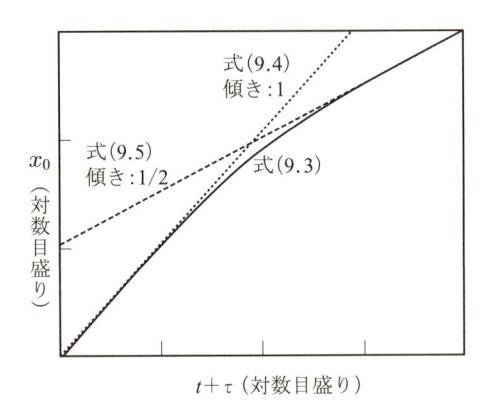

図 9.2 酸化時間と酸化膜厚の関係

最近では,MOS トランジスタの性能を向上するために,きわめて薄い酸化膜 (10 nm 程度以下) を使用するが,このような薄い酸化膜では成長速度が Deal-Grove モデルより速く成長する (初期増速酸化) ことが知られている.

酸化膜に類似の絶縁材料として,窒化膜 (Si_3N_4) がある.窒化膜は酸化膜に比較して,構造が緻密であり,ナトリウムなどの汚染物質を遮断する能力に優れている.また,比誘電率が 7.5 で酸化膜の 3.9 より高く,大きな容量値の形成には有利である.生成反応式を下記に示す.

$$3SiH_4 + 4NH_3 \rightarrow Si_3N_4 + 12H_2 \tag{9.6}$$

ここで,SiH_4 はモノシラン,NH_3 はアンモニアである.

シリコン基板を直接窒化しても窒化膜を形成できるが，この場合は，シリコンに大きな応力を発生させる，シリコン界面の表面準位が多いなどの問題がある．このような場合は，酸化膜との2層構造とし，窒化膜がシリコン基板に直接触れない構造にする．

§9.2 イオン注入

不純物原子をウエハ中に入れる（導入する）方法として，不純物原子イオンを高速（加速電圧：keV～MeV）に加速し，シリコン基板に打ち込む方法がある．この方法をイオン注入（ion implantation）という．イオン注入装置の原理を**図9.3**に示す．

イオン源*で不純物原子イオンを生成し，**質量分析器***（mass filter）で必要な不純物原子イオンのみを選別し，加速部において高電圧で加速する．加速された不純物原子のビームを，ビーム収束部で細く絞り，ウエハ上を走査しながら不純物原子を打ち込む（注入する）．注入された不純物原子は，シリコン原子などと衝突しながらエネルギーを失いつつ内部に侵入し，最後に停止する．**図9.4**には，注入された不純物原子の軌跡を**モンテカルロ法***（Monte Carlo method）で計算した例を示す．高速（高エネルギー）で打ち込まれた不純物原子が，シリコン原子などとの衝突によって，進行方向を変えながらシリコン基板内部に到達している様子がよくわかる．

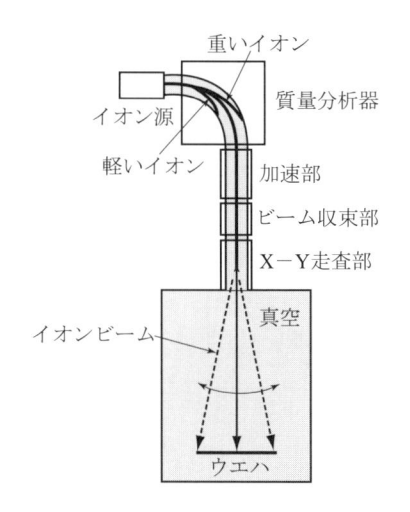

図9.3 イオン注入装置の原理　　　図9.4 注入イオンの軌跡

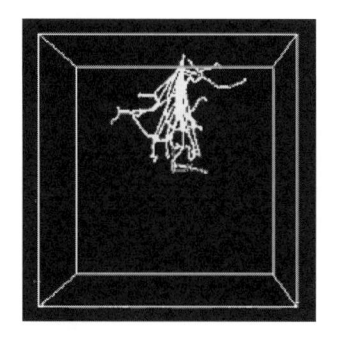

衝突過程をモデル化することにより，打ち込まれた不純物原子の濃度分布を求めることができる．衝突には，不純物原子とシリコン原子の衝突と，不純物原子と電子の衝突がある．それらの衝突による入射原子のエネルギー損失の割合を，それぞれ核阻

止能(nuclear stopping power),電子阻止能(electron stopping power)という.原子は電子よりはるかに重いため,核阻止能のほうが大きい.

イオン注入モデルとしては,リンドハード(Lindhard),シャーフ(Scharff),シオット(Schiott)によってモデル化されたLSS理論が有名である.LSS理論では,注入された多数の不純物原子の飛程の平均値 R_P と,その分散 ΔR_P が与えられ,不純物原子の濃度分布が,最も簡単な近似式ではガウス分布で与えられる.当然,不純物原子の種類や注入エネルギーによって R_P と ΔR_P の値は異なる.

$$N(x) = \frac{N_I}{\sqrt{2\pi}\Delta R_P} \exp\left[-\frac{(x-R_P)^2}{2\Delta R_P^2}\right] \tag{9.7}$$

ここで,$N(x)$ は深さ x での不純物原子濃度,N_I は単位面積あたりの注入量である.

実際のイオン注入後の不純物分布は,R_P より浅い領域と深い領域の分布に歪みが生じ,左右対称でない.このような分布を精度よく表す関数として,Joint-half ガウス分布や,さらに高精度の Peason Ⅳ 分布が用いられる.一例として図 9.5 には,実測された注入イオン(ボロン)の分布と,イオン注入モデルによる計算値とを示す.ここで用いている計算モデルは,種々の効果を取り入れた高精度モデルである.

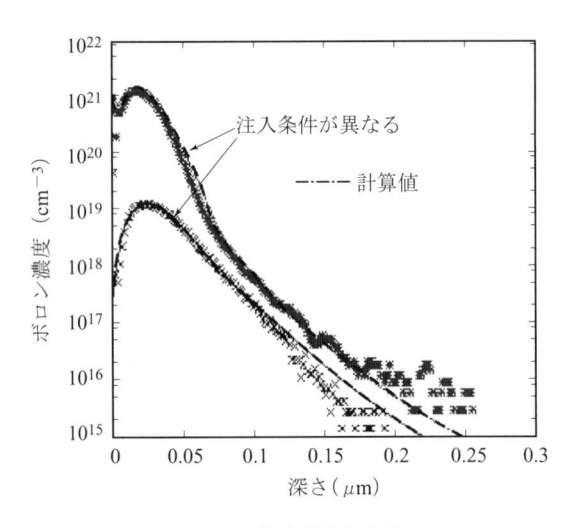

図 9.5 イオン注入分布と近似モデル

シリコン結晶(ダイアモンド結晶)では,結晶を見る角度によってシリコン原子間の間隙がトンネルのようになっている.このため,イオン注入プロセスで注意しなければならない点として,注入角度によっては注入されたイオンがこの間隙をすり抜けて深くまで到達する,チャネリング(channeling)と呼ばれる現象が発生することが挙

げられる．このため，イオン注入プロセスでは，注入イオンの進入方向に対してウエハを少し傾け，チャネリングを防いでいる．チャネリングを発生させるシリコン結晶の窓が，ウエハを少し傾けると消える様子を図9.6に示す．

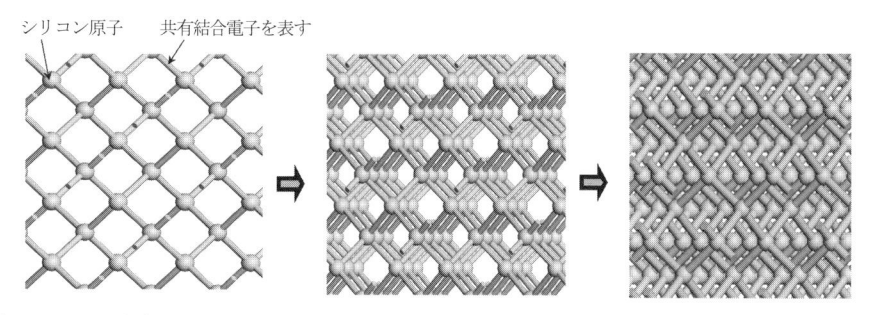

(a) ウエハを垂直方向から見た場合　(b) 少し斜めから見た場合　(c) 7°斜めから見た場合

図 9.6 シリコン結晶の窓

イオン注入はガス雰囲気からの拡散に比較して，導入（ドーピング）量やドーピング深さの制御が容易であるため，最近では不純物原子の導入には主にイオン注入が用いられている．

注入されたイオンはシリコン原子と衝突するため，シリコン原子も本来の位置（格子点）から弾き出される．その結果，イオン注入によりイオンが到達した領域では，シリコン結晶の結晶構造が壊れて**非晶質**＊（アモルファス，amorphous）になってしまう．このままでは，半導体として機能しないので，高温に加熱して再結晶化させ，元の結晶構造に戻す必要がある．拡散プロセスやアニール（anneal）プロセスによって

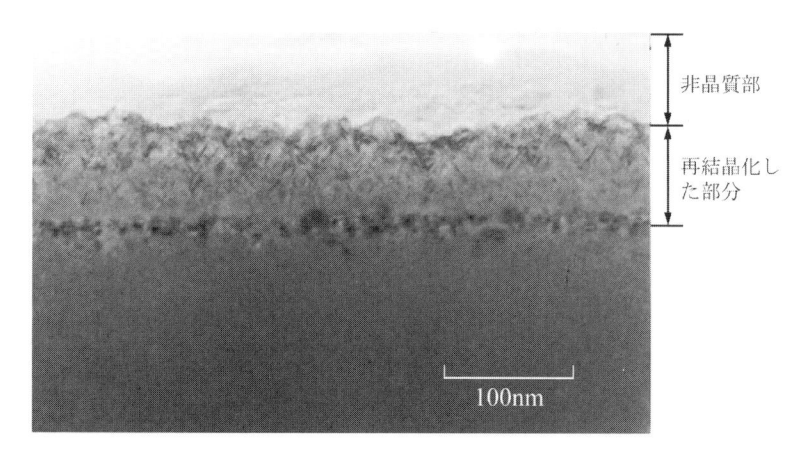

写真 9.1 アニールによる再結晶化

再結晶化(recrystallization)する．**写真9.1**は，イオン注入で発生した非晶質層が，アニールで再結晶化した様子を表している．

§9.3 熱処理

9.3.1 拡　散

拡散(diffusion)は，加熱によりシリコン基板中に不純物を導入するためのプロセスである．処理ステップは，はじめに一定量の不純物原子をシリコン基板に導入し，次にこれを基板内の必要な深さまで移動させる．前半の処理をプレ・デポジション(predeposition)といい，後半の処理をドライブイン拡散(drive-in diffusion)という．

一般に，物質濃度に差があると，物質は高濃度のほうから低濃度のほうに移動する．この現象を拡散といい，濃度勾配がもたらす物質の移動量と，物質量の保存から，次に示すように拡散方程式が偏微分方程式の形で与えられる．

$$\frac{\partial C}{\partial t} = \frac{\partial}{\partial x}\left(D\frac{\partial C}{\partial x}\right) \tag{9.8}$$

ここで，C は不純物原子濃度，t は拡散時間，D は拡散係数，x はシリコン基板表面からの深さである．

次に，拡散方程式をプレ・デポジションとドライブイン拡散に適用する．

プレ・デポジションは，ウエハを炉(拡散炉)に入れ，数百℃～千℃程度に加熱しながら不純物原子を含むガスを流し，熱エネルギーを利用して不純物原子をウエハ内に溶解させる．このとき，拡散方程式を解く条件は，ウエハ表面での不純物濃度が一定となる．この条件で拡散方程式を解くと，

$$C(x,t) = C_S \, erfc\left(\frac{x}{2\sqrt{Dt}}\right) \tag{9.9}$$

が得られる．ここで，$C(x, t)$ は深さ x，時間 t における不純物原子濃度，C_S は基板表面の不純物濃度で一定値，$erfc$ は補誤差関数(complementary error function)と呼ばれるものである．プレ・デポジションの不純物分布の例を**図9.7**に示す．(a)は不純物濃度を線形目盛りで描き，(b)は対数目盛りで描いたものである．

次に，ドライブイン拡散の場合は，外部からの不純物の供給を遮断した拡散なので，方程式を解くときの境界条件としては，不純物の総量は変化しないというものになる．さらに，プレ・デポジションによる不純物分布を，ウエハ表面にのみ存在するものとして近似して初期条件を与える．このような条件で拡散方程式を解くと，次の解が得られる．

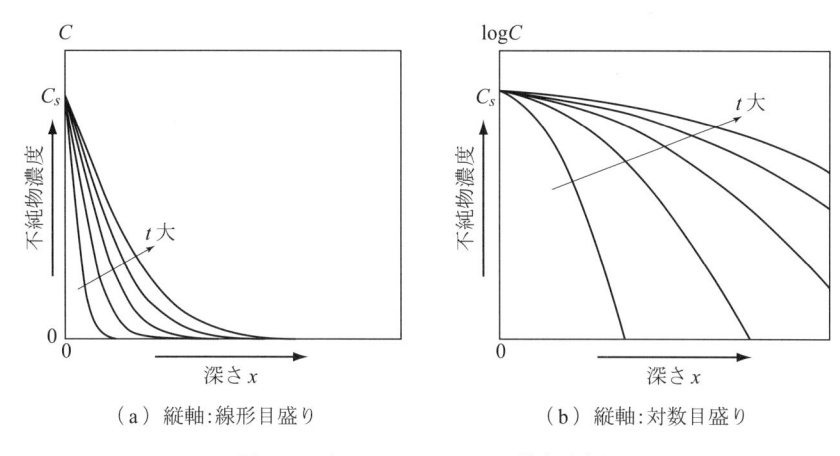

(a) 縦軸:線形目盛り　　　(b) 縦軸:対数目盛り

図 9.7　プレ・デポジションの濃度分布例

$$C(x,t) = \frac{Q}{\sqrt{\pi Dt}} \exp\left(-\frac{x^2}{4Dt}\right) \tag{9.10}$$

ここで，Q は不純物原子の総量（この場合は一定値）である．

　この関係の一例をグラフに示すと図 9.8 のようになる．(a) は不純物濃度を線形目盛りで描き，(b) は対数目盛りで描いたものである．拡散時間 (t) が長くなると，不純物原子がウエハ内部に広がり，拡散している様子がわかる．不純物原子の種類により，拡散のしやすさが異なり，これを表す係数が拡散係数である．拡散係数は高温になるほど大きくなり，不純物原子は拡散しやすくなる．拡散係数は不純物原子の種類によって，異なった温度特性をもっている．LSI に一般的に使用される不純物原子では，ボロンとリンが同程度の拡散係数をもち，ヒ素はそれらより一桁程度小さな値を

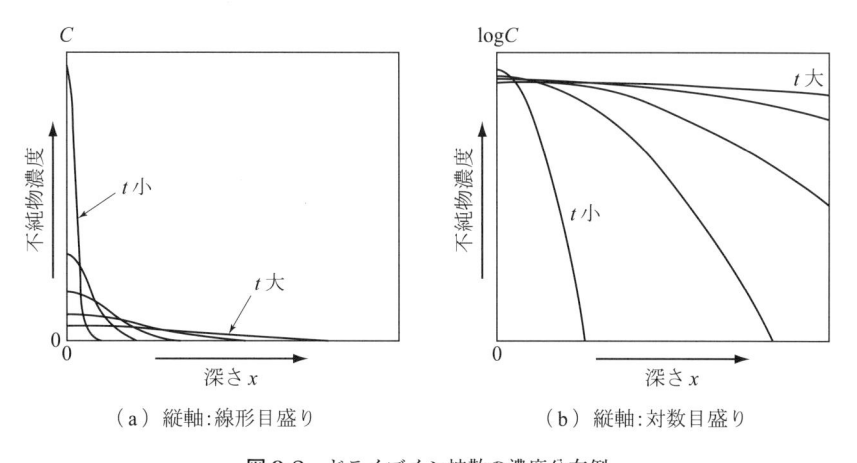

(a) 縦軸:線形目盛り　　　(b) 縦軸:対数目盛り

図 9.8　ドライブイン拡散の濃度分布例

もつ．

また，不純物原子の濃度が高くなると，不純物原子のもつ電荷のため基板内に内部電界が発生し，これによって拡散係数が変化（電界効果）する現象や，酸化しながら拡散すると拡散係数が大きくなったり（増速拡散），あるいは逆に小さくなったり（減速拡散）する現象が現れる．これらの現象はそれぞれモデル化されている．

LSI の構造が微細化されるにつれて，拡散層の深さも同時に浅くし，しかも不純物原子の分布状態も精密に制御する必要性が高まってきた．しかし，プレ・デポジションでは，導入する不純物量や初期分布の制御精度が不十分であるため，不純物の導入はこれらの制御性に優れたイオン注入によってとって代わられている．

9.3.2 アニール

イオン注入でウエハ内に打ち込まれた不純物原子は，そのままではシリコン原子とうまく結合していないため，ドナーやアクセプタとしては作用しない．ウエハ内部に分布した不純物原子はシリコン原子と共有結合してはじめて不純物原子としての機能を果たす．これを活性化した不純物原子という．

不純物原子をシリコン原子と結合させる（活性化する）ためには，結合に必要なエネルギーとして，加熱による熱エネルギーを与える必要がある．アニールはこのためのプロセスであるが，加熱することにより不純物原子は拡散し，その濃度分布はイオン注入された時点から広がる．アニールの本来の意味は「焼き鈍し」である．

§9.4 リソグラフィ

LSI の配線や MOS トランジスタなどの平面パターンを形成するためのプロセスであり，LSI の微細化が進展しているのはリソグラフィ（lithography）技術の進展に負うところが大きい．

パターン形成の方法には，紫外線を用いる方法（光露光），電子線を用いる方法（電子ビーム露光），X 線を用いる方法（X 線露光）などがある．露光のためには，多色刷りの印刷と同じく下部パターンとの位置合わせ（アライメント，alignment）機構をもち，シリコン基板に光源の光を照射するための光学機構を備えた露光装置を使用する．

パターンをウエハ上に形成するには，図 9.9 に示すように，まずウエハ上に感光材料であるレジストを塗布し，光露光の場合は紫外線を，ガラス基板に LSI のパターンが遮光性の薄膜で描かれたマスクを通して照射し，マスクのパターンをレジストに写し取る（露光，exposure）．その後，ポジレジストでは感光した部分が現像液という薬液で溶融され，パターンが形成される．一方，ネガレジストでは逆に感光した部分が現像液に対して不溶になる．

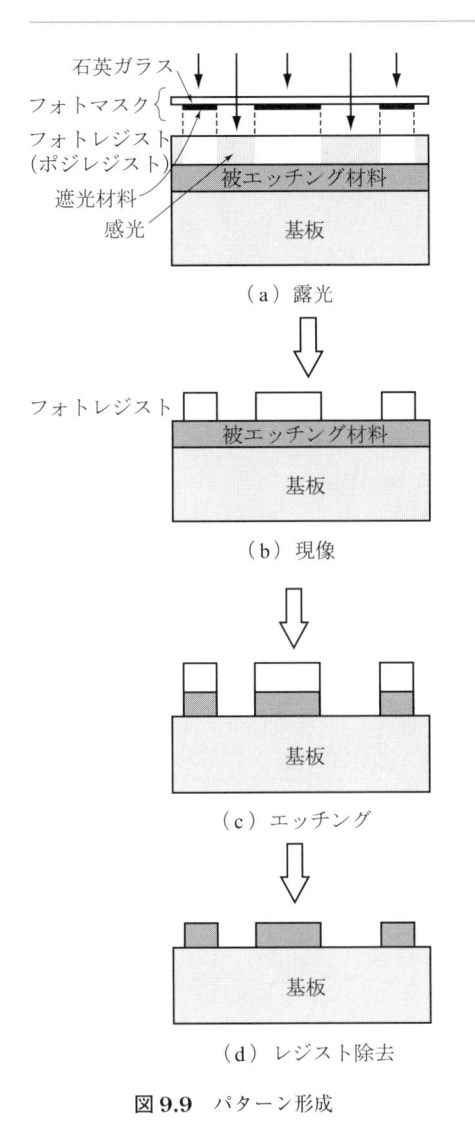

このウエハをエッチングすると,レジストが保護膜(マスク)となり,レジストに写し取られたパターンどおりに下部材料が残る.

レジストは,ウエハの上にレジストを滴下した後,ウエハを数千 rpm の高速で回転させ,1 μm 程度の均一な薄膜にする.これをスピンコート(spin coat)という.

最終的に,レジストは取り除かれる(レジスト除去).レジストを取り除くために,酸素プラズマ中でレジストをアッシングにより分解・除去する.

LSI の製造プロセスにおいて,露光プロセスが最も重要なプロセスであり,そこで使用される露光装置が,微細な LSI パターンを実現する要の製造装置である.

現在一般的に用いられている露光装置は,ステッパ(stepper)とスキャナ(scanner)と呼ばれるものである.ステッパは前後左右に移動する X-Y ステージ上にウエハを固定し,ウエハを決まった距離(チップサイズ)移動するたびに,マスクパターンを露光する.このような露光方式を,ステップアンドリピート(step and repeat system)という.一方,スキャナは1チップを一括して露光するのではなく,細いスリットでチップ内を走査(スキャン)して露光する.

図 9.9 パターン形成

(a) 露光
(b) 現像
(c) エッチング
(d) レジスト除去

露光時に,マスク上のパターンを数分の1程度に縮小して投影する(縮小投影露光)場合が多い.利点は,同じ線幅,精度のマスクパターンであれば,縮小されただけウエハ上での線幅は細くなり,精度が向上することである.

微細なパターンを描画するには,使用する光源の波長も短くなければならない.解像度は種々の解像度向上技術(超解像技術)を用いても,波長の半分程度以下にはできないため,200 nm 程度以下の紫外線を用いなければならない.現在使われている

光源はレーザ(laser)光を使用している．各レーザの種類と波長は下記のとおりである．

 KrF 248 nm
 ArF 193 nm
 F_2 157 nm

そのほか，電子ビームを用いると，さらに高い解像度が得られるが，露光時間が長いので，生産性(スループット，throughput)が低くなるため，もっぱら研究用に用いられる場合が多い．そのほか，X線を用いた露光装置の開発も進んでいる．

最近，光露光において，図 9.10 に示すようにウエハとレンズの間(1 mm程度)に液体(水)を満たす，液浸露光という技術が注目されている．

光学理論によると解像度 R は，レイリー(Rayleigh)の式

$$R \propto \lambda/NA \tag{9.11}$$

で表すことができる．ここで，λ は光の波長，NA は開口数(Numerical Aperture)と呼ばれるものである．

開口数とは，図 9.11 に示すように，レンズ(正確には対物レンズや投影レンズ)の見込み角を θ とすると，

$$NA = n \times \sin\theta \tag{9.12}$$

で表される．ここで，n はレンズとウエハ間の媒質の屈折率である．

これより，解像度を向上するためには，光の波長を短くし，レンズを工夫して NA を大きくすればよいことがわかる．従来は，レンズとウエハの間は空気であったが，液浸露光では純水で満たすため，屈折率(n)が大きくなり解像度が向上する．ちなみに，ArF の波長である 193 nm の紫外線に対する水の屈折率は 1.44 である．

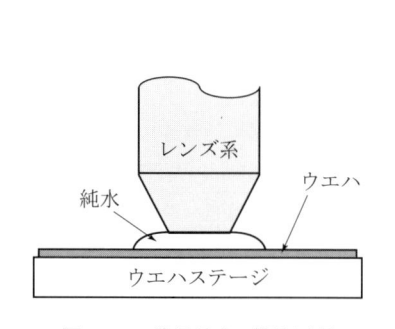

図 9.10 液侵露光の構造原理

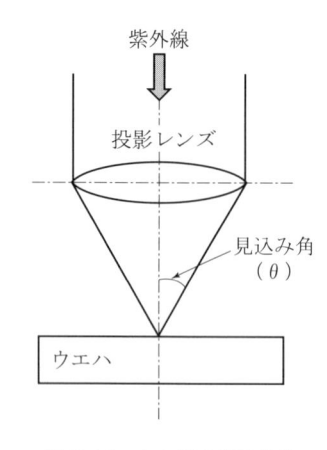

図 9.11 レンズの見込み角

この手法は，古くから顕微鏡の解像度を向上するために用いられていたが，露光装置への実用化技術が開発され，光露光の限界を突破する技術として注目されている．

§9.5 その他のプロセス技術

9.5.1 エッチング

パターンが形成（パターニング）されたレジストや他の材料をマスクにして，下部材料のマスクされていない領域を取り去るプロセスである．

エッチング（etching）には，薬液に浸漬し化学反応を用いるウエット（wet）エッチングと，**プラズマ***（plasma）による化学的，物理的効果によるドライ（dry）エッチング（プラズマエッチング）がある．一般的には，ドライエッチングのほうがプロセスの制御性がよく微細加工に向いている．

(1) ウエットエッチング

薬液に浸漬し，マスクされていない部分を化学反応で溶解除去する．エッチングに用いる薬品は，被エッチング材料によって異なり，たとえばシリコンには水酸化カリウム（KOH），シリコン酸化膜にはフッ酸（HF）水溶液を用いる．これらの薬品には劇物，毒物も多く，ドラフトと呼ばれる排気装置や人体の保護装具などが必要となる．

(2) ドライエッチング

ドライエッチングは，液体を使用しないことからこう呼ばれる．反応に必要なエッチング種（エッチャント，etchant）は，プラズマを発生させて得る．プラズマ発生方法には，高周波を電極間に印加する平行平板方式，さらに磁界をかけるマグネトロン（magnetron）方式，電磁波を導入する電子サイクロトロン共鳴（electron cyclotron resonance）方式など多くの方法がある．

ドライエッチングでは，プラズマ内で発生した**ラジカル***（radical）や分子，あるいは高エネルギーをもったイオンなどの化学種が，複雑な物理／化学的効果を引き起こす．被エッチング材料やプラズマガス種などのプロセス条件により，多くの異なったメカニズムでこの効果が現れる．その結果，プラズマエッチングではエッチング窓から等方的にエッチング（等方性エッチング，isotropic etching）するだけでなく，深さ方向に深くエッチング（異方性エッチング，anisotropic etching）することが可能になり，またマスク材料に対するエッチング耐性を高めることにより，薄いマスク材料の使用が可能になる．LSIを微細化するために，開口部が狭く，深い穴を開ける必要性が高まっており，プラズマエッチングがもつ特徴はLSI製造の要件に合致している．

```
         エッチング窓  エッチングマスク
              ↓         ↓
```

(a) 等方性エッチング　　　(b) 異方性エッチング

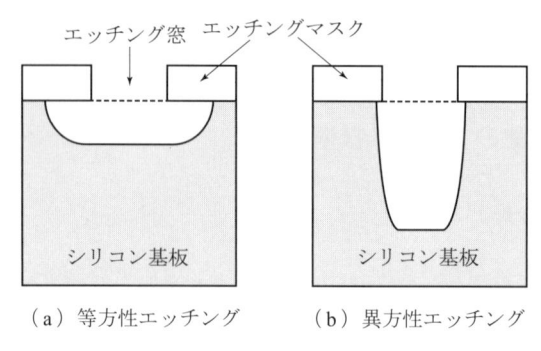

図9.12 等方性エッチングと異方性エッチング

開口した穴の縦横比をアスペクトレシオ (aspect ratio) といい，比の値が大きいほど長細い穴となる．等方性エッチングと異方性エッチングの模式図を図9.12に示す．

プラズマエッチング時には，マスク材料も同時にエッチングされるので，被エッチング材料は速いエッチング速度（エッチングレート），マスク材料は遅いエッチングレートのほうがよい．このエッチングレート比を選択比といい，エッチングプロセスの重要な製造パラメータである．

9.5.2　堆　積

堆積（デポジション，deposition）は絶縁物，金属，半導体の薄膜を積んで形成する技術である．MOSトランジスタを形成した後，トランジスタ同士を配線するための配線構造の形成や，コンタクトやスルーホールの穴の中に導体を埋め込むためのプロセスである．堆積する膜の膜厚は，数十 nm から数 μm である．

LSI製造に適用されている方法には，物理的蒸着（真空蒸着，スパッタ堆積など）と化学蒸着がある．

堆積では，下地の段差をいかになめらかに覆うか（カバレッジ），下地との密着性，堆積膜の表面のなめらかさ，などの評価項目がある．これらがよくないと，後に続くプロセスにおいて，エッチング後に残渣が残ったり，または堆積膜が剥がれるなどの不良につながる．カバレッジの良否の模式図を図9.13に示す．

(1)　物理的蒸着 (PVD：Physical Vapor Deposition)

膜の材料を，真空中で物理的な手段によって蒸発させ，ウエハ上に付着させる方法である．

蒸発させる手段として，加熱によるものを真空蒸着（vacuum deposition）といい，加熱方法としては，ヒータによる加熱（抵抗加熱），電子ビーム照射による加熱（電子

(a) 良い例　　　　　　（b）悪い例

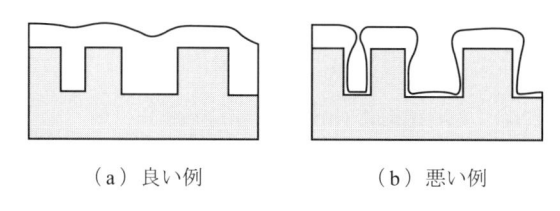

図 9.13　ガバレッジの良否

ビーム加熱），レーザ照射による加熱（レーザ加熱），などの方法がある．しかし，真空蒸着は，形成した膜の下地への付着強度が弱い，高融点材料が使用できない，膜厚制御の精度が悪いなどの理由で，LSI プロセスにはあまり使用されていない．

　他の方法として，粒子が高速で物質に衝突したとき，その物質の原子や分子が弾き飛ばされる現象をスパッタリング（sputtering）といい，これを用いる方法がある．衝突させる粒子として，プラズマ中で励起されたアルゴン（Ar）などを使用する．この方法を，スパッタ堆積（sputter deposition）という．スパッタでは，真空蒸着の欠点が大幅に改善されるので，LSI プロセスとして一般的に使用されている．装置の原理を図 9.14 に示す．

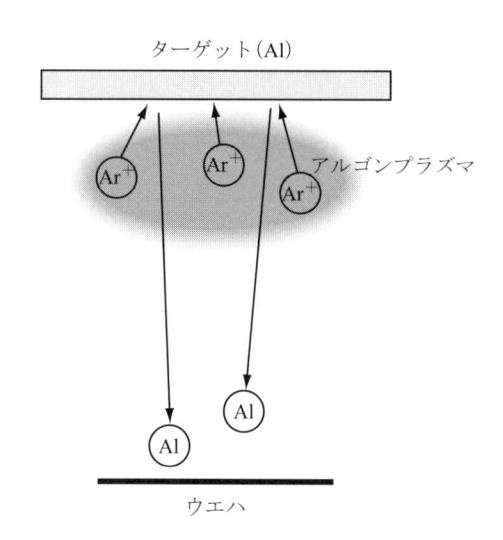

図 9.14　スパッタ装置の原理

　堆積できるものとしては主に導電材料が多く，Al, W, Mo, Ti などの金属のほか，シリコンとの化合物であるシリサイド（WSi_2, $MoSi_2$, $TiSi_2$ など），窒素との化合物であるナイトライド（TiN など）が代表的なものである．

　特に，TiN（チタンナイトライド）は，導電材料とシリコンとが反応するのを防止す

るために挟み込む導電薄膜層(バリアメタル,barrier metal)の代表的な材料である.

(2) 化学的蒸着 (CVD:Chemical Vapor Deposition)

CVDは化学反応を利用した堆積法である.堆積すべき膜を構成する元素を含んだガス状の化合物を,加熱などによって反応に必要なエネルギーを供給することにより反応させ,ウエハ上に薄膜を形成する.

反応エネルギーとして熱エネルギーを使用するものを熱CVDといい,プラズマを生成するものをプラズマCVD(P-CVD),光エネルギー(紫外線,レーザ)によるものを光CVDという.また,反応雰囲気の圧力を変えることもあり,常圧CVD(760 Torr)や減圧CVD(0.1～10 Torr程度)と呼ばれる.

堆積可能な膜は多岐にわたるが,絶縁膜としてはSiO_2,PSG(Phospho-Silicate Glass:SiO_2にリンをドープしたもの),Si_3N_4など,導体としてはポリシリコン(Poly-Si),W,Mo,Alなどの金属膜がある.

9.5.3 平坦化

LSIの回路パターンをみると,MOSトランジスタが配置された場所とそうでない場所,また配線が多層になっている場所とそうでない場所がある.このため,製造プロセスのある時点では,ウエハ表面の高さは一定でなく高低差が発生する.大きな高低差があると,露光時にフォトマスクに描かれたパターンの像の焦点と,フォトレジスト表面の位置がLSIチップ内の全面で一致しない.その結果,像がぼけることになり,正確なパターンが転写できなくなる.

したがって,LSIの縦構造からくる表面の凸凹をなめらかにする必要があり,このためのプロセスを平坦化(planarization)プロセスという.

平坦化には,堆積した膜を高温にして流動性を高め,高いところから低いところへ移動させて平坦にする方法(リフロー,reflow),フォトレジストを表面が平坦になるよう塗布し,フォトレジストと下地材料を同じエッチング速度でエッチングして下地材料の表面を平坦にする方法(エッチバック),厚く堆積した層を機械的・化学的に研磨する方法(化学的機械研磨,CMP:Chemical Mechanical Polishing)などがある(図**9.15**).

最近のシステムLSIでは多層配線が一般的であり,各層の平坦性が悪いと,上層配線では下地の高低差がさらに大きくなり,配線を形成できなくなる.この点,CMPはきわめて平坦性がよく,最近は主としてCMPで平坦化するようになっている.一例として,**写真9.2**に多層配線構造の電子顕微鏡写真を示す.

(a) リフロー　　　　　　　　(b) CMP

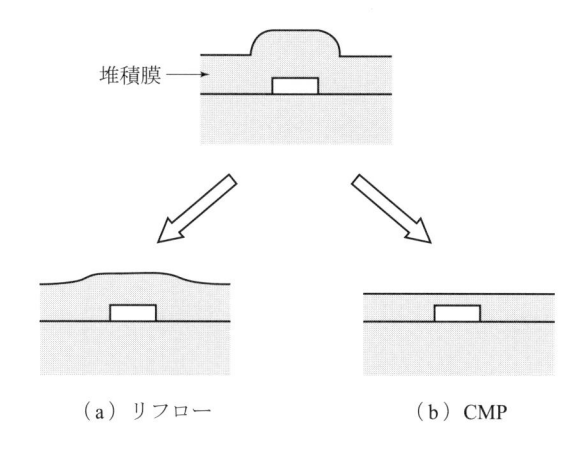

図 9.15　平坦化プロセス

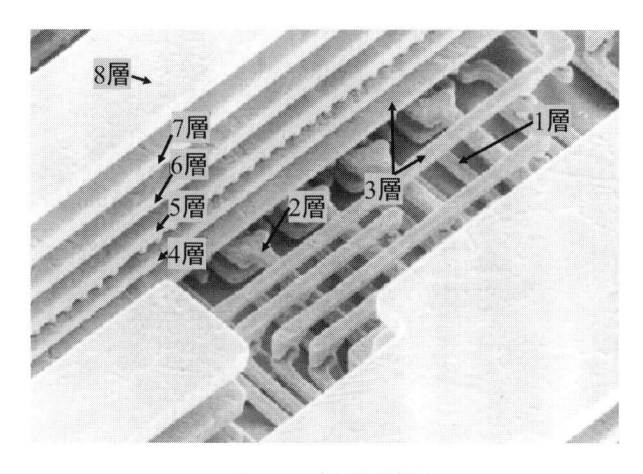

写真 9.2　多層配線構造

9.5.4　ダマシン法

　従来から，LSI の金属配線材料として，主としてアルミニウムが使われてきた．しかし，動作速度を速くするため，流れる電流を大きくする必要があり，**エレクトロマイグレーション***（electromigration）が生じやすいというアルミニウムの欠点が顕著に現れるようになってきた．アルミニウムの代わりに，抵抗率が小さく，材料的にエレクトロマイグレーションに強い銅が用いられるようになった．しかし，銅は従来の堆積法やエッチング法では加工ができず，新しい方法が必要とされた．

　ダマシン（damascene，象嵌）法はこれを解決するプロセスである．処理の流れは

図 9.16 に示すように，最初に，銅配線をする部分に溝（トレンチ）を掘り，ウエハ全面に銅をめっきする．次に，上述の CMP により溝の外に出ている銅を CMP で研磨し，除去する．

配線構造においては，横方向の配線と同時に，スルーホールを介しての上下方向の接続も必要である．ダマシン法を使って，上下の接続と配線を同時に処理するプロセスが，図 9.17 に示したデュアルダマシン（dual damascene）法である．

ダマシン法は微細加工が可能であり，ほとんどの配線にダマシン法を適用する LSI も増えてきた．

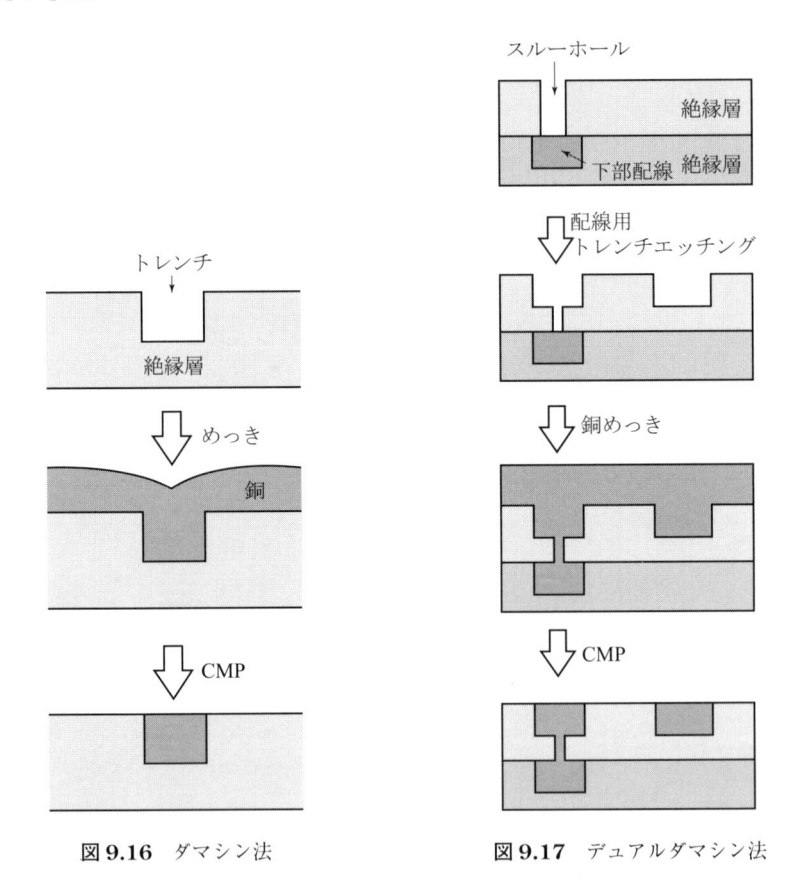

図 9.16　ダマシン法

図 9.17　デュアルダマシン法

9.5.5　その他

LSI は，前章で示したように，多くの製造工程を経て生産されるが，最先端の LSI では小さな工程も含めると約千工程にもなる．必要となる製造装置の数も，製造ラインの規模にもよるが 200〜300 台にもなる．

§9.5 その他のプロセス技術

LSIは，横方向は最小90 nm程度，縦方向は最小数nm程度の微細な構造で作られているので，空気中や製造装置内にある微小なゴミがLSI回路に断線や短絡などの不良を発生させ，歩留まりを低下させる大きな原因になる．このためウエハが暴露される環境を清浄に保つ必要があり，製造装置はクリーンルーム（clean room）と呼ばれる密閉された環境の中に設置され，温度・湿度・清浄度を厳重に管理している．

ウエハを処理する場合，複数枚まとめて1ロットとし，ロット単位で製造装置に装填する．このとき，ケースに格納するが，ケースとして密閉容器を用い，内部をさらに清浄な環境にする場合もある．

製造装置を設置し，ウエハプロセスを実行する設備，環境を製造ラインという．製造ライン内の装置や処理されるロット/ウエハには，通常，識別番号がつけられる．製造管理のコンピュータシステムが，装置の状態やロット/ウエハの場所と処理進行状態を把握し，プロセス技術者がこれをモニターし，必要に応じて処置する．

製造装置の操作やロット/ウエハの装置への装填，取り出しはオペレータと呼ばれる技能者が担当する．ロット/ウエハの装置から装置への搬送や，装置への装填，取り出しなどを，すべてコンピュータ制御する自動化ラインもある．自動化ラインの一例を**写真9.3**に示す．

イオン注入，エッチング，堆積などのプロセスでは，有毒な物質やガスなどが用いられるため，製造装置から排出されるこれらの有害物質が，外部の環境に漏れないよ

写真 9.3 自動化ライン
写真提供：㈱ルネサステクノロジ

うにするための除害装置が付帯設備として設置されている.

§9.6　プロセス評価技術

　プロセス開発途中では，加工が予定どおりできているか，イオン注入や拡散工程の後で，不純物がどのように分布しているかという観察や測定を常に実施する．また，開発途中では，多くの予期しない不良が発生する．この原因をひとつひとつ解明しなければプロセス開発は進展しない．これらの問題を解決するために，LSIの内部構造の検査や計測結果を技術開発へフィードバックする．

　製品製造においては，製造装置の不具合や原材料の不良などで，通常どおりの製品ができなくなるトラブルが発生する．このときも，まずウエハ表面の観察と分析を行い，製造不良の原因を同定し，トラブル解決につなげる．

　微細な構造を観察したり，不純物分布を測定したりするためには，高精度の計測機器を必要とし，装置の操作や観察・測定結果から原因を同定するためには経験が必要であるため，特定の組織をもっているLSIメーカが多い．

　以下，代表的な計測機器について解説する.

(1)　構造観察，計測

　代表的な計測機器は，走査型電子顕微鏡（SEM：Scanning Electron Microscope）である．走査型電子顕微鏡は，真空中に置いた材料に，収束した電子ビームを走査しながら当て，材料から放出される二次電子を**シンチレータ***（scintillator）で受け，それが放出する蛍光を**光電子増倍管***で検出し，画像処理するものである．百万倍以上の倍率が得られ，分解能も1 nmを下回るレベルである．

　さらに，微細な構造を観察できるものに，透過電子顕微鏡（TEM：Transmission Electron Microscope）がある．試料を透過した電子をシンチレータにあて，その像をカメラでとらえる．電子が透過しなければならないので，試料の観察する部分は，$1\,\mu m$以下の厚さにしなければならない．倍率は1千万倍以上，分解能は0.1 nm近くまでの高精度が得られ，結晶構造の観察ができる．

　さらに，原子1個レベルの観察が可能な顕微鏡に，走査型トンネル顕微鏡（STM：Scanning Tunneling Microscope）や原子間力顕微鏡（AFM：Atomic Force Microscope）がある．両者とも，先の鋭い探針（カンチレバー，cantilever）を試料表面のごく近い位置に置き，STMでは試料とカンチレバー間のトンネル電流を測定し，また，AFMでは原子間力を測定し，計算機処理し映像化する．トンネル電流も原子間力も原子構造に対して敏感にその値が変化するため，原子レベルの表面構造が観察できる．カンチレバーの走査（平面方向は$10 \sim 20\,\mu m$, 高さ方向は$1\,\mu m$程度）は**圧電素子***で行い,

§ 9.6 プロセス評価技術　171

カンチレバーの変位はレーザ光の反射で測定する．

(2)　元素同定，濃度測定

　トランジスタ構造を考えるとき，MOSトランジスタのソース/ドレインの不純物分布が重要である．横方向と縦方向（深さ方向）の不純物分布は，二次イオン質量分析法（SIMS：Secondary Ion Mass Spectroscopy）により測定することができる．
　真空中で，試料にアルゴンなどのイオンを加速して照射すると，これらのイオンによりシリコン原子や不純物原子が弾き出される．これを二次イオンといい，二次イオンの質量を質量分析装置で調べることにより，試料中に含まれる物質の種類と濃度を測定する．$10^{15} \mathrm{cm}^{-3}$ 程度以上の濃度分布を知ることができる．ちなみに，ソース/ドレイン領域の不純物濃度は $10^{17} \mathrm{cm}^{-3}$ 程度以上である．
　アルゴンなどを試料に照射すると，二次イオンが放出されると同時に，試料がエッチングされる．これを利用し，試料をエッチングしながら測定すれば，深さ方向の不純物分布を測定でき，イオン注入や拡散工程後の深さ方向の不純物分布測定に有効である．
　試料に電子線を照射すると，二次電子だけでなく，元素固有のエネルギーをもったオージェ（Auger）電子も放出される．オージェ電子のエネルギーと放出強度を測定することにより，試料表面の元素とその濃度を知ることができる．このような測定方法をオージェ電子分光（AES：Auger Electron Spectroscopy）といい，平面上を走査し2次元情報を得る装置を，走査型オージェ電子分光装置（SAM：Scanning Auger Microscopy）という．分解能はSIMSのほうが高い．

(3)　原子構造の測定

　試料にX線を斜めから照射すると，X線の波と結晶面の並びが干渉し，入射角がブラッグ（Bragg）の回折式を満たすときX線が回折される．このときの入射角（ブラッグ角）は格子間距離の関数であるため，回折方向を測定することで，結晶の格子定数や結晶欠陥を観察できる．入射X線をスリットで絞り，試料を走査することにより2次元像が得られる．これをX線回折顕微法（X線トポグラフィ，X-ray topography）という．熱処理後の結晶欠陥の観察に使われる．
　試料にレーザ光を照射すると，原子振動の影響を受けた非弾性散乱であるラマン散乱（Raman scattering）光が，微弱であるが放出される．入射レーザ光のほとんどは，波長が変わらない（弾性散乱）レイリー散乱（Rayleigh scattering）される．これに対しラマン散乱光は，結晶性の情報を反映しているので，これを**分光分析***（spectroscopy）することにより結晶構造の解析ができる．これをラマン散乱分光という．特に，応力

値を見積もることができ，LSI内部の応力が電気特性に与える影響を知ることができる．

(4) その他

試料にX線を照射し，原子から放出される元素固有の蛍光X線（特性X線）のエネルギーと強度から，元素の種類とその濃度を測定する蛍光X線分析法や，あるいは，X線照射により放出される光電子のエネルギーと強度から，元素同定と高精度の濃度値を得るX線光電子分光法（XPS：X-ray Photoelectron Spectroscopy）もプロセス評価に使われる．蛍光X線分析法では，照射も測定もX線を用いるため，測定環境を真空にする必要がないという利点がある．しかし，X線を用いる分析では，X線を収束させることが困難であるという問題がある．

§9.7 プロセス/デバイスシミュレーション技術

9.7.1 プロセス/デバイスシミュレーションの役割

LSIを構成する最も重要なデバイスであるMOSトランジスタ，およびその周辺の物理的な構造をどう決めるかによって，MOSトランジスタの性能，ひいてはLSIの性能が大きく左右される．最近のように最小構造（膜厚）が数nmレベルになると，各種の物理的限界に近づく．このため，従来は無視できた量子効果や副次効果が顕著に現れる結果，最適構造の設計において考慮すべき事項（パラメータ）が多くなり，単純な計算や実験・経験の積み重ねだけでの設計は不可能になってきた．さらに，製造工程が複雑であるため，最適の構造を実現する要素プロセスの組み合わせと，それらの製造条件の設定にも，多大の時間と実験を必要とするようになっている．

一方，より性能の高いLSIを製品に組み込んで競争力を高めたい機器メーカからは，LSIメーカに対して納期を短くしたいという要求がいっそう強くなっており，LSIメーカにとって，注文者の要求仕様を満足するLSIを，いかに早く出荷するかということが競争力となる．そのため，新しいLSIの開発時には，回路設計やレイアウト設計だけでなく，デバイス構造設計やプロセス設計を早くする手法として，物理・化学モデルに従って，デバイス動作を計算するデバイスシミュレーション（device simulation）や，製造装置中で起こっている現象を計算するプロセスシミュレーション（process simulation）を実施し，製造プロセスやデバイス構造，そしてLSIの開発期間を短縮している．

9.7.2 シミュレーションの方法

製造プロセスは，多くの個別プロセスの繰り返しによって構成されており，それぞれの個別プロセスを支配する物理・化学現象は，当然異なっている．また，MOSトランジスタの動作を理解するにあたっては，各種の動作条件におけるシリコン結晶内部でのキャリアの挙動を知らなければならない．

この要請に対して，実験で原子・電子レベルの情報を取得することはかなり困難であり，理論計算によるシミュレーションが必要となる．

シミュレーションでは，解析すべき現象などを，物理・化学理論に則った計算式や，ある決まった手順（アルゴリズム）で計算する必要がある．このためには，現象などを数式で表すなどのモデル化が必要である．モデル化は，すでに物理法則などで知られている数式を用いることは無論のこと，経験的に得られた結果であれば，数表として登録するなどの方法でモデル化される．

数式によるモデル化は，一般に偏微分方程式で与えられ，計算対象は3次元空間での複雑な形を対称にする場合が多い．そのため，解析的に計算することが困難な場合が多く，一般的には**図9.18**に示すように，計算対象を微小な領域（メッシュ）に分割し，その中での現象を，偏微分方程式を線形化して得られる近似（離散化）式に基づいて，数値的に解く．

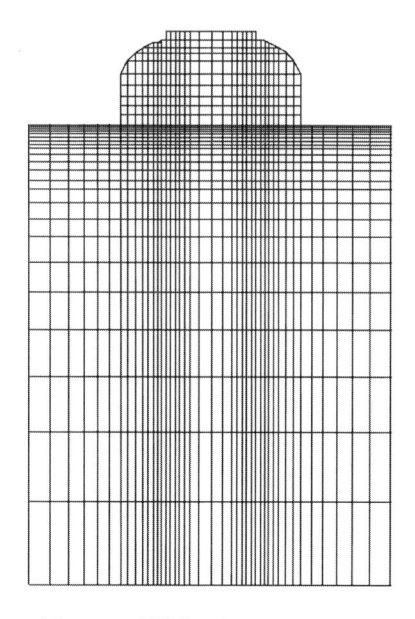

図9.18 離散化のためのメッシュ例

この例は，2次元の例であるが，2次元の場合は四角形や三角形で，3次元の場合は直方体や四面体で微小領域に分割する．濃度や電圧などの物理量の変化が激しいところは，より小さな領域に分割する．

各微小領域の離散式をすべてつなぎ合わせると，結果として，非常に多くの変数をもつ多元連立1次方程式となる．千～百万もの変数をもつ連立方程式を，実用時間内で手計算することは不可能であるため必然的に計算機を使用することになる．計算機を用いた連立方程式の解法は多くの手法が実用化されている．

計算結果は数値で得られるが，千～百万もの数値を人がみても全体を理解することが困難なため，一般的にはグラフィック処理する．

9.7.3 プロセスシミュレーション

プロセスシミュレーションは，個別のプロセスごとに物理・化学現象が異なるため，プロセスごとに異なったモデル化がされている．

個別プロセスの中では，酸化，拡散とイオン注入プロセスのモデル化が進んでいる．これらは，従来からそれぞれ，Deal-Grove モデル，拡散方程式，LSS 理論として知られている．実際の計算では酸化速度や拡散係数などの係数が温度，圧力，不純物種とその濃度，シリコン基板内部の電界強度などによって影響を受ける．その影響の受け方が，数式としてモデル化されている場合や実験値として得られている場合などがある．これらは，計算式の中に組み入れられ，高精度化が図られている．

他のプロセスとして，エッチングや堆積プロセスがあるが，これらを引き起こす物理・化学現象の詳細はきわめて複雑で，モデル化はまだ不十分である．したがって，実験で得られたエッチング係数やデポジション係数を用いた計算が一般的である．

エッチングや堆積プロセスでは，物質境界（物質表面）の形状が時間とともに変化してゆくので，シミュレーションは表面の移動を追跡する方法をとる．形状の変化を計算するため，特に形状シミュレーション（topography simulation）と呼ばれる．

物質表面の移動を追跡する方法として，3次元ではレベルセット法や等濃度表現法と呼ばれる，解析関数を用いた表面の決定手法を使用する．

最近では，エッチングや堆積の化学反応を，プラズマの状態や化学反応過程の中間生成物まで考慮した，詳細なモデル化によるシミュレーションも可能になりつつある．

LSI の製造過程をシミュレーションするには，製造工程に従って，それぞれのプロセスをシミュレーションする．このためには，各工程のシミュレーション結果を，次工程の計算の初期値として使用する必要があるが，微小領域への分割方法がシミュレーションの種類（酸化，拡散，形状など）によって異なる場合が多く，前回の計算結果を補間し，新しい微小領域に割り付ける．プロセスシミュレーションの概略のフ

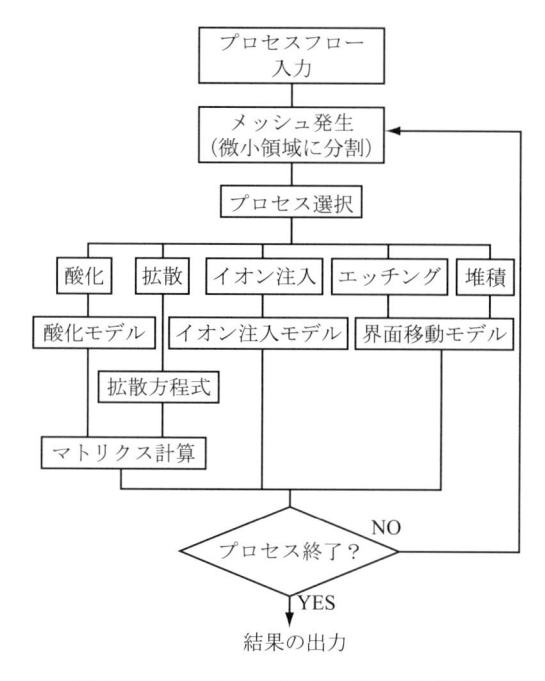

図 9.19 プロセスシミュレーションの概要

ローを図 9.19 に,シミュレーション結果の一例(ENEXSS[注]の例)を図 9.20 に示す.

9.7.4 デバイスシミュレーション

デバイスシミュレーションは,主にトランジスタの電気的動作を計算する.LSI を高速に動作させるためには,電流駆動能力に優れたトランジスタが必要である.さらに,LSI の面積を小さくすることが,製造原価を下げるために必要であることから,微細な構造であるほど望ましい.

しかし,微細な構造のトランジスタは,種々の物理的制約から,構造的な改良を加えなければ期待する特性を得ることができない.このために,トランジスタの試作と測定を繰り返し,デバイス構造の改良が進められてきた.ところが,微細なデバイス構造では,トランジスタ特性を決定するキャリアの挙動に関して,実験的に確認することが困難な事項についての知見を必要とするようになり,物理モデル,特に電子物性の理論に基づいて,可能な限り忠実に計算をしなければならなくなった.

注) 株式会社 半導体先端テクノロジーズ(Selete)が開発した,3 次元半導体シミュレーションシステムの名称.プロセス/デバイスシミュレータやモンテカルロイオン注入シミュレータなどを含む.Selete は 1996 年に,わが国の主要な半導体メーカが共同で設立した研究開発専門会社.

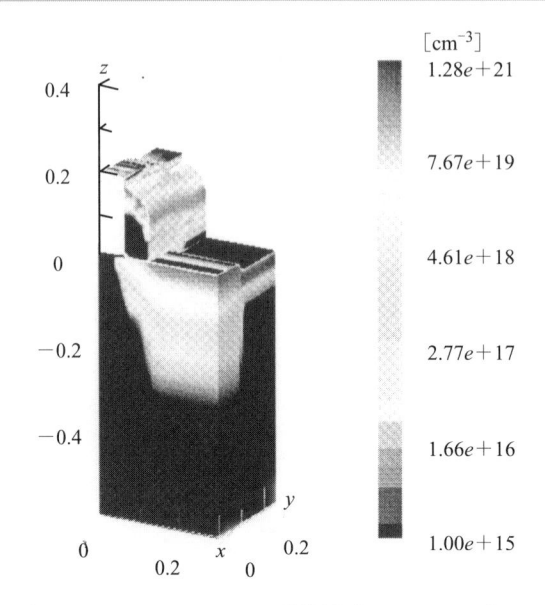

図9.20 プロセスシミュレーションの計算例（ENEXSS，ヒ素の3次元分布）

デバイスシミュレーションは，シリコン結晶におけるキャリアの挙動を，理論モデルに基づき計算する．計算の流れは，**図9.21**に示すように，**ポアソン方程式**＊（Poisson equation）を解いて電位分布を求め，次に**電流連続式**＊（current continuity equation）を解いてキャリア密度分布を求める．そのとき，キャリアに関する電子物性理論から導き出されるいくつかのモデルを組み入れて計算する．デバイス構造や内部の不純物分布などは，単純な形状ではないため，これらの式を解析的に解くことは困難である．したがって，解析すべき構造を微小領域にメッシュ分割し，微小領域でこれらの基本方程式を線形化する．その結果，未知数が数千から数万以上の多元連立1次方程式が得られるので，これを行列式として，マトリクス（matrix）計算で数値的に解く．

電流連続式から得られるキャリア密度を，再度，ポアソン方程式に代入し，電位分布を計算する．この繰り返しにより，電位分布とキャリア密度分布が自己無撞着（self-consistent）に求まった（収束した）段階で，1つの動作点（状態）の計算が終了する．電流-電圧特性を得るには，端子電圧を変化させ，同様の計算を繰り返す．

計算精度を高めるためには，計算領域をできるだけ小さく分割する必要があり，2次元で計算する場合は数千以上，3次元の場合は数万以上の微小領域に分割する．

理論計算であるため，計算の結果，1～3次元の電位分布，キャリア密度分布，キャリア速度分布，キャリア発生・再結合密度，電流密度分布などが得られ，これらから，電流-電圧特性，しきい値，耐圧，リーク電流などのトランジスタ開発に必要な情報

§ 9.7 プロセス/デバイスシミュレーション技術　177

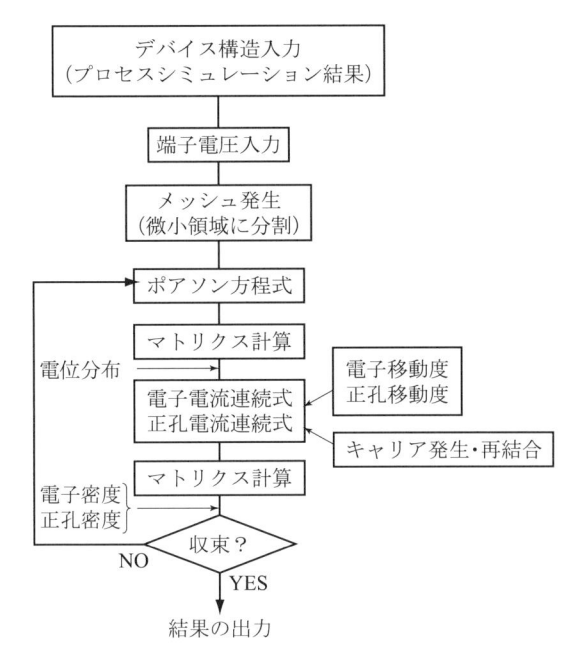

図 9.21 デバイスシミュレーションの概要

が得られる．これらから，デバイス構造の最適化，あるいは最適なデバイス構造を作る製造プロセスの開発が進められる．

図 9.22 には，デバイスシミュレーションの計算結果の一例を示す．

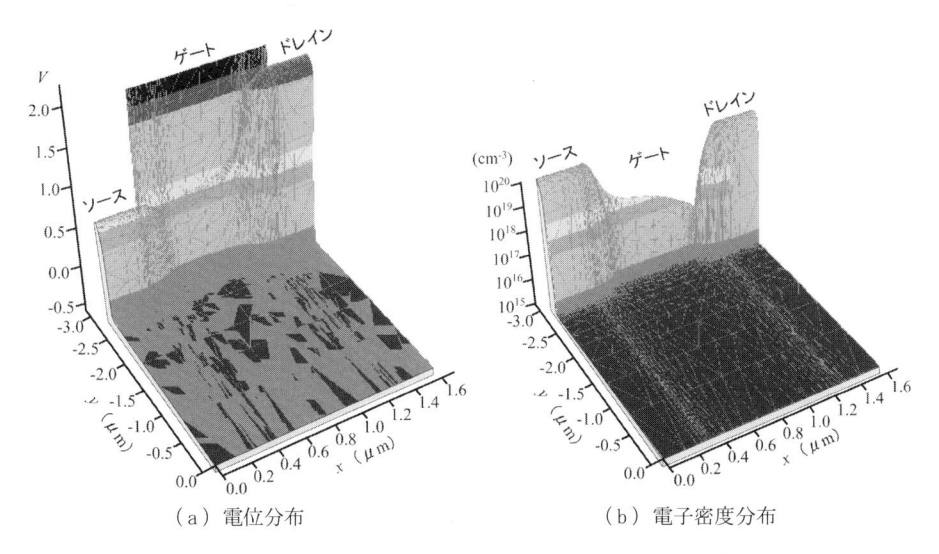

(a) 電位分布　　　　　　　　　　(b) 電子密度分布

図 9.22 デバイスシミュレーションの計算例 (ENEXSS)

プロセス/デバイスシミュレーションは，物理・化学モデルに基づき計算する．しかし，モデルは現実の現象の近似であるため，シミュレーション結果の解釈が必要になる．したがって，プロセス/デバイスシミュレーションを有効活用するためには，モデルやマトリクス計算に関する専門的な知識が必要となる．

§ 9.8 LSI 産業の特徴と構造

LSI は，メモリ LSI の需要がコンピュータの高性能化と呼応し，大規模な産業となって発展してきた．好況であった 2003 年度の世界の LSI 生産高は約 18 兆円，2004 年度はさらに 23 兆円が予想されている．しかし，この好況が連続しては持続せず，数年おきに好況と不況を繰り返す（シリコンサイクル）のが，半導体ビジネスの特徴である．特に前回の 2001-2002 年は大きなリセッションであったし，現在の好況も，2005-2006 年には次のリセッションに見舞われるとの予想がある．ただ，少し長く 10 年間程度のスパンでみれば，年率約 5％で成長を続けている．規模の大きな，重要な産業分野であることがわかる．図 9.23 には，LSI に単体トランジスタなども含めた半導体製品の世界の生産額の推移を示す．

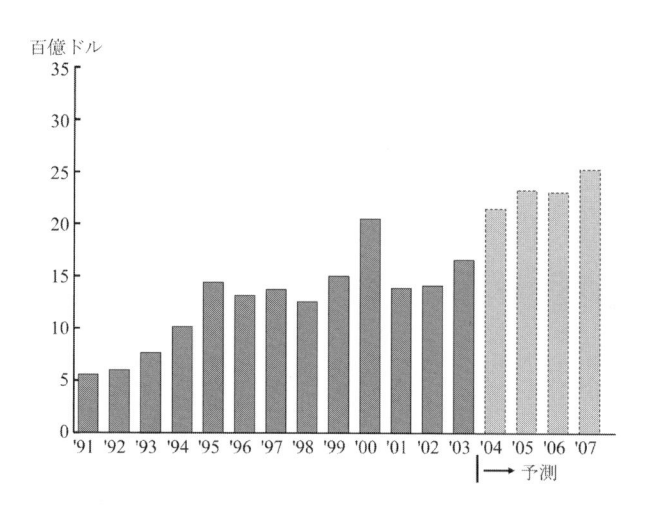

図 9.23 世界の半導体製品の生産額の推移
出典：WSTS

(1) LSI 製造の特徴

LSI の製造には，膨大な**ノウハウ***が必要である．製造過程におけるシリコン表面の状態や，各種の処理を施すときの反応などは，基本的な部分は科学的に解明できているが，すべてを科学的に解明することは困難であり，解明できていない現象が多々存在している．しかし，科学的には未解明でも，これらを制御しなければ LSI を製造

することができない．科学的な解明が困難な場合，制御方法は膨大な実験や試行錯誤を通して獲得される．また，これらの実験の過程で，科学的に解明できることも多い．

理論的な裏付けがないものは，ノウハウとして技術が蓄積され，微細化レベルが進むたびに，新たにノウハウが獲得される．

製造装置の完成度が未熟な段階では，製造装置をいかにうまく使いこなすかということが重要なノウハウであった．したがって，製造メーカ間では，同じ製造装置を使用していても，その使い方のノウハウには差があり，その結果が技術力の差として現れる．このため，新規参入者は，これらのノウハウを短期間で蓄積することが困難であり，既存の製造メーカはノウハウに守られていた．

さらに，1990年頃まで，LSIの大半を占めていたメモリLSIは，設計とデバイス構造や製造プロセスとの最適化に関する技術力が製品競争力を決定するため，設計から製造までを1社がまかなう垂直統合型企業（IDM, Integrated Device Manufacturer）が有利な立場にあった．それに加えて，メモリLSIは量産効果が出やすいので，大規模投資によって大量生産可能な製造ラインを建設することにより，強い競争力をもつことができる．このような理由で日本のIDMは強い競争力を発揮してきた．

LSI製造に必要な装置は前述のように大きく分類しても，熱系（酸化，窒化，CVD）成膜装置，プラズマ系（エッチング，CVD）装置，スパッタなどの物理成膜装置，イオン注入装置，CMP研磨装置，リソグラフィ関連装置（露光，塗布，現像，ベーク炉），洗浄装置，金属のメッキ装置，そして評価解析装置など多岐にわたる．このため，製造ラインを構成するためには，最低でもおよそ120台の装置が必要であり，また，そこで使われる原材料，ガスなども多岐にわたっている．微細な構造を作るため，これらの装置や原材料などに要求される精度や純度などは，従来の産業に比較して，きわめて厳しい条件になっている．その結果，製造装置メーカや原材料メーカの技術開発投資を促し，大規模投資による大きな需要と相まってIDMを取り囲む関連産業が興隆してきた．

(2) LSI産業の分化

その後，IDMと製造装置メーカの共同研究が進み，その結果，製造装置の性能が向上し，プロセス技術の発達を支えた．そして，逆説的であるが，製造装置の装置そのものや制御プログラムの高度化により，装置を使いこなすノウハウは装置の中に組み込まれるようになり，従来多くのIDMの技術力の源泉であった装置使用上のノウハウがしだいに必要なくなってきた．

また，1990年ごろから，LSI製造が多種の高性能製造装置からなる装置産業となってきたのと時を合わせて，IDMからの新規参入者に対する技術供与が進んだ．その

結果，新規参入者も技術力を獲得し，必要とされる製造装置をそろえることができれば，独自にLSI製造を始めることが可能になった．

加えて，設計ツールの発達は設計作業を容易にするとともに，自動的に設計可能な領域も増加し，製造技術同様，システムLSIの設計においても専門知識を必要とする部分がしだいに少なくなった．

これらの技術基盤の変化が，製造ラインをもたないファブレス(fabless)メーカと，供給されるマスクデータで製造のみを専門に行うファウンドリ(foundry)の台頭につながってきた．メモリLSIにおいても，LSIメーカのノウハウは相対的に少なくなっており，製品原価をいかに下げるかが競争の主眼になっており，生産規模が大きいほど優位に立ちやすい．その結果，台湾のASICファウンドリ，韓国のメモリLSIメーカが台頭し，日本のIDMを凌ぐようになった．

システムLSIは，ASICの名の示すとおり，注文者ごとに仕様が異なるため，汎用LSIのように1品種の生産量は多くない．このため量産効果が出にくく，製造ラインの稼働率が上がらず，製造コストが高くなる．ファウンドリは，製造プロセスの仕様を公開することにより，多数の企業から多品種の生産を受託するという戦略をとり，生産設備の高い稼働率の維持を可能にした．

韓国のメモリLSIメーカは，きわめて大規模な設備投資をし，製品単価を大幅に下げることで，メモリ，特にDRAMを制した．

米国のLSIメーカは，汎用マイクロプロセッサや専用プロセッサに特化する戦略で成功している．メモリに特化し，成功しているメーカもある．

現在のLSI製造は，図9.24に示すようにIDM，ファウンドリ，ファブレスメーカ，機器メーカが，並立した構造になっている．そして関連産業である製造装置や分析装置，測定装置などの装置メーカ，ウエハメーカや薬品，ガスなどの原材料メーカ，そして設計ツールベンダーなどが，LSIメーカを支えている．

(3) 今後の展望

現在は90 nm世代であるが，これ以降の世代では，配線遅延，消費電力などの問題がいっそう深刻になり，製造コストが上昇する．取り扱う構造が分子・原子レベルに近づくことにより量子効果が顕在化するなど，従来技術の漸進的進歩では対処できそうにない課題に直面している．これらの課題をブレークスルー(breakthrough)するために，活発な研究・開発がなされており，デバイス構造や製造プロセス，あるいは回路動作を理解するための理論や技術が大きく変化する可能性がある．

また，システムLSIでは，設計と製造プロセスが可能な限り分離され，設計が容易になっているため，LSIメーカでなくても設計が可能である．しかし，高性能化のた

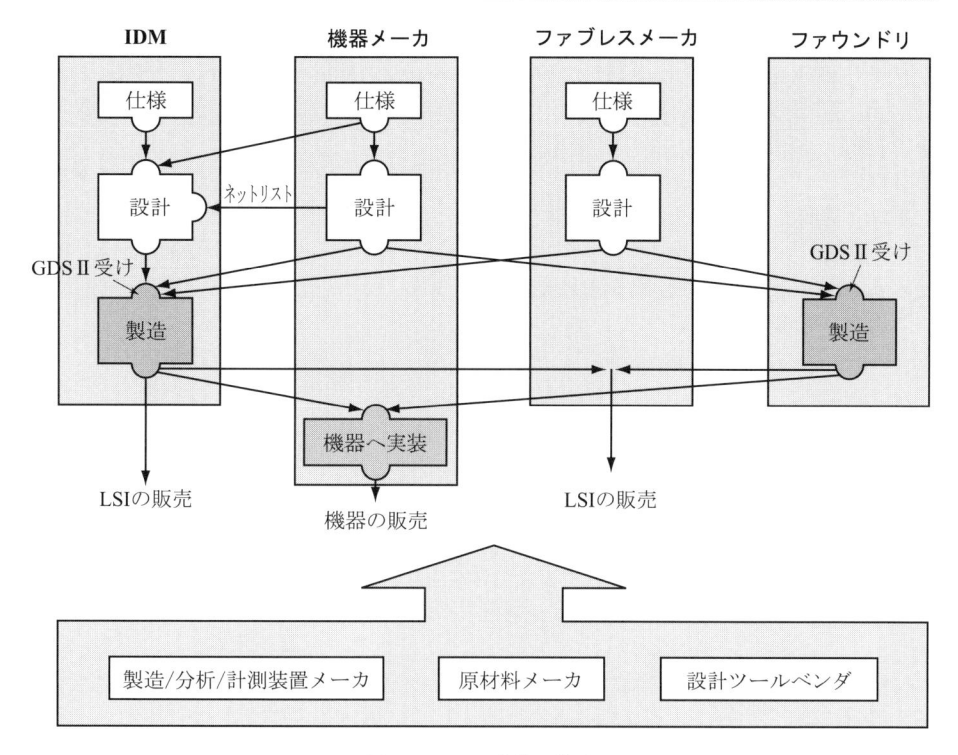

図9.24 LSI産業の構造

めにデバイス構造を微細化すると，§7.1で述べたように，設計とデバイス構造や製造プロセスとの干渉が強くなり，タイミングクロージャや信頼性保証などの課題解決が困難になる．したがって，最先端プロセスを使用する高性能のシステムLSIでは，再び設計とデバイス構造,製造プロセスを一体として開発する必要性が高まっている．これは，IDMが得意とするところであり，特に日本では，デジタル家電の急速な普及と相まって，今後の発展が期待されている．

練習問題

第1問

Deal-Groveの関係式(9.3)を用いて，1000℃の水蒸気酸化を2時間行った場合の酸化膜厚を求めよ．ただし，線形酸化速度定数B/Aは$0.81\ \mu m/h$，放物線酸化速度定数Bは$0.34\ \mu m^2/h$とし，初期酸化膜厚に対応する時間tはゼロとする．

第2問

レイリー(Rayleigh)の式(9.11)と NA の定義式(9.12)を用いて，ArFレーザ波長(λ = 193 nm)，液浸の水の屈折率(n = 1.44)，レンズの大きさで決まる最大見込み角(θ = 30°)の場合の解像度 R を求めよ．

第3問

ボロン濃度 $1\times10^{15}\mathrm{cm}^{-3}$ の p 型シリコン基板に，n 型不純物のリンを，1000 ℃，1時間，表面一定濃度 $1\times10^{18}\mathrm{cm}^{-3}$ でプレ・デポジションしてシリコン基板に拡散させたとき，表面から pn 接合位置までの距離 X_j を求めよ．

ここで，リンの拡散係数 D は 1000 ℃ で，

$$D = 7.45\times10^{-5}\,\mu\mathrm{m}^2/\mathrm{min}$$

また，

$$erfc(2.3) \cong 1\times10^{-3}$$

を用いよ．

第4問

デバイスシミュレーションで，電荷分布が与えられた場合の電位分布を決めるために用いられるポアソン方程式を数値計算で解くことを考える．

1次元で電荷密度一定(ρ)の場合ポアソン方程式は誘電率を1として，

$$\frac{d^2\phi}{dx^2} = -\rho$$

で与えられる．

2次元以上の空間で解析的に解くのは難しいので，1次元の数値解法を用いる．空間を**図9.25**のように等間隔 h で4分割し，x 座標を x_0, x_1, x_2, x_3 ($x_k: k = 0 \sim 3$)．これらが代表点と呼ばれるもので，この操作を(連続空間の)離散化という．

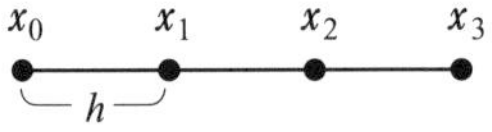

図 9.25

関数の1階微分は，関数値の差を間隔で割ったもので近似する差分近似を用いる．たとえば x_k と x_{k+1} の間の傾き(中点 $x_k + h/2$ での傾き)は，$\phi(x_k) = \phi_k$ と書くと

$$\frac{d\phi}{dx} \cong \frac{\phi_{k+1} - \phi_k}{h}$$

同様に，2階微分はもう一度，1階微分の傾きの差を h で割って

$$\frac{d^2\phi}{dx^2} \cong \left(\frac{\phi_{k+1} - \phi_k}{h} - \frac{\phi_k - \phi_{k-1}}{h}\right)\bigg/h = \frac{\phi_{k+1} + \phi_{k-1} - 2\phi_k}{h^2}$$

となる．これは x_k ($x_k - h/2$ と $x_k + h/2$ の中点)における値と考えられる．

以上を参考に，x_1 と x_2 における上記ポアソン方程式を差分近似した形で書け．さらに，x_1 と x_2 における電位を求めよ．

ここで，x_0 と x_3 は端であるため境界と呼ばれ，電位 ϕ の値は境界条件で与えられる．いま，x_0 と x_3 には電極が付けられており $\phi_0 = 0\,\mathrm{V}$，$\phi_3 = 1\,\mathrm{V}$ とする．

境界条件が与えられれば，未知数 ϕ_1, ϕ_2 に対して上記 x_1 と x_2 における上記ポアソン方程式が2つ存在し，解けることになる．

第5問

第4問でみたように，空間を離散化（飛び飛びの代表点のみ考える）することにより，微分方程式が多項式の方程式となる．一般的には，多元連立多次元方程式（第4問では未知数2個の2元連立1次方程式）となり，解析的に解くのは難しい．そこで例として，未知数1個の $f(x) = x^2 - 2 = 0$ を $x > 0$ で数値的に解いてみる．
（第4問では未知数は ϕ_1, ϕ_2 の2個であり，離散化すると座標は座標間隔 h に変わり，座標 x は表面的には出てこない．）

図9.26のように任意の初期解，たとえば今回は $x_0 = 2$ を採用する．求める解は関数 $f(x)$ と x 軸の交点であるから図のように初期解のところから関数 $f(x)$ の接線方向に x 軸と交わるところ x_1 まで間隔 δx 改善すれば真の解に近付く（$x_1 - x_0 = \delta x$）．この δx は図から

$$\frac{f(x_0)}{-\delta x} = \frac{df}{dx}(x = x_0)$$

（方向を考えて δx にマイナス符号をつけた）．
ここで $x_0 = 2$ を代入して

$$f(x_0) = x_0^2 - 2 = 2$$
$$\frac{df}{dx}(x = x_0) = 2x_0 = 4$$

より，

$$\delta x = -f(x_0) \Big/ \frac{df}{dx}(x = x_0) = -\frac{1}{2}$$

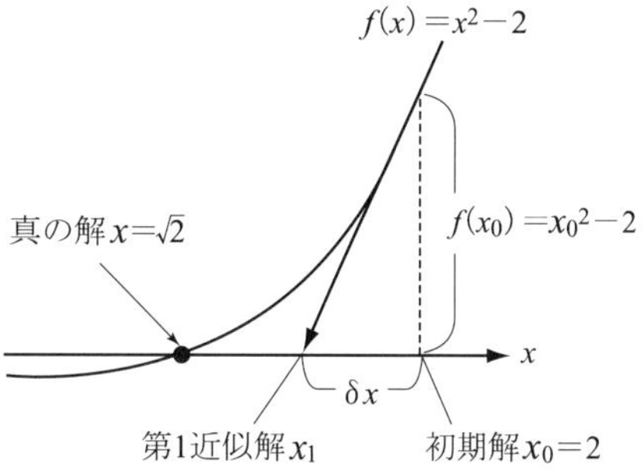

図9.26

すなわち1回近似すると第1近似解 $x_1 = x_0 + \delta x = 2 - 1/2 = 1.5$ となる．この第1近似解 x_1 から出発して同様の手段で第2近似解 x_2 を求めよ．

練習問題解答

第1章

第1問
28ビット，$2^{28} = 268435456$

第2問
・DRAM はダイナミック回路であるため，リフレッシュ動作が必要であるが，SRAM ではその必要がない．
・DRAM に比較すると SRAM は構成要素が多く，大容量メモリには向かない．
・DRAM はキャパシタ製造工程を必要とするが，SRAM は MOS トランジスタのみで構成できるため，製造プロセスが簡単である．

第3問
8インチから12インチになると，ウエハ面積は約2倍になり，ウエハあたりのチップ数も約2倍になる．しかし，ウエハ1枚の製造コストは大きく変化しないので，チップあたりの製造コストが下がる．

第4問
$$10^{-3}\,\Omega\,\mathrm{cm}/10^{-4}\,\mathrm{cm} = 10\,\Omega \qquad (1)$$

第5問
・メモリ LSI はメモリセルの繰り返し構造（メモリアレイ）が基本で，これにメモリ動作のための周辺回路を加えたものである．このため，ランダムロジックの規模が小さく，設計手法も高度・大規模な自動化手法は必要ない．このため，メモリ LSI は設計技術の牽引役とはならない．設計技術の牽引役はロジック LSI となる．
・メモリ LSI は繰り返し構造が基本なので，故障解析により欠陥を発見しやすく，製造プロセス技術開発（歩留り向上）の牽引役となる．

第2章

第1問
図 **A.1** のとおり．

第2問
図 **A.2** のとおり．

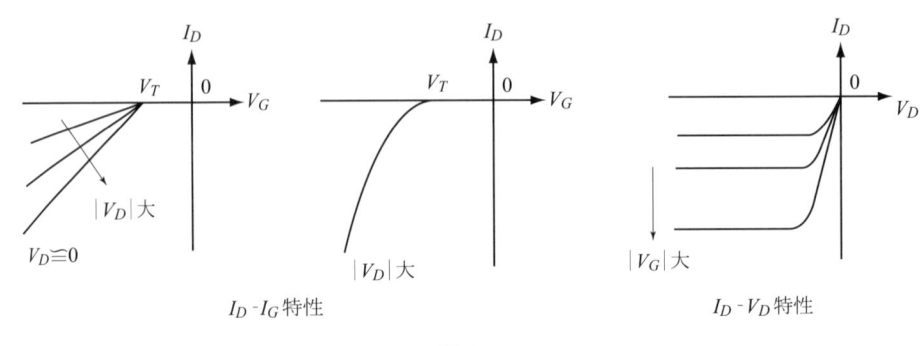

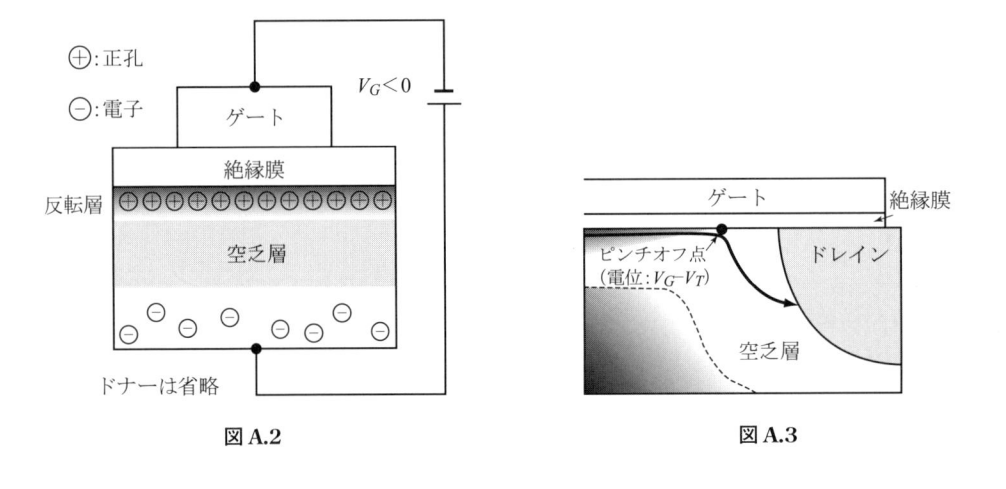

図 A.1　I_D-I_G特性（$V_D≡0$、$|V_D|$大）／I_D-V_D特性（$|V_G|$大）

図 A.2　⊕:正孔、⊖:電子、$V_G<0$、ゲート、絶縁膜、反転層、空乏層、ドナーは省略

図 A.3　ゲート、絶縁膜、ピンチオフ点（電位:V_G-V_T）、ドレイン、空乏層

第 3 問

nMOS の場合を下記に示す.
・しきい値を下げ，ゲート電圧を高くする.
・チャネル（ゲート）長を短くし，チャネル（ゲート）幅を大きくする.
・比誘電率の大きな材料でゲート絶縁膜を形成する.
・ゲート絶縁膜を薄膜化する.
・移動度が大きくなるようにする.

第 4 問

図 A.3 に示す.
　式 (2.1) のドレイン電流の式は，シリコン表面の状態から得られた式であるため，ピンチオフ点よりドレイン側の電子の流れに関する情報は得られない．§9.7 に述べたデバイスシミュレーションによると，ピンチオフ点に達した電子は，空乏層の中を広がりながらシリコン内部へと入り，図に示したようにドレインに達する.

第5問

- ソース/ドレイン領域の不純物濃度が同じ場合は，シート抵抗が高くなり，トランジスタに直列に入るソース/ドレイン抵抗が増加し，トランジスタの g_m が低下する．
- 接合端の曲率が小さくなるため，この部分への電界集中による電界強度の上昇を招き，ドレイン－シリコン基板間の耐圧が低くなる．

第3章

第1問

図 **A.4** に示す．

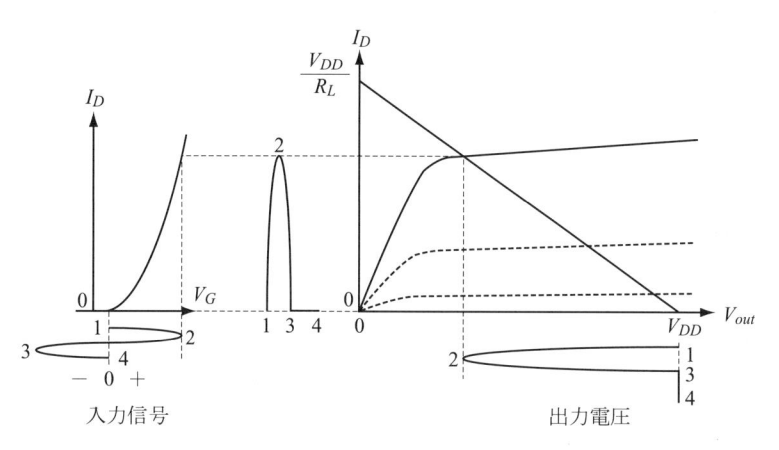

図 **A.4**

第2問

図 **A.5** を参考に次の関係を得る．

$$g_m = \frac{\Delta I_D}{\Delta V_{GS}} \quad (1)$$

$$V_{out} = V_{DD} - R I_D \quad (2)$$

$$V_{GS} = V_B - V_{in} \quad (3)$$

電圧増幅率を A_V とすると，

$$A_V = \frac{\Delta V_{out}}{\Delta V_{in}} \quad (4)$$

である．
式(2)から，

$$\Delta V_{out} = \Delta(V_{DD} - R I_D) = -R \Delta I_D \quad (5)$$
$$(\because V_{DD}, R = \text{const})$$

を得る．また，式(3)から，

$$\Delta V_{GS} = \Delta(V_B - V_{in}) = -\Delta V_{in} \quad (6)$$

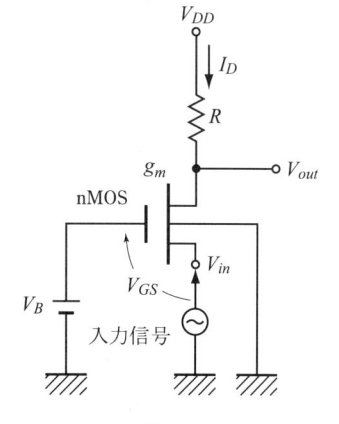

図 **A.5**

($\because V_B = \text{const}$)

を得る.

式 (4) に式 (5), (6) を代入し, さらに式 (1) を適用し,

$$A_V = \frac{-R\Delta I_D}{-\Delta V_{GS}} = R\frac{\Delta I_D}{\Delta V_{GS}} = Rg_m$$

を得る.

第 3 問

図 A.6 を参考に次の関係を得る.

$$g_m = \frac{\Delta I_D}{\Delta V_{GS}} \tag{1}$$

$$V_{out} = RI_D \tag{2}$$

$$V_{GS} = V_{in} - V_{out} \tag{3}$$

電圧増幅率を A_V とすると,

$$A_V = \frac{\Delta V_{out}}{\Delta V_{in}} \tag{4}$$

である.

式 (3) から,

$$\Delta V_{in} = \Delta V_{GS} + \Delta V_{out} \tag{5}$$

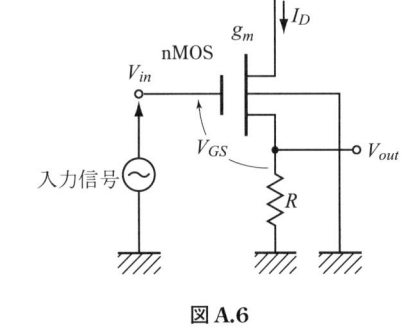

を得る.

式 (4) の逆数に, 式 (2), (3), (5) を適用することにより,

$$\frac{1}{A_V} = \frac{\Delta V_{in}}{\Delta V_{out}} = \frac{\Delta V_{GS} + \Delta V_{out}}{R\Delta I_D} = \frac{\Delta V_{GS}}{R\Delta I_D} + 1 \tag{6}$$

を得る. これに, 式 (1) を適用することにより,

$$\frac{1}{A_V} = \frac{1}{Rg_m} + 1 = \frac{1 + Rg_m}{Rg_m}$$

を得る. この逆数を取り,

$$A_V = \frac{Rg_m}{Rg_m + 1} < 1 \tag{7}$$

となる.

式 (7) より, 増幅率は 1 より小さいが, きわめて 1 に近い値であることがわかる.

図 A.6

第 4 問

$$g_m = \frac{\Delta I_1}{\Delta V_{GS1}} = \frac{\Delta I_2}{\Delta V_{GS2}} \tag{1}$$

$$V_{GS1} = V_{in1} - (I_1 + I_2)R_C \tag{2}$$

$$V_{GS2} = V_{in2} - (I_1 + I_2)R_C \tag{3}$$

$$V_{out1} = V_{DD} - I_1 R \tag{4}$$

$$V_{out2} = V_{DD} - I_2 R \tag{5}$$

式(2), (3)から,
$$\Delta V_{GS1} = \Delta V_{in1} - (\Delta I_1 + \Delta I_2) R_C \quad (6)$$
$$\Delta V_{GS2} = \Delta V_{in2} - (\Delta I_1 + \Delta I_2) R_C \quad (7)$$
式(6)から式(7)を引いて,
$$\Delta V_{GS1} - \Delta V_{GS2} = \Delta V_{in1} - \Delta V_{in2} \quad (8)$$
を得る.
式(4), (5)から,
$$\Delta V_{out1} - \Delta V_{out2} = (-\Delta I_1 + \Delta I_2) R \quad (9)$$
を得る. さらに, 式(1)を適用し, 次式を得る.
$$\Delta V_{out1} - \Delta V_{out2} = -g_m (\Delta V_{GS1} - \Delta V_{GS2}) R \quad (10)$$
これに式(8)を適用し,
$$\Delta V_{out1} - \Delta V_{out2} = -g_m (\Delta V_{in1} - \Delta V_{in2}) R \quad (11)$$
式(11)から

増幅度:$\dfrac{\Delta(V_{out1} - V_{out2})}{\Delta(V_{in1} - V_{in2})} = \dfrac{\Delta V_{out1} - \Delta V_{out2}}{\Delta V_{in1} - \Delta V_{in2}}$
$$= -g_m R$$
を得る.

第5問

・回路(1)
  出力:
  $$V_{out} = V_{in}$$
  回路機能:入力インピーダンス=∞, 出力インピーダンス=0のボルテージフォロワ(インピーダンス変換)
・回路(2)
  出力:$V_{out} \cdot \{R_2/(R_1 + R_2)\} = V_{in}$ より,
  $$V_{out} = (1 + R_1/R_2) V_{in} \text{ となる.}$$
  回路機能:抵抗比で電圧増幅率が決まる増幅器
・回路(3)
  出力:$V_{in1} + (V_{out} - V_{in1}) \{R_2/(R_1 + R_2)\} = V_{in2} \{R_1/(R_1 + R_2)\}$
    より,
    $$V_{out} = (R_1/R_2)(V_{in2} - V_{in1}) \text{ となる.}$$
  回路機能:抵抗比で電圧増幅率が決まる差動増幅器

第 4 章

第 1 問
図 A.7 に示す．

第 2 問
図 A.8 に示す．

第 3 問
電荷保存則より，
$$Q = C_S \times V_{initial} + C_B \times 0 = (C_S + C_B) \times V_{final}$$
なので，
$$V_{final} = 30/130 \times 2 = 0.46$$
よって，0.46 V．

第 4 問
1 秒間に変換すべきビット数は，
40 kHz × 16 ビット = 640 kHz・ビット
である．よって，変換時間 T は，
$$T = 1/(640 \times 10^3) \text{ s/ビット}$$
$$= 1/640 \text{ ms/ビット}$$
$$= 1.5625 \text{ μs/ビット}$$
となる．すなわち，1 ビットの変換に要する時間は 1.5625 μs 以内でなければならない．

第 5 問
nMOS と pMOS に流れるドレイン電流は同じであるため，
$$I_{Dn}(V_{in} = V_{TL}) = I_{Dp}(V_{in} = V_{TL})$$
より，問題の式 (1)，(2) を等しいとおいて，

$$V_{TL} = \left\{ V_{DD} + V_{TP} + \sqrt{\frac{\beta_n}{\beta_p}} V_{Tn} \right\} \Big/ \left(\sqrt{\frac{\beta_n}{\beta_p}} + 1 \right) \quad (3)$$

式 (3) に，与えられた数値を代入することにより，

$$0.75 = \left\{ 1.5 - 0.4 + \sqrt{\frac{\beta_n}{\beta_p}} \times 0.4 \right\} \Big/ \left(\sqrt{\frac{\beta_n}{\beta_p}} + 1 \right)$$

となり，$\beta_n/\beta_p = 1$ となる．

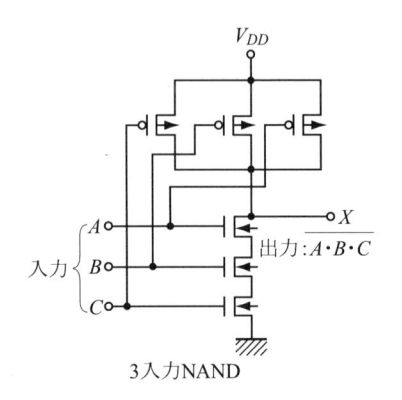

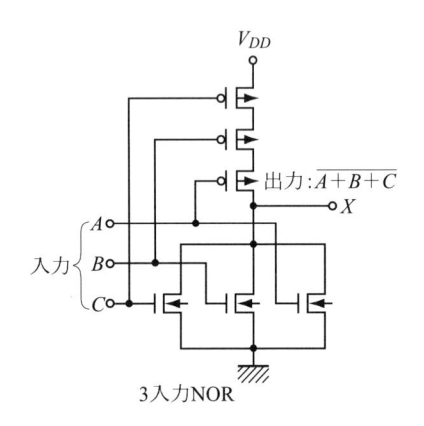

図 A.7

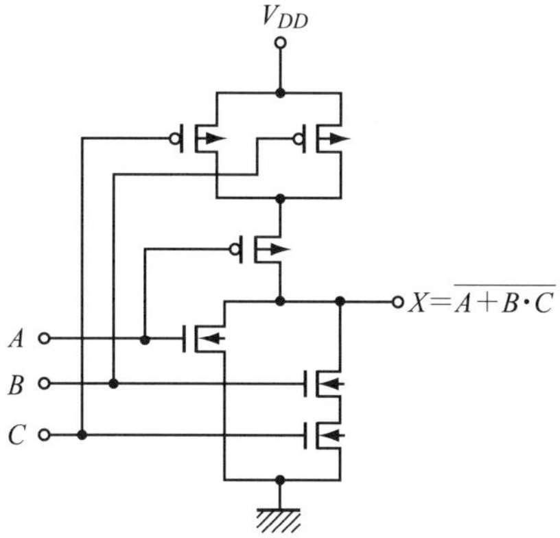

図 A.8

第 5 章

第 1 問
- 製品価格を低く設定しなければならない場合が多く，ユーザニーズを正確に要求仕様に反映しないと販売個数が伸びず，大きな損失を被る．
- 要求仕様に誤りや抜けがあると設計のやり直し（大きな手戻り）につながるが，システム LSI では開発コストが高く設計期間も長いため，大幅な手戻りは甚大な被害を発生させる．

第 2 問
製造原価 ≤ 販売価格となれば損失が出ないので，求める最低個数を x とすると，
$$(100,000,000 + 200x)/x \leq 1000$$
から，
$$x \geq 125,000$$
となる．したがって，最低販売個数は 125,000 個である．

第 3 問
(a) 高性能，(b) 開発費用が高額，改変が困難，(c) 改変が容易，(d) 低性能，(e) ハードウエア/ソフトウエア分割（または，ハードウエア/ソフトウエア協調設計），(f) 性能（動作速度），開発期間，柔軟性・拡張性，価格，など

第 4 問
要求仕様を具現化するにあたり，コスト（チップ面積），消費電力，高速性などのトレードオフとなる事項が多く存在する．これを解決するのが，どのようなシステム LSI にするのかという，基本思想（設計コンセプト）である．したがって，設計コンセプトが曖昧なまま具体的な設計に取り掛かると，トレードオフの解決が困難になり，開発の遅延や高コスト化を招き，競争力を失うことになりやすい．

第 5 問

システム LSI に盛り込むべき機能が膨大になるにつれて，システム全体を見通した設計が困難になる．抽象度の高い記述により些細な事項を隠蔽し，より本質的で重要性の高い事項を要求仕様に基づき設計することが可能になる．抽象度が低い記述を用いると，記述量が多くなることも加わり，本質的な問題点が見えなくなりやすい．

第 6 章

第 1 問
［利点］
・自然言語と比べて曖昧性がないため，関係者間での仕様の解釈の相違による設計ミスを防ぐことができる．
・所望の仕様となっているかどうか，シミュレータなどの EDA ツールにより動作確認が可能．

［欠点］
・一般には図的な表現が難しく，直感的な理解が困難．
・計算機処理可能な言語を習得する必要がある．

第 2 問
・機器設計者の要求．
・類似品に使われた過去の実績．
・利用できる IP の豊富さ．

第 3 問
［動的検証］
　　長所：動作を追いやすい，比較的簡単に利用できる（利用に制限が少ない），など
　　欠点：効率のよいテストパターンの作成が困難，検証に時間がかかる，など
［静的検証］
　　長所：テストパターンの準備が不要（100 ％の検証が可能），検証が高速，など
　　短所：利用に制限がある（回路規模など），仕様のすべてを検証できない，など

第 4 問
　　図 A.9 に示す．

第 5 問
・セルライブラリ設計
　プロセス技術で決まるトランジスタ構造やトランジスタサイズ，およびセル内配線構造や最小配線ピッチ（配線幅 + 配線間隔）を使って，セル面積，消費電力を最少化し，動作速度を最大化するように，トランジスタ配置と配線経路を決める必要があるため．
・レイアウト設計

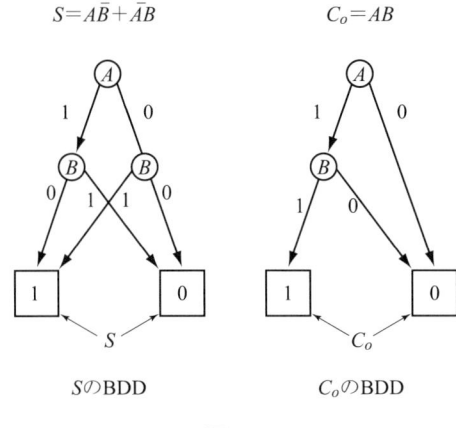

$$S = A\bar{B} + \bar{A}B \qquad C_o = AB$$

図 A.9 S の BDD / C_o の BDD

レイアウト設計では，チップ面積を最少化するセル配置と配線経路を決定するが，その前提条件がプロセス技術から決まるため，特に，長い配線では配線抵抗や浮遊容量を考慮する必要があり，タイミングはプロセスの影響を強く受ける．

第7章

第1問
- セルライブラリにミスがあると，製品開発において致命的なトラブルの原因となる．
- 最適なものでないとデバイスの特性を最大限に生かせなくなり，性能の低下やコストアップにつながる．また，設計が必要以上に困難になる恐れがある．

第2問
- LSI チップよりも製造コストが格段に安く，販売個数が少ない場合にも対応できる．
- 比較的簡単にハードウエアとして実装できるため，大量生産を想定したシステム LSI の製品化前の事前評価に利用できる．
- 集積規模が増えたことにより，比較的高性能なシステムも実装できるようになってきた．（プロセッサコアを搭載しているものも現れている．）
- 論理の書き換えが可能であり，使い回しが可能である．

第3問
実際のデバイスを試作するためには，製造プロセスの開発を伴うことが多く，開発にかなりの時間を要する．これに対し，シミュレーションではモデルに基づいた計算によるため，デバイス特性を早く得ることができ，設計を早くすることを可能にする．その結果，製品を早く出荷することができ，競争力が高まる．

一方，シミュレーションでは，モデルに基づく計算であるため，モデルの精度が重要となる．新しい構造の場合，モデルの精度検証も不十分であるため，誤差が大きくなりやすいと

第8章

第1問

図 A.10 に示す.

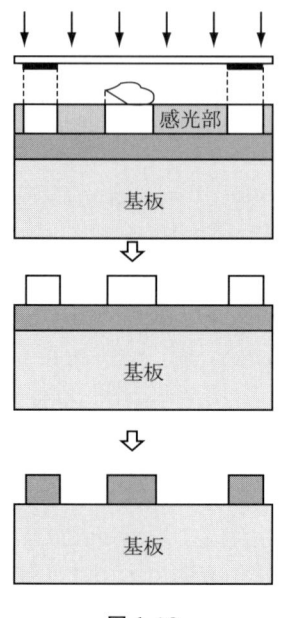

図 A.10

第2問

- コンタクトホールのエッチング時に，ゲート電極上やサイドウォールの酸化膜がエッチングされ，ゲートと第1配線層が短絡する．
- ソース/ドレインとコンタクトとの接触面積が少なく，あるいは無くなり，ソース/ドレインと第1配線層とのコンタクト抵抗増加や断線をもたらす．

第3問

　構造上の要因：ゲート幅 W，ゲート長 L，ゲート酸化膜厚 T_{ox}
バラツキが発生する工程：
- ゲート幅 W とゲート長 L →ステップ5-2のリソグラフィ工程とステップ5-3（図8.3(13)）のエッチング工程
- ゲート酸化膜厚 T_{ox} →ステップ2-1のゲート酸化工程（図8.3(8)）

第9章

第1問

$$x^2 + Ax - Bt = 0$$

より,

$$x = \frac{-A + \sqrt{A^2 + 4Bt}}{2}$$

を得る.

また,

$$A = B/(B/A) = 0.34/0.81 \cong 0.42\,\mu\text{m}$$

および,

$$Bt = 0.34 \times 2 = 0.68\,\mu\text{m}^2$$

より,

$$x = 0.64\,\mu\text{m}$$

となる.

第2問

$$\begin{aligned}R &= \lambda/NA = \lambda/(n \times \sin\theta) \\ &= 193/(1.44 \times \sin 30°) \\ &= 268\,\text{nm}\end{aligned}$$

第3問

pn 接合位置は，リンの不純物濃度が基板のボロン濃度と同じになる位置であるから，プレデポジションの式は式(9.9)を用いると,

$$1.0 \times 10^{15} = 1.0 \times 10^{18}\, erfc\left(\frac{X_j}{2\sqrt{Dt}}\right)$$

より,

$$erfc\left(\frac{X_j}{2\sqrt{Dt}}\right) = 1.0 \times 10^{-3}$$

を得る．また，与えられた条件から,

$$\frac{X_j}{2\sqrt{Dt}} = 2.3$$

であるから,

$$\begin{aligned}X_j &= 2.3 \times 2\sqrt{Dt} \\ &= 2.3 \times 2 \times \sqrt{7.45 \times 10^{-5} \times 60} \\ &= 0.3075\,\mu\text{m}\end{aligned}$$

を得る.

第4問

差分近似のイメージは図 **A.11** のようになる．2階微分の差分近似で $k=1,2$ として

$$\frac{d^2\phi}{dx^2}(x=x_k) = -\rho$$

から

$$\frac{\phi_2 + \phi_0 - 2\phi_1}{h^2} = -\rho$$

$$\frac{\phi_3 + \phi_1 - 2\phi_2}{h^2} = -\rho$$

が得られる．これらから ϕ_1, ϕ_2 を求めると，

$$\phi_1 = \frac{1 + 3h^2\rho}{3}$$

$$\phi_2 = \frac{2 + 3h^2\rho}{3}$$

を得る．

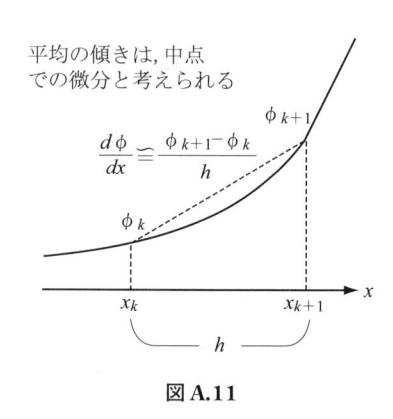

平均の傾きは，中点での微分と考えられる

$$\frac{d\phi}{dx} \fallingdotseq \frac{\phi_{k+1} - \phi_k}{h}$$

図 **A.11**

第5問

上の x_0 の代わりに $x_1 = 1.5$ を代入して

$$\delta x = -f(x_1) \Big/ \frac{df}{dx}(x=x_1) = -\frac{1.5^2 - 2}{1.5 \times 2} = \frac{-0.25}{3}$$
$$= -0.083333\cdots$$

したがって，第2近似解は

$$x_2 = x_1 + \delta x = 1.5 - 0.08333 = 1.41666\cdots$$

となる．

これらの操作は決まった手順なのでコンピュータプログラム化しやすく，この方法をニュートン法という．（真の解は $\sqrt{2} = 1.41421356\cdots$ なので，ニュートン法の威力がわかるであろう．）

付　録

ここでは，システム LSI 設計の最初からレイアウト完成までの一連の流れを，実際の例を挙げて示した．これにより，具体的な設計作業を知ることができる．

要求仕様

- 3つの数の加算：$y = a + b + c$
- a, b, c は各2ビット
- 制約条件：加算器は1個だけを使用（動作合成で与える）

システム設計

動作記述

（SystemC）

```
#include "systemc.h"
// ヘッダ部
SC_MODULE(adder)
{
    sc_in_clk           clk;
    sc_in<bool>         rst;
    sc_out<sc_uint<4> > y;
    sc_in<sc_uint<2> >  a;
    sc_in<sc_uint<2> >  b;
    sc_in<sc_uint<2> >  c;

    void entry();

    SC_CTOR(adder)
      {
          SC_CTHREAD(entry, clk.pos());
```

```
                watching(rst.delayed() == true);
        }
};

// 動作記述部
void adder::entry()
{
    y = 0;
    wait();

    while(1){
        y = a.read() + b.read() + c.read();
        wait();
    }
}
```

アーキテクチャ設計

動作合成（CDFG生成）

CDFG

制御回路とデータパス図

制御回路（状態遷移図）　　　データパス

S_1 初期状態（rst＝1）

S_2

S_3

制御信号

tmp　y

付録 199

動作合成（RTL生成）

RTL

(Verilog-HDL)

```verilog
module adder (clk, rst, y, a, b, c);
   output [3:0] y;
   input [1:0]      a;
   input [1:0]      b;
   input [1:0]      c;
   input clk;
   input rst;

   reg [2:0]     state;
   reg [3:0]     y;
   reg [2:0]     tmp;

   // state machine
   always @ (posedge clk or posedge rst) begin
      if(rst) begin
         state <= 3'b001;
      end
      else begin
         case (state)
            3'b001 : state <= 3'b010;
            3'b010 : state <= 3'b100;
            3'b100 : state <= 3'b010;
            default: state <= 3'bx;
         endcase // case(state)
      end
   end

   // data path
   always @ (posedge clk or posedge rst) begin
```

```verilog
        if(rst) begin
          y <= 4'b0;
          tmp <= 3'b0;
        end
        else begin
          case(state)
            3'b001: begin  y <= 0;         tmp <= 0;    end
            3'b010: begin  y <= y;         tmp <= a + b; end
            3'b100: begin  y <= tmp + c;   tmp <= tmp;  end
            default: begin y <= y;         tmp <= tmp;  end
          endcase // case(state)
        end
    end

endmodule // adder
```

論理合成

ネットリスト

(Verilog-HDL)

```verilog
module adder ( clk, rst, y, a, b, c );
output [3:0] y;
input  [1:0] a;
input  [1:0] b;
input  [1:0] c;
input  clk, rst;
   wire \state[2], \tmp[0], \tmp[2], \tmp144[1], \y137[3],
        \tmp225[0], \state[0], \tmp225[2], \state46[2],
        \y137[1], \y137[0], \tmp225[1], \y219[3], \y137[2],
        \tmp144[0], \tmp144[2], \tmp[1], n251, n252, n254,
        n255, n256, n257, n258, n259, n260, n261, n262,
        n263, n264, n265, n266, n267, n268, n269, n270,
        n271, n272, n273, n274, n275, n276, n277,
```

```
              ¥*cell*44/U2/Z_1, ¥*cell*44/U2/Z_0, ¥*cell*44/U1/
      Z_2, ¥*cell*44/U1/Z_1, ¥*cell*44/U1/Z_0 ;
XNOR2 U86 ( .B(n265), .YB(n252), .A(¥state[0] ) );
NOR2 U87 ( .B(¥*cell*44/U1/Z_0 ), .YB(n261), .A(¥*cell*44/
    U2/Z_0 ) );
NAND2 U88 ( .B(¥*cell*44/U2/Z_0 ), .YB(n259), .A(¥*cell*44/
    U1/Z_0 ) );
INV U89 ( .YB(n258), .A(¥*cell*44/U2/Z_1 ) );
NOR2 U90 ( .B(n266), .YB(¥*cell*44/U1/Z_2 ), .A(n265) );
NOR2 U91 ( .B(n258), .YB(n260), .A(n259) );
INV U92 ( .YB(n267), .A(n277) );
INV U93 ( .YB(n273), .A(¥tmp225[0] ) );
NOR2 U94 ( .B(n261), .YB(¥tmp225[0] ), .A(n262) );
INV U95 ( .YB(n262), .A(n259) );
INV U96 ( .YB(n271), .A(¥tmp225[1] ) );
INV U97 ( .YB(n268), .A(¥tmp225[2] ) );
INV U98 ( .YB(n264), .A(n255) );
AO22 U99( .B1(n274), .B0(y[0]), .Y(¥y137[0] ), .A0(¥tmp225[0]
    ), .A1(n251) );
AO22 U100( .B1(n274), .B0(y[1]), .Y(¥y137[1] ), .A0(¥tmp225[1]
    ), .A1(n251) );
AO22 U101( .B1(n274), .B0(y[2]), .Y(¥y137[2] ), .A0(¥tmp225[2]
    ), .A1(n251) );
AO22 U102 ( .B1(¥y219[3] ), .B0(n251), .Y(¥y137[3] ),
    .A0(y[3]), .A1( n274) );
NOR2 U103 ( .B(n263), .YB(¥y219[3] ), .A(n264) );
INV U104 ( .YB(n263), .A(¥*cell*44/U1/Z_2 ) );
DFF ¥state_reg[2]   ( .CLK(clk), .RB(n254),
    .DATA(¥state46[2] ), .Q(¥state[2] ) );
INV U105 ( .YB(n265), .A(¥state[2] ) );
DFF ¥state_reg[1] ( .CLK(clk), .RB(n254), .DATA(n252),
    .Q(¥state46[2] ) );
INV U106 ( .YB(n275), .A(¥state46[2] ) );
DFF ¥tmp_reg[0]  ( .CLK(clk), .RB(n254), .DATA(¥tmp144[0]
    ), .Q(¥tmp[0] ) );
INV U107 ( .YB(n272), .A(¥tmp[0] ) );
```

```
DFF \tmp_reg[1]  ( .CLK(clk), .RB(n254), .DATA(\tmp144[1]
), .Q(\tmp[1] ) );
INV U108 ( .YB(n270), .A(\tmp[1] ) );
DFF \tmp_reg[2]  ( .CLK(clk), .RB(n254), .DATA(\tmp144[2]
), .Q(\tmp[2] ) );
INV U109 ( .YB(n266), .A(\tmp[2] ) );
DFF \y_reg[0]  ( .CLK(clk), .RB(n254), .DATA(\y137[0] ),
.Q(y[0]) );
DFF \y_reg[1]  ( .CLK(clk), .RB(n254), .DATA(\y137[1] ),
.Q(y[1]) );
DFF \y_reg[2]  ( .CLK(clk), .RB(n254), .DATA(\y137[2] ),
.Q(y[2]) );
DFF \y_reg[3]  ( .CLK(clk), .RB(n254), .DATA(\y137[3] ),
.Q(y[3]) );
NOR3 U110 ( .B(\state46[2] ), .C(n265), .YB(n251),
.A(\state[0] ) );
DFF \state_reg[0]  ( .CLK(clk), .DATA(1'b0), .SB(n254),
.Q(\state[0] ) );
INV U112 ( .YB(n254), .A(rst) );
XNOR2 U113 ( .B(\*cell*44/U2/Z_1 ), .YB(n257),
.A(\*cell*44/U1/Z_1 ) );
NAND2 U114 ( .YB(n255), .BB(n260), .A(n256) );
ON21 U115( .YB(n256), .B(\*cell*44/U1/Z_1 ), .A0(n262),
.A1(\*cell*44/U2/Z_1));
XOR2 U116 ( .B(n257), .Y(\tmp225[1] ), .A(n259) );
XNOR2 U117 ( .B(n264), .YB(\tmp225[2] ), .A(\*cell*44/
U1/Z_2 ) );
ON22 U118 ( .B1(n269), .B0(n268), .YB(\tmp144[2] ),
.A0(n267), .A1(n266) );
ON22 U119 ( .B1(n269), .B0(n271), .YB(\tmp144[1] ),
.A0(n267), .A1(n270) );
ON22 U120 ( .B1(n269), .B0(n273), .YB(\tmp144[0] ),
.A0(n267), .A1(n272) );
OR3 U121 ( .Y(n269), .B(\state[0] ), .C(\state[2] ),
.A(n275) );
XOR2 U122 ( .B(\state46[2] ), .Y(n276), .A(\state[0] ) );
```

```
    MUX2 U123 ( .D1(c[1]), .D0(b[1]), .S0(\state[2] ),
    .Y(\*cell*44/U2/Z_1 ) );
    MUX2 U124 ( .D1(c[0]), .D0(b[0]), .S0(\state[2] ),
    .Y(\*cell*44/U2/Z_0 ) );
    MUX2 U125 ( .D1(\tmp[1] ), .D0(a[1]), .S0(\state[2] ),
    .Y(\*cell*44/U1/Z_1 ) );
    MUX2 U126 ( .D1(\tmp[0] ), .D0(a[0]), .S0(\state[2] ),
    .Y(\*cell*44/U1/Z_0 ) );
    NAND2 U127 ( .YB(n274), .BB(\state46[2] ), .A(n252) );
    NAND2 U128 ( .YB(n277), .BB(\state[2] ), .A(n276) );
endmodule
```

ゲートレベル回路（スケマティック）図での表現

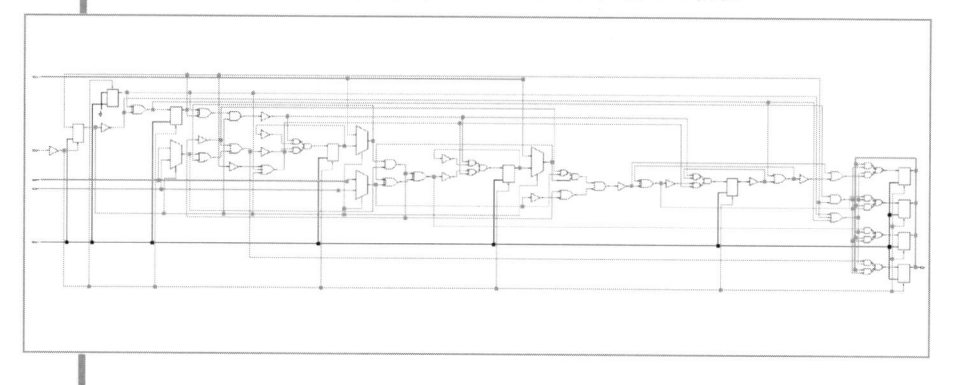

レイアウト設計

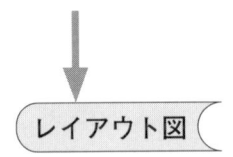

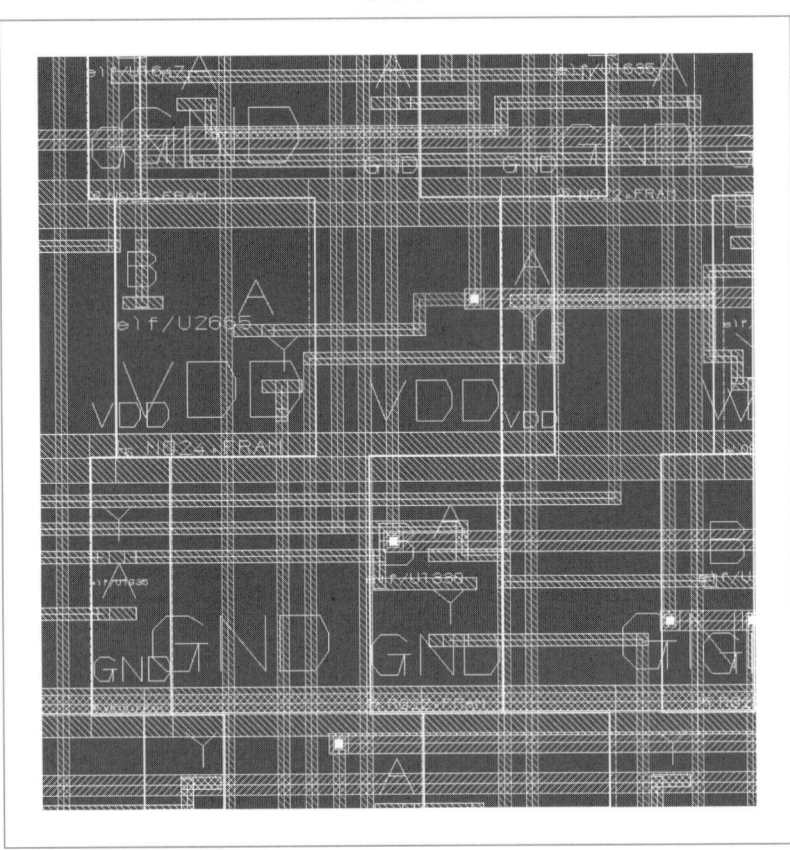

レイアウト図

（部分）

用語解説

▶ **FN（Fowler-Nordheim）トンネル電流**

きわめて薄い酸化膜などによる電位障壁では，量子効果（トンネル効果）によって電子の波動関数が浸み出し，電界が弱くても電流が流れる．これを直接トンネル電流という．絶縁膜厚が少し厚くても，ゲートに高い電圧を印加することで強い電界が発生し，ショットキー効果によって電位障壁厚さが薄くなる．その結果トンネル効果によって電流が流れ，これを電界放出という．FNトンネル電流はこれを定式化したものである．

▶ **high-k 膜**

比誘電率がシリコン酸化膜より大きい材料の膜をいう．ハフニウム（Hf）系の HfO_2 や HfSiON などが有望で，比誘電率は10〜20程度である．SiO_2 の比誘電率は3.9，Si_3N_4 のそれは7.5である．

▶ **JTAG**

LSIをプリント基板（ボード）に実装した後，ボードテストを容易にするために，LSIに必要な仕様の標準規格をさす．LSIのパッケージが小型化され，LSIのピンに直接測定端子（プローブ）をあてることが難しくなったため，それに代わる方法が望まれてきた．

▶ **low-k 膜**

比誘電率がシリコン酸化膜より小さい材料の膜をいう．SiO_2 系の物質を多孔質にした材料を開発中で，比誘電率は1.5〜2.5程度である．

▶ **n^- 領域**

nMOSのソース/ドレイン領域の不純物濃度が高い領域と，やや濃度の低い領域を区別する場合の，濃度の低い領域をさす．濃度の高い領域は n^+ 領域という．

▶ **圧電素子**

電圧を印加すると歪みが生じて変形し，逆に圧力をかけると電圧を発生する性質をもった材料をいう．この効果を圧電効果（piezoelectric effect）という．

▶ **アプリケーションプログラム**

オペレーティングシステムのように，すべてのプログラムが共通で使用するプログラムではなく，ある特定の目的の処理を実行するソフトウエアをいう．

アプリケーションプログラムは，ユーザの仕様に基づいて受注生産する場合と，不特定多数のユーザニーズを製造者が想定し，自社が投資してプログラムを開発する場合とがある．最近は，後者のプログラムの機能が高くなり，増加している．

一般的にプログラムといえば，アプリケーションプログラムをさす場合が多い．

▶ **イオン源**

イオンを発生させ，外部に取り出す装置をいう．一般に，機器内でプラズマを発生させ，引き出し電極でプラズマ中のイオンを外部へ導く．プラズマ発生の方法により

いくつかの種類がある．

▶ 移動度

　キャリアの動きやすさをいう．キャリアは熱運動や電界による力を受けて移動するが，シリコン原子や不純物原子，あるいはキャリア同士が衝突し，移動が阻害される．

▶ インタフェース規格

　システムLSIと外部の機器との通信の際のインタフェースは，デジタルカメラや無線通信機器など多様である．これらのインタフェースは，インタフェース規格としてコネクタ形状やデータ転送方法が定められている．システムLSIがどのようなインタフェースを備えるかは，最終ユーザのニーズを反映して決める必要がある．

▶ エレクトロマイグレーション

　金属配線に電位勾配があると電流が流れるが，このとき電子は金属原子に衝突しながら高電位側へ移動する．この衝突で，金属原子が移動する現象をいう．細い配線において，長時間この状態が続くと，断線に至る．

▶ エンハンスメント型/デプレッション型

　MOSトランジスタのゲート電圧がゼロのときに，ドレイン電流が流れるか否かでMOSトランジスタを分類できる．
　ゲート電圧がゼロのときドレイン電流が流れるものをデプレッション型といい，ドレイン電流が流れないものをエンハンスメント型という．したがって，nMOSでは，エンハンスメント型はしきい値が正，デプレッション型はしきい値が負である．pMOSではしきい値の正負が反対となる．

▶ オブジェクト指向技術

　現実のものや機能をモデル化したものをオブジェクトと呼び，これを基本にシステムを組み立てる．オブジェクトは，定義された機能を実行するのに必要なデータと処理内容をもっている．あるオブジェクトに新しい機能を付加し，新しいオブジェクトを生成（継承）する，入力データの種類が変われば，それに適した機能が実行（多態性）されるなどの概念があり，現実世界をモデル化するのに適している．

▶ オペレーティングシステム（OS）

　コンピュータは中央演算処理装置（CPU）やメモリ，ハードディスク，キーボード，ディスプレイ，周辺装置などの多くのハードウエアで構成され，これをプログラムが制御する．このとき，これらのハードウエアの機能や性能は異なっていることが多く，機種に合わせてプログラムを作成する必要がある．この不便さを解消するのがOSであり，個々のハードウエアの仕様をOSが外部から隠蔽し，OSを介することにより，一定の規則で規格や性能の異なった種々のハードウエアを同じプログラムで利用可能にする．
　また，複数のプログラムを1台のコンピュータで並行して実行する場合や，メモリを有効に使用するための制御，あるいはハードウエアの障害を検知し，適切な処理をするなど，コンピュータを利用するための基本的なソフトウエア（プログラム）である．

▶ 界面電荷

　表面準位に電子や正孔が捕獲されて発生する電荷をいう．

▶ 回路シミュレータ

　トランジスタや抵抗，コンデンサなどで構成される回路の動作を，キルヒホッフの法則で定式化した回路網方程式を解くことによって解析するシミュレーションプログラムをいう．回路規模が大きいと，方程式の数が多くなり，非常に多くの未知数をもった多元連立方程式を解く必要がでてくる．したがって，一般的には数千トランジスタ程度が解析の限界である．

　計算精度は，LSIの場合，トランジスタ特性を計算するトランジスタモデルと，モデルに付随しているパラメータの値の良否で決まる．

▶ 回路網方程式

　回路のすべての接点において，基本的にはキルヒホッフの法則に基づいて定式化し，接点数だけ未知数をもった式を連立した，連立方程式である．これを数値計算で解き，回路の電気的動作を計算（シミュレーション）し，設計を検証する．

▶ 拡散電位

　p型とn型の半導体を接触（pn接合）させると，p型に存在する正孔は，正孔がほとんど存在しないn型領域へ，n型に存在する電子はp型領域へ拡散する．n型領域へ拡散した正孔は，n型領域に多数存在する正孔と再結合し消滅する．同様に電子もp型領域で正孔と再結合し消滅する．その結果，接合近傍でキャリアが減少し，p型側は負にイオン化しているアクセプタのため電位が下がり，n型側は正にイオン化したドナーのために電位が上昇し，電位差が発生する．これを拡散電位という．

　拡散電位は，拡散によるキャリアの移動と電界による逆方向へのキャリアの移動がつり合う値となる．

▶ カルノー図（Karnaugh map）

　主加法標準形などで表現された論理関数式を簡略化する方法のひとつである．

　ベン図を拡張し，他変数にも対応できるようにした，表による論理関数簡単化の解法である．

▶ 禁制帯

　量子力学によれば，電子がとり得るエネルギー値には制限がある．半導体の場合，電子はある範囲のエネルギー値をとることができない．このエネルギー帯を禁制帯という．

▶ 組み込みソフトウエア

　一般のソフトウエアは，汎用のコンピュータを対象にしているのに対し，電気製品などの特定の機器の制御などを実行するソフトウエア（プログラム）である．機器に組み込まれたコンピュータ（マイクロコンピュータ，マイコン）上で稼動する．ハードウエアでは実現困難な複雑な機能を実現する．

▶ 組み込みプロセッサ

　汎用のコンピュータに搭載されるプロセッサではなく，電気製品などの機器に組み込まれて機器の制御にだけ使用されるプロセッサをいう．埋め込みプロセッサ（embedded processor）ともいう．

　組み込みソフトウエアと一体となって機能を実現する．

▶ クラス

　オブジェクト指向技術において，データとそれに対する手続き（処理）を一体化した型をいう．整数型などと同じく，型宣言した変数（インスタンス）として使う．

▶クワイン・マクラスキー法（Quine McCluskey method）

カルノー図は，図を使うのでコンピュータによる処理には不向きである．標準形で表された論理関数を，システマティック（機械的）に最も簡単な積項の和形式にする方法である．

▶光電子増倍管

光が金属にあたると光電子を放出するが，光電子の数はきわめて少ないので，光電子増倍管で数百万倍以上に増幅する．光電子増倍管は，光の入射で発生した光電子を，高電界の中で加速しながら金属電極に何度も衝突させ，その度，入射電子の何倍かの数の電子が新たに発生することにより，雪崩的に電子の数が増える．

▶コンパイル

プログラム言語で記述したソースコードを，コンピュータが実行可能なビット列で表現した機械語に変換（翻訳）することをいう．コンパイルを実行するソフトウエアをコンパイラという．

▶仕事関数

物質のフェルミ準位にある電子を1個，真空準位まで持ち上げるエネルギーをいう．MOSトランジスタにおいては，ゲート材料とシリコンの仕事関数の差がしきい値に影響する．

▶質量分析器

目的とする分子や原子を，その質量によって分離する装置をいう．一般には，イオン化したものを，電界中あるいは磁界中を走行させることにより，粒子は静電力あるいはローレンツ力（フレミングの左手の法則）を受け，直線から湾曲した軌道に変わる．軌道の変化は，イオンの質量，電荷量，電界/磁界強度によって決まるので，必要とするイオンのみが通過できるように電界/磁界を制御することにより，必要な物質を選別できる．

▶真性キャリア密度

不純物が添加されている不純物半導体に対して，不純物が添加されていない半導体を，真性半導体という．不純物半導体では，不純物準位からキャリアが生成されるが，真性半導体中では，キャリアは熱的に禁制帯を超えるエネルギーを得て生成されるだけである．したがって，温度に対して指数関数的にキャリア密度が変化する．常温では，シリコンの場合，$1.45 \times 10^{10} \mathrm{cm}^{-3}$である．

▶シンチレータ

放射線や荷電粒子により，光の放出が起こることをシンチレーション（蛍光）といい，シンチレーションを起こすものをシンチレータ（蛍光体）という．

▶正帰還

負帰還の項目を参照．

▶生成・再結合中心，キャリア生成・再結合過程

シリコン結晶の乱れや汚染により，禁制帯中に，キャリアを捕獲する準位が存在する．この準位を介して，飛び石のように禁制帯の下部にある価電子帯（valence band, 充満帯）の正孔と，上部の伝導帯（conduction band）の電子が結合（再結合）したり，逆に発生（生成）したりする．このキャリア捕獲準位が存在する場所を生成・再結合中心といい，その過程を生成・再結合過程という．

▶ 積和形論理式（主加法標準形）

論理関数の表し方のひとつである．変数の積項の和形式で表す方法であり，真理値表が決まれば，主加法標準形が一意的に決まる．一例を挙げると，

$$Z = A \cdot B \cdot C + \overline{A} \cdot B \cdot C + A \cdot \overline{B} \cdot \overline{C}$$

のような式である．

主乗法標準形という，和項の積形式の表現方法もある．

▶ 多数キャリア

n型半導体には電子が，p型半導体には正孔が不純物原子とほぼ同数存在する．すなわち，n型半導体では電子が，p型半導体では正孔が多数キャリアとなる．

半導体理論によれば，熱平衡状態にある半導体内では，

電子密度×正孔密度＝ n_i^2

が成り立つ．したがって，半導体内には常に多数キャリアと，もう一方のキャリアが，少数ではあるが存在する．これを少数キャリア（minority carrier）といい，半導体の動作に関して重要な役割を果たす．

▶ デバイス

デバイスという言葉は，使用される状況において，異なったものを示す．LSIにおいても，設計やプロセスの話題の中ではトランジスタをさし，機器やプリント基板の話題の中では，LSIそのものをさす場合が多い．さらに，計算機システムの話題の中では，周辺機器などをデバイスという．

概して，話題にしているものからみて，部品とみなされるものをデバイスと呼んでいる．

▶ デファクトスタンダード

業界標準．公的な標準で法的強制力をもつ（デジュリスタンダード，de jure standard）ではなく，事実上の標準となっているもの．

▶ 電流連続式

キャリアの数が保存することから，ある接点に流入，流出，発生・消滅，停留するキャリアの数が平衡することを式で表したものである．次の式で与えられる．

電子： $\nabla \cdot \vec{J}_n = q\dfrac{\partial n}{\partial t} - qG$

正孔： $\nabla \cdot \vec{J}_p = -q\dfrac{\partial p}{\partial t} + qG$

ここで，J_n と J_p はそれぞれ電子電流密度と正孔電流密度，q は素電荷（1.6×10^{-19} クーロン，電気素量），n と p はそれぞれ電子と正孔の密度，G はキャリア生成・消滅速度（正は発生，負は消滅）を表す．

別途，電流密度とキャリア密度との関係が与えられるので，これらと電流連続の式からキャリア密度が求まる．キャリア密度が異なれば電位が変化するため，デバイスシミュレーションでは，ポアソン方程式と電流連続の式を連立して解かなければならない．

▶ 同調回路

高周波回路において，インダクタンスとキャパシタンスを並列または直列に接続した，特定の周波数に共振する回路である．受信機では，特にアンテナで受けた微弱な高周波信号を増幅するために使用する．送信機では，歪んだ高周波信号の中から，目的の周波数のみを増幅するための負荷として使用する．

▶ トレードオフ（trade-off）

複数の条件を同時に満足することができない関係をいう．システムLSIの設計を考えると，低コスト（低価格），高速性，低

消費電力などは，同時に実現することが不可能であり，トレードオフの関係にある．したがって，設計思想を明確にし，それに適した最適化を図る必要がある．

▶熱平衡状態

孤立した系が，長時間経過したのち到達する状態をいう．半導体では，一般にキャリアの移動がない場合をさす．

電圧や電流の変化がなく，一定の直流電流が流れている場合は，定常状態という．電圧や電流変化がある場合は過渡状態である．

▶ノウハウ (know-how)

過去の経験や知識を用いて，現実の問題解決を可能にする固有のルールや方法をさす．

▶バイポーラトランジスタ

半導体層がp型-n型-p型（pnpトランジスタ），あるいはn型-p型-n型（npnトランジスタ）の3層構造の能動素子をいう．中央の部分をベースといい，両端はエミッタとコレクタである．エミッタの不純物濃度は高く，ベース，コレクタの順に不純物濃度が低くなる．ベースの厚さが薄いと，ベースに流す電流によって，エミッター-コレクタ間に流れる電流を制御できる．MOSトランジスタより大きな増幅度がとれるため，主としてアナログ回路に用いられる．

▶バス

計算機の演算処理装置（ALU, Arithmetic Logical Unit）の内部や，ALUと外部のメモリや周辺装置などの間で，データを授受するための信号線をいう．信号は並列に伝送するので複数本で構成される．また，多くの装置につながっているので，バスの使用権の制御が必要である．ALU内部のバスを内部バス，外部のバスを外部バスという．

▶非晶質（アモルファス）

原子が整然と並んだ結晶に対し，不規則に存在し，結晶構造をもたない状態をさす．イオン注入した不純物原子が，シリコン結合を壊すとその部分がアモルファス状態となる．また，酸化膜などの上にシリコンを堆積すると，小さなシリコン結晶の粒が集まったポリシリコン（多結晶シリコン）が生成される．

▶表面準位，界面準位

シリコン酸化膜に接するシリコン表面には，格子配列の乱れや不完全な結合などがあり，キャリアを捕える．そのエネルギー準位を表面準位という．

準位とは，電子がとり得るエネルギーの値をいう．

▶フーリエ変換

時間的に変化する信号は，数学的に，いくつかの異なった周波数をもった正弦波を重ね合わせて再現することができる．したがって，どのような信号も，すべて正弦波に分解できるので，回路の特性を考えるときは正弦波について考えればよい．

正弦波の周波数を変えて回路の特性を表したものが，回路の周波数特性である．

▶フェルミ準位

Fermi-Diracの分布関数において，存在確率が1/2になるエネルギー値をいう．半導体のキャリアの振る舞いを知るうえで重要な役割を果たす．

▶ 負帰還, 正帰還

回路の出力の一部を入力に戻すことを帰還 (feed back) という. このとき, 入力と逆の位相 (180°のずれ) で帰還する場合を, 負帰還という. 一方, 同位相で帰還する場合を正帰還という.

負帰還をかけることで, 一般に増幅器の増幅度は低下するが, 歪みが減少し, 周波数特性が改善する. 演算増幅器は, 負帰還を制御することで種々の機能を実現する.

▶ プッシュプル回路

増幅回路において, 信号の正部分と負部分を別々の増幅器で増幅した後, 両者をつなぎ, 大きな増幅信号を得る回路である. 回路は, 鏡映対称に構成される. 特に, 電力増幅に用いられる.

▶ プラズマ

気体の原子が電離し, イオンと電子に分離した状態をいう. 電離するためには, 軌道から電子が飛び出すのにエネルギーが必要であり, このエネルギーの供給方法として, 電子サイクロトロン共鳴 (ECR: Electron Cyclotron Resonance) や高周波加熱などがあり, ECR プラズマ, マイクロ波プラズマなどと呼ばれる.

▶ プロセッサの種類

システム LSI に使用されるプロセッサは, システム LSI の中に組み込まれる. これを組み込みプロセッサという. 組み込みプロセッサは, 設計時に IP コアとして扱われる. 汎用プロセッサと, 特定用途向けの専用プロセッサがあり, これらが混在して使われるようになっている.

▶ 分光分析

光を波長別に分解し, 分析することをいう. 波長の違いはエネルギーの違いであるため, 物質を透過, あるいは反射した光や X 線, 電子線などの波長ごとの分布 (スペクトル) を調べることにより, 物質の種類や構造などの情報を得ることができる.

▶ 平衡入出力, 非平衡入出力

平衡入出力は差動 (ディファレンシャル, differential) 入出力, 非平衡入出力は片線接地 (シングルエンド, single-end) 入出力ともいう. 非平衡入出力は, 入出力の一方が固定電位 (普通は接地電位) である入出力方法であり, 平衡入出力は, 2 つの入出力信号の振幅が同じで位相が逆となる入出力方法である. 信号線に雑音などの外乱が加わった場合, 平衡入出力のほうが影響を受けにくい.

▶ ヘンリーの法則

物体中に, 外部気体はその分圧に比例して溶解する, という法則.

▶ ポアソン方程式

デバイスシミュレーションにおいて, 電位を求めるために使用する. 次に示すように, 電位 ϕ と電荷密度 ρ との関係を表す.

$$\frac{\partial^2}{\partial x^2}\phi(x,y,z) + \frac{\partial^2}{\partial y^2}\phi(x,y,z) + \frac{\partial^2}{\partial z^2}\phi(x,y,z) = -\frac{\rho}{\varepsilon}$$

▶ ホットエレクトロン

半導体中を移動する電子は, 通常, 外部電界からエネルギーを得ても, シリコン原子などの格子とランダムに衝突することでそのエネルギーを格子に与え, 結果として, 格子温度と同じ温度になる. ところが, 外部電界が大きくなり, 電界から大きなエネルギーを得るようになると, 電子が格子と

衝突したとき，電界から得たエネルギーを格子に与え切れなくなり，電子温度が格子温度より高くなる．このような電子をホットエレクトロンといい，高いエネルギーをもっているため，半導体中で衝突電離現象などのさまざまな効果を示す．これを，ホットエレクトロン効果という．

▶ポリシリコン（多結晶シリコン）
　小さな単結晶シリコンの集合体である．結晶粒の境界を粒界といい，結晶構造が大きく乱れている．このため，電気伝導や不純物の拡散現象において，単結晶シリコンとは異なった性質を示す．

▶モデル化
　ある現象を，式やアルゴリズムに置き換えることをいう．置き換えられたものをモデルという．モデルは種々のレベルで存在する．計算機で処理可能な記述でモデル化できれば，自動処理（計算）ができる．プログラミング言語で書かれたモデルはこれにあたる．

▶モンテカルロ法
　乱数を用いた数値計算法である．衝突などの確率的に発生する現象を，乱数を用いて統計的に求める計算方法である．

▶ユビキタス
　ユビキタス（ubiquitous）はラテン語で「遍在」あるいは「いつでも，どこにでも存在する」という意味である．最近，特に小型化・省電力化されたコンピュータがあらゆる機器に組み込まれ，さらにそれらがネットワークで結ばれたシステムを指して使われる．

▶ラジカル
　電子軌道に1つの電子しか存在しない不対電子をもつ原子や分子をいう．一般に，不安定な状態の場合が多く，反応性が高い．

▶リンク
　コンパイラでコンパイルした機械語のファイル（オブジェクトファイル）を連結して1つのプログラムにし，メモリ上に配置できるようにする．この作業を行うソフトウエアを，リンカと呼ぶ．

▶ワード線/ビット線
　メモリセルを選択する信号線であり，ワード線はトランジスタのゲートに接続され，信号の読み出しと書き込みの回路をON/OFFする配線である．一方，ビット線は，記憶している情報を電流（電荷）として取り出すための配線である．

参考図書

[1] 「グローブ 半導体デバイスの基礎」，Andrew S.Grove/ 著，垂井康夫 / 監訳，杉淵清，杉山尚志，吉川武夫 / 共訳，オーム社，2004 年，ISBN4-274-13018-5
[2] 「絵から学ぶ 半導体デバイス工学」，谷口研二，宇野重康 / 共著，昭晃堂，2003 年，ISBN4-7856-1209-6
[3] 「システム LSI のためのアナログ集積回路設計技術（上下）」，P.R. Gray，P.J. Hurst，S.H. Lewis，R.G. Meyer/ 共著，浅田邦博，永田譲 / 監訳，培風館，2003 年，ISBN4-563-06724-5
[4] 「LSI 設計者のための CMOS アナログ回路入門」，谷口研二 / 著，CQ 出版社，2005 年，ISBN4-7898-3037-3
[5] 「ディジタル集積回路の設計と試作」，VDEC/ 監修，浅田邦博 / 編，越智裕之，池田誠，小林和淑 / 共著，培風館，2000 年，ISBN4-563-03547-5
[6] 「SystemC によるシステム設計」，Thorsten Grotker，他 / 共著，柿本勝，河原林政道，長谷川隆 / 監訳，丸善，2003 年，ISBN4-621-07144-0，原書名：System design with SystemC
[7] 「システム LSI 設計入門」，鈴木五郎 / 著，コロナ社，2003 年，ISBN4-339-00753-6
[8] 「半導体デバイス－基礎理論とプロセス技術」，S.M. Sze/ 著，南日康夫，長谷川文夫，川辺光央 / 共訳，産業図書，2004 年，ISBN4-782-85550-8
[9] 「詳説 半導体 CMP 技術」，土肥俊郎 / 編著，工業調査会，2000 年，ISBN4-7693-1190-7
[10] 応用物理学シリーズ＜専門コース＞「超微細加工技術」，応用物理学会 / 編，徳山巍 / 編著，オーム社，1997 年，ISBN4-274-02332-X
[11] 電子材料シリーズ「シリコンの物性と評価法」，小間篤，白木靖寛，斎木幸一朗，飯田厚夫 / 共著，丸善，1990 年，第 2 刷，ISBN4-621-03185-6
[12] 「プロセス・デバイスシミュレーション技術」，檀良 / 編著，産業図書，1998 年，ISBN4-7828-5626-1

索　引

▶ 英数先頭

1Tr.1C　3, 69
2^n 進カウンタ　72
A/D 変換器　73
AB 級動作　42
AES　171
AFM　170
ALAP スケジューリング　104
allocation　99
AND アレイ　12
AND 回路　56
API　115
ArF　162
ASAP スケジューリング　104
ASIC　10
ASSP　10
ATPG　124
A 級動作　41
BDD　117
BiCMOS　9
BIST　123, 124
BSIM　128
B 級動作　41
C-V 特性　25
carry　77
CDFG　103
CFG　103
CLB　12
CMOS　29
CMOS インバータ　55
CMP　139, 144, 166
CPLD　13, 130
CSP　149
CTL　117
CVD　19, 166
D/A 変換器　73

D-FF　59
DC パラメトリックテスト　150
DDD 構造　37
Deal-Grove モデル　153, 174
DFG　103
DFT　123, 124
DRAM　2, 3, 66, 68
DRC　113
Dual-Rail ドミノ回路　65
DUV　117
EEPROM　6
ENEXSS　175
ERC　113
ESPRESSO　106
F_2　162
FeRAM　6
FET　20
FN トンネル電流　6
FPGA　12, 115, 120, 130
FSM　91
GAL　12
GDS–II　113
g_m　44
HDL　87, 129, 130
high-k 膜　19, 139
ICE　115, 122
I_D-V_D 特性　29, 31
I_D-V_G 特性　29, 30
IDM　179
IP　100, 126
ISS　101
ITRON　115
JK-FF　59
Joint-half ガウス分布　156
JPEG　115

JTAG　124
KrF　162
LDD 構造　36, 141
LOC　149
LOCOS　139
low-k 膜　19
LPE　113
LSI 設計者　84
LSS 理論　156, 174
LVS　113
MCP　149
MOSFET　20
MOS 構造　22, 27
MOS トランジスタ　20, 27
MPEG1　115
MPEG2　115
MRAM　7
n-領域　37
NA　162
NAND 回路　56
nMOS　22, 28, 138
NOR 回路　57
NOT 回路　55
n 型　16
N 進カウンタ　72
n チャネル MOS トランジスタ　28
OMG　129
OP アンプ　51
OR アレイ　12
OR 回路　57
OS　9, 114
PAL　12
partitioning　89
P-CVD　166
Peason Ⅳ分布　156
PLA　12, 106

索　引

PLD　12
pMOS　28，48，138
pn 接合　17，20，27，132
P-P　42
PVD　164
p 型　16
p チャネル MOS トランジスタ　28
RTL　86，91，104
RT-Linux　115
RTL 検証　105
RTOS　115
SAM　171
S-CSP　149
SEM　170
SiGe　37
SIMS　171
SoC　82
SOG　10
SpecC　86，129
SPICE　109
SPLD　12
SR-FF　59
SRAM　4，66，67
STI　139
STM　170
SystemC　86，129
T-FF　59
TEM　170
UML　86，128
Verilog-HDL　129
VHDL　129
X_j　27
XPS　172
X 線回折顕微法　171
X 線光電子分光法　172
X 線トポグラフィ　171
X 線露光　160

▶ あ 行

アーキテクチャ設計　98
アクセプタ　16，140
アスペクトレシオ　164
アセンブリ　137，146
熱い電子　6
アッシング　138，161
圧電素子　170
後工程　137
アニール　157，160
アプリケーションプログラム　9
アモルファス　157
アライメント　160
アンチフューズ　12
イオン源　155
イオン注入　136，140，155
一括消去　6
移動度　29，37
イベント　119
イベント・ドリブン方式　119
異方性エッチング　163
インゴット　14
インタフェース生成　102，114
インバータ　55，63
ウエットエッチング　163
ウエット酸化　152
ウエハテスト　137，150
ウエハプロセス　137
ウエル　140
液浸露光　162
エキスパンド　148
エッチバック　166
エッチャント　163
エッチング　163，174
エッチングレート　164
エバリュエーションチップ　115
エバリュエーション　65
エバリュエーション・トランジスタ　65
エレクトロマイグレーション　167
エンコーダ　76
演算器　77
演算装置　77
演算増幅器　51，74

エンハンスメント型　62
エンベッディッドアレイ　12
オージェ電子　171
オージェ電子分光　171
オープン故障　122
オブジェクト　128
オペレーティングシステム　9
折り返しカスコード増幅回路　48

▶ か 行

下位設計　96
開口数　162
外挿法　30
外装メッキ　148
界面準位　18
界面電荷　23
回路シミュレーション　127
回路シミュレータ　109
回路網方程式　109
カウンタ　71
化学蒸着　164
化学的機械研磨　166
書き込み動作　68，69
拡散　158
拡散係数　158
拡散層　17
拡散電位　20
拡散方程式　158，174
核阻止能　155
加算器　77
カスコード増幅回路　48
カスコード電流源　47
カスタム IC　10
仮想短絡　52，74
仮想配線モデル　110
加速試験　151
活性化　119
カバレッジ　164
下流設計　96
カルノー図　106

カンチレバー　170
貫通電流　55, 64
寄生容量　9, 64
揮発性メモリ　3
基板ノイズ　132
逆相　40
逆方向　18, 20
キャパシタ　3, 6, 18, 20, 64, 68
キャリア　17, 173, 176
キャリア生成・再結合過程　24
キャリア生成・消滅速度　26
強磁性トンネル効果　7
協調検証　120
協調設計　98
共有結合　15
強誘電体　6
強誘電体メモリ　6
禁制帯　24
空乏状態　23
空乏層　18, 23, 26, 36
組み合わせ論理回路　12, 91, 117, 124
組み込みソフトウエア　87, 89, 115
組み込みプロセッサ　98
クラス　87
クリーンルーム　169
クリティカルパス　112
クロストーク　131
クワイン・マクラスキー法　106
蛍光　170
蛍光Ｘ線　172
蛍光Ｘ線分析法　172
形式的検証　110, 116
形状シミュレーション　174
ゲート　22, 27, 71
ゲートアレイ　10
ゲート酸化　139
ゲート酸化膜　22, 139

ゲート絶縁膜　22
ゲート接地増幅回路　45
ゲート遅延　110
ゲート電極　141
ゲートレベル　90, 92
桁上げ信号　77
減圧CVD　166
原子間力顕微鏡　170
検証　87, 116
現像　160
減速拡散　160
高位設計　95
格子定数　37
光電子増倍管　170
コエミュレーション　120
五極管領域　32
コシミュレーション　120
固定費　83
コデザインツール　101
コベリフィケーション　120
コンタクトホール　19, 143
コントロールゲート　6
コントロールデータフローグラフ　103
コントロールフローグラフ　103
コンパイル　96
コンフィギュレーション　12

▶さ 行
再結晶化　158
サイドウォール　142
サインオフ　110
差動増幅器　49, 68
サブスレショルド領域　30
酸化　152
酸化膜　18, 22
三極管領域　32
シート抵抗　17
しきい値　29, 30, 33, 62, 140

シグナルインテグリティ　131
仕事関数　23
システムLSI　9, 66, 82, 126, 180
システムアーキテクト　84, 97
システム仕様　97
システム設計　97
システムレベル検証　98
システムレベル設計言語　86, 97, 128, 133
質量分析器　155
自発分極　6
シフタ　76
シフトレジスタ　75, 123, 124
写真製版　136
集中定数回路　149
自由電子　16
主加法標準形　106
縮小投影露光　161
縮退故障　122
出力インピーダンス　46, 51
出力抵抗　46
順序論理回路　12, 59, 91, 104, 117, 123
順方向　17, 20
常圧CVD　166
常圧酸化　152
小信号解析　43
小信号動作　43
状態遷移図　91, 104
上流設計　95
除害装置　170
初期増速酸化　154
シリコンウエハ　14
シリコン基板　14, 27
シリコンサイクル　178
シリコン酸化膜　18, 152
シリコン窒化膜　19, 138
シリコン表面　23
シリサイド　165

索引 217

真空蒸着 164
真性キャリア密度 23
真性半導体 15
シンチレータ 170
信頼性テスト 151
水酸化カリウム 163
垂直統合型企業 179
スイッチマトリクス 12
スキャナ 161
スキャンチェイン 124
スキャンテスト 123
スケジューリング 104
スケマティック・エディタ 133
スタティックCMOS回路 60
スタティック回路 55, 67
スタティックメモリ 4
スタンダードセル 11
ステッパ 161
ステップアンドリピート 161
ストレージノード 69
スパッタ堆積 164, 165
スパッタリング 165
スピンコート 161
スライス工程 10
スループット 162
スルーホール 19, 168
正帰還 67
制御回路 92
正孔 16
生成・再結合中心 24
製造原価 83
製造テスト 116, 122, 137, 149
製造プロセス 126
製造ライン 169
静的検証 116
静的タイミング解析 110, 116, 119
正論理 70
積分器 52
積和形論理式 106

設計検証 116
設計手法 133
設計制約 102, 112
設計ツール 128, 129
設計ルール 113
セラミック・パッケージ 147
セルプレート 69
セルベースIC 10
セル面積 4
セルライブラリ 11, 109, 126
セレクタ 62
全加算器 77
線形近似 43
線形速度定数 154
線形素子 43
センスアンプ 67
選択比 164
相互コンダクタンス 44
走査型オージェ電子分光装置 171
走査型電子顕微鏡 170
走査型トンネル顕微鏡 170
増速拡散 160
装置産業 179
ソース 27
ソース接地増幅回路 39
ソースフォロア 46
素子分離 138
ソフトウエア生成 114

▶た 行

ダイ 148
ダイオード 20
ダイシング 147
ダイシングソー 147
ダイシングテープ 147
大信号動作 43
堆積 136, 164, 174
堆積絶縁膜 19
ダイナミック回路 64, 68
ダイナミック負荷 45, 48

ダイナミックメモリ 3
ダイボンディング 148
タイミング・クロージャ 112, 128
タイミング・コンバージェンス 112
タイミング解析 111
多結晶シリコン 15
多数キャリア 23, 25
多段論理最適化 106
種結晶 15
ダマシン 144
ダマシン法 18, 167
単一縮退故障 122
タングステン 141, 143
単結晶の成長 15
弾性散乱 171
担体 17
遅延故障 122
遅延時間 55
逐次シフタ 76
蓄積状態 23
蓄積層 23, 25
窒化膜 154
チャネリング 156
チャネル 27, 32
チャネル・エンジニアリング 28, 35
チャネル消去 6
チャネル注入 140
チャネル長 27
チャネル長変調 33
チャネル幅 27
チャネルホットエレクトロン 6
抽象度 87, 90, 116, 120
直線近似 43
直線領域 32
チョクラルスキー法 15
抵抗加熱 165
抵抗率 16, 18
定電流源 45, 46
データセレクタ 76
データパス 92

データフローグラフ 103
テクノロジー 9
テクノロジードライバ 9
テクノロジーマッピング
　　107, 126
デコーダ 76
デコード 85
デザインレビュー 98
デジタルテレビ 86
テスト 122
テストパターン 117,
　　123, 150
テストベクター 123
テスト容易化設計 123
デバイス 20
デバイスシミュレーション
　　172, 175
デバイスシミュレータ
　　127
デバイスドライバ 102,
　　114
デバッガ 115
デファクトスタンダード
　　129
デプレッション型 62
デポジション 136, 164
デマルチプレクサ 76
手戻り 86
デュアルダマシン法 145,
　　168
電圧増幅率 43
電界効果トランジスタ 20
電界メッキ 144
電子サイクロトロン共鳴方式
　　163
電子―正孔対 24, 26
電子阻止能 156
電子ビーム加熱 165
電子ビーム露光 160
伝播遅延 119
電流源 46
電流連続式 176
電力密度 133
等価性検証 117

透過電子顕微鏡 170
動作合成 92, 103
動作点 40
動作レベル 90
同　相 46
同調回路 41
動的検証 116
動的タイミング解析 116,
　　119
等濃度表現法 174
等方性エッチング 163
ドーピング 19
特性X線 172
トップダウン設計 87
ドナー 16, 140
ドミノ回路 65
ドライエッチング 163
ドライ酸化 152
ドライブ 140
ドライブイン拡散 158
トランジスタ 20
トランスファ・ゲート
　　60, 67, 69
トランスポートストリーム
　　85
トランスミッション・ゲート
　　62
ドレイン 27
ドレイン・エンジニアリング
　　28, 37
ドレイン接地増幅回路 46
トレードオフ 90, 100,
　　107
トレンチ 139
トレンチ分離 139
トンネル電流 170

▶な　行
ナイトライド 165
内部抵抗 46, 47
二次イオン 171
二次イオン質量分析法
　　171
二次電子 170

二重積分型A/D変換器
　　73
二段論理簡単化 106
二分決定グラフ 117
入力インピーダンス 46,
　　51
入力抵抗 46
ネガレジスト 160
熱CVD 166
熱酸化 152
熱酸化膜 18, 138
ネットリスト 109, 113,
　　130
熱平衡状態 23
ノウハウ 178

▶は　行
ハードIP 111
ハードウエア記述言語
　　129
ハードウエア仕様 91
ハードウエア／ソフトウエア
　　分割 89, 98, 100, 114
バーンイン 150
バイアス点 41
バイアス電圧 41
配線遅延 110, 128
配置配線 110, 128
バイポーラトランジスタ
　　9, 20
バウンダリ・スキャン 123
バウンダリ・スキャン・レジ
　　スタ 124
破壊読み出し 68, 70
波形整形 54
バス 86
パス・ゲート 60
パス・トランジスタ 60
パス・トランジスタ論理
　　60
バックアノテーション
　　112
バックゲート 27
バックゲート電圧 33

索　引

パッケージ　146
パッシベーション　146
パラメータ抽出　127
バリアメタル　166
バレルシフタ　76
半加算器　77
パンチスルー　34
パンチスルー・ストッパ　35
反転状態　24
反転層　24, 26, 27, 32
反転入力　51
ビアホール　19
光CVD　166
光露光　160
引き上げ法　15
非晶質　157
歪みシリコン　37
非線形素子　43
ビット線　3, 67, 69
引張応力　37
飛　程　156
比抵抗　16
非破壊読み出し　68
非反転入力　51
微分器　52
ビヘイビア　90, 130
ビヘイビアモデル　97
表面実装　147
表面準位　18
ピンチオフ　32
ピンチオフ電圧　32, 48
ファームIP　111
ファイナルテスト　137, 150
ファウンドリ　180
ファブレスメーカ　180
ファンアウト　108
ファンイン　108
フーリエ変換　41
フェルミ準位　20
フォールスパス　119
フォールディドカスコード
　　増幅回路　48

フォトマスク　93, 96, 113, 137
フォワードアノテーション　111
負荷抵抗　39, 45, 47
負荷特性　40
負帰還　51
不揮発性メモリ　6
復号器　76
複合ゲート　57
符号器　76
不純物　15
不純物半導体　17
フッ酸　163
プッシュプル回路　42
物理設計　110
物理的蒸着　164
歩留まり　104, 149, 169
浮遊容量　9, 19, 64, 112
プライオリティエンコーダ　76
プラスチック・パッケージ　147
プラズマ　163
プラズマCVD　166
プラズマエッチング　163
プラズマ酸化　152
ブラッグ角　171
ブラッグの回折式　171
フラッシュメモリ　5
フラットバンド状態　23
フラットバンド電圧　23
プラットホーム　99
プリチャージ　65
プリチャージ・トランジスタ　65
ブリッジ故障　122
フリップチップ　148
フリップフロップ　59, 72, 75
プレ・デポジション　158
フロアプラン　110
フローティング　51
フローティングゲート　5

フローティング・ゾーン法　15
プロセスシミュレーション　172, 174
プロセスシミュレータ　127
プロセス評価技術　170
プロトタイピング　87
プロトタイプ　87
プロパティ検証　117
プロファイリング　99
負論理　70
分　極　6
分光分析　171
分布定数回路　149
平行平板方式　163
平坦化　166
ベンダー　10
変動費　83
ヘンリーの法則　153
ポアソン方程式　176
放物速度定数　154
飽和領域　32, 44, 46
ポーリング　102
ボールマウント　149
ポジレジスト　160
補数器　77
ホットエレクトロン　6
ボトムアップ設計　87
ポリシリコン　15, 18, 22
ボンディングパッド　148

▶ま　行

マイクロプロセッサ　7
前工程　137
マグネトロン方式　163
マスクデータ　96, 113
マスターウエハ　10
マスタースライス方式　10
マッピング　107
マトリクス計算　176
マルチプレクサ　62, 76, 124
ミドルウエア　115

命令セットシミュレータ　101
メッシュ　173
メモリLSI　2
メモリセル　2
メモリマップトI/O　102
モールド封止　148
モデル化　90
モンテカルロ法　155

▶や 行
有限オートマトン　91
有限状態機械　91
有限ステートマシン　91, 104
ユニバーサルデザイン　96
ユビキタス　82
要求仕様　84
要求仕様書　86, 96
要求定義書　86, 96
要求分析　95, 96
陽極酸化　152
読み出し動作　68, 69

▶ら 行
ライブラリ　107
ラジカル　163
ラダー抵抗型D/A変換器　74
ラマン散乱　171
ラマン散乱分光　171
ランダムアクセスメモリ　3
リーク電流　3
リード加工　148
リードフレーム　148
離散化　173
リストスケジューリング　104
リソグラフィ　136, 160
リフレッシュ　3, 68
リフロー　166
粒度　88
量産効果　83
リンク　96
レイアウト　93
レイアウト検証　113
レイアウト設計　110
レイアウトパターン　93, 137
レイアウトレベル　90, 93
レイヤー　113

レイリー散乱　171
レイリーの式　162
レーザ加熱　165
レジスタ　75, 91, 102
レジスタ転送レベル　90, 91
レジスト　160
レチクル　113
レベルセット法　174
露光　160
露光装置　160
論理検証　110
論理合成　105, 126
論理最適化　106
論理式変換　106
論理シミュレーション　119
論理設計　124

▶わ 行
ワード線　3, 66, 69
ワイヤボンディング　148
割り当て　99, 104
割り込み処理機能　115

著者略歴

小谷　教彦（こたに・のりひこ）
1947 年　香川県に生まれる
1971 年　大阪大学基礎工学部電気工学科卒業
1973 年　東京大学大学院工学系研究科電子工学専門課程修士課程修了
　　　　　三菱電機株式会社入社
1985 年　工学博士（東京大学）
2002 年　広島国際大学社会環境科学部情報通信学科　教授
2007 年　広島国際大学工学部情報通信学科　教授
2008 年　広島国際大学　工学部長
2012 年　広島国際大学　名誉教授
　　　　　現在に至る

西村　正（にしむら・ただし）
1949 年　京都府に生まれる
1978 年　大阪大学大学院物理系後期課程修了
同　年　三菱電機株式会社入社
2003 年　株式会社ルネサステクノロジ生産本部副本部長
2007 年　株式会社ルネサステクノロジ，取締役
2010 年　東京工業大学大学院理工学研究科連携教授
　　　　　現在に至る
　　　　　工学博士，IEEE Fellow，応用物理学会フェロー

LSI 工学　　　　　　　　　　　　　　© 小谷教彦・西村　正　2005
2005 年 6 月 28 日　第 1 版第 1 刷発行　　【本書の無断転載を禁ず】
2025 年 5 月 9 日　第 1 版第 4 刷発行

著　　者　小谷教彦・西村　正
発 行 者　森北博巳
発 行 所　森北出版株式会社
　　　　　東京都千代田区富士見 1-4-11（〒102-0071）
　　　　　電話 03-3265-8341 ／ FAX03-3264-8709
　　　　　http://www.morikita.co.jp/
　　　　　日本書籍出版協会・自然科学書協会・工学書協会　会員
　　　　　JCOPY＜(社)出版者著作権管理機構　委託出版物＞

落丁・乱丁本はお取替えいたします　　印刷／双文社印刷・製本／協栄製本

Printed in Japan ／ ISBN978-4-627-77301-1